U0287223

长江口水生生物资源与科学利用丛书

长江口水生动物种质资源的
保存与利用

赵 峰 黄晓荣 庄 平 章龙珍 等 编著

科学出版社

北京

内 容 简 介

长江口是我国水生生物种质资源的宝库。独特的生境条件和充足的生源要素,使长江口孕育了丰富的水生生物资源,成为我国现代渔业可持续发展的坚实基础和物质保障。然而,面对全球气候变化和人类活动等多种因素的影响,长江口水生生物资源急剧衰退、种质严重退化、濒危物种逐年增多,保护好长江口优良水生生物种质资源已成为迫在眉睫的战略性问题。本书根据作者多年来的工作积累,较为系统地总结了长江口生境与水生动物资源、水生动物精子和胚胎冷冻保存技术、水生动物精子库的建立与应用,以及长江口及其毗邻水域 20 余种重要水生动物精子或胚胎冷冻保存的研究与应用实践。

本书可供水产工作者、科研工作者、高等院校师生和有关行业或产业管理人员参考。

图书在版编目(CIP)数据

长江口水生动物种质资源的保存与利用/赵峰等编著.—北京:科学出版社,2019.8
(长江口水生生物资源与科学利用丛书)
ISBN 978-7-03-061922-8

Ⅰ.①长… Ⅱ.①赵… Ⅲ.①长江口-水生动物-种质资源-研究 Ⅳ.①Q958.8

中国版本图书馆 CIP 数据核字(2019)第 151560 号

责任编辑:许 健 朱 灵/责任校对:谭宏宇
责任印制:黄晓鸣/封面设计:殷 靓

科学出版社 出版
北京东黄城根北街 16 号
邮政编码:100717
http://www.sciencep.com

南京展望文化发展有限公司排版
当纳利(上海)信息技术有限公司印刷
科学出版社发行 各地新华书店经销

*

2019 年 8 月第 一 版 开本:B5(720×1000)
2019 年 8 月第一次印刷 印张:17 1/4
字数:272 000
定价:90.00 元
(如有印装质量问题,我社负责调换)

长江口水生生物资源与科学利用丛书

编写委员会

主　编：庄　平

副主编：陈立侨　徐　跑　张根玉

委　员：唐文乔　李家乐　王金秋　吉红九

　　　　楼　宝　刘鉴毅　张　涛　施永海

　　　　赵　峰　徐钢春　冯广朋　侯俊利

　　　　徐淑吟　禹　娜　詹　炜　罗武松

　　　　王　妤（秘书）

《长江口水生动物种质资源的保存与利用》

编 写 人 员

赵　峰　黄晓荣　庄　平　章龙珍

张　涛　刘鉴毅　冯广朋　王　妤

宋　超　杨　刚　王思凯　张婷婷

参与研究人员

闫文罡　江　琪　屈　亮　姚志峰

田美平　杨金海　王瑞芳　封苏娅

夏保密　黄孝锋　高　宇　耿　智

序　言

发展和保护有矛盾和统一的两个方面,在经历了数百年工业文明时代的今天,其矛盾似乎更加突出。当代人肩负着一个重大的历史责任,就是要在经济发展和资源环境保护之间寻找到平衡点。必须正确处理发展和保护之间的关系,牢固树立保护资源环境就是保护生产力、改善资源环境就是发展生产力的理念,使发展和保护相得益彰。从宏观来看,自然资源是有限的,如果不当地开发利用资源,就会透支未来,损害子孙后代的生存环境,破坏生产力和可持续发展。

长江口地处江海交汇处,气候温和、交通便利,是当今世界经济和社会发展最快、潜力巨大的区域之一。长江口水生生物资源十分丰富,孕育了著名的"五大渔汛",出产了美味的"长江三鲜",分布着"国宝"中华鲟和"四大淡水名鱼"之一的松江鲈等名贵珍稀物种,还提供了鳗苗、蟹苗等优质苗种支撑我国特种水产养殖业的发展。长江口是我国重要的渔业资源宝库,水生生物多样性极具特色。

然而,近年来长江口水生生物资源和生态环境正面临着多重威胁:水生生物的重要栖息地遭到破坏;过度捕捞使天然渔业资源快速衰退;全流域的污染物汇集于长江口,造成水质严重污染;外来物种的入侵威胁本地种的生存;全球气候变化对河口区域影响明显。水可载舟,亦可覆舟,长江口生态环境警钟要不时敲响,否则生态环境恶化和资源衰退或将成为制约该区域可持续发展的关键因子。

在长江流域发展与保护这一终极命题上,"共抓大保护、不搞大开发"的思想给出了明确答案。长江口区域经济社会的发展,要从中华民族长远利益考虑,走生态优先、绿色发展之路。能否实现这一目标? 长江口水生生物资源及其生态环境的历史和现状是怎样的？未来将会怎样变化？如何做到长江口水生生物资源可持续利用？长江口能否为子孙后代继续发挥生态屏障的重要作用？……这些都是大众十分关心的焦点问题。

针对这些问题，在国家公益性行业科研专项"长江口重要渔业资源养护与利用关键技术集成与示范（201203065）"以及其他国家和地方科研项目的支持下，中国水产科学研究院东海水产研究所、中国水产科学研究院淡水渔业研究中心、华东师范大学、上海海洋大学、复旦大学、上海市水产研究所、浙江省海洋水产研究所、江苏省海洋水产研究所等科研机构和高等院校的 100 余名科研人员团结协作，经过多年的潜心调查研究，力争能够给出一些答案，并将这些答案汇总成"长江口水生生物资源与科学利用丛书"。该丛书由 12 部专著组成，有些论述了长江口水生生物资源和生态环境的现状和发展趋势，有些描述了重要物种的生物学特性和保育措施，有些讨论了资源的可持续利用技术和策略。

衷心期待该丛书之中的科学资料和学术观点，能够在长江口生态环境保护和资源合理利用中发挥出应有的作用。期待与各界同仁共同努力，使长江口永葆生机活力。

2016 年 8 月 4 日于上海

前　言

　　种质资源又称遗传资源,为亲代传递给子代的遗传物质,往往存在于特定物种或品种之中。从广义的角度讲,水生生物种质资源包括水生生物的群落、种群、物种、细胞和基因等,它是水产育种、养殖生产和渔业科研的基础素材,是我国现代渔业可持续发展的重要物质基础和人类重要的食物蛋白来源。中国是世界上水生生物种质资源最为丰富的国家之一。近30年来,中国水产品总量稳居世界首位,2018年水产养殖产量超过5 000万吨,占水产品总产量78%以上,这完全得益于丰富的水生生物种质资源。

　　长江口是太平洋西岸第一大河口,地处江海交汇处,受长江干流淡水径流和海洋咸水潮汐的交互作用,生境条件独特,生源要素充足,孕育了极其丰富的水生生物资源。长江口是我国水生生物种质资源的宝库,据记载仅鱼类就超过300种。长江口曾盛产凤鲚、刀鲚、前颌间银鱼、白虾和冬蟹,为我国著名的"五大渔汛",出产了刀鱼、河鲀和鲥等美味的"长江三鲜",分布着"国宝"中华鲟和"四大淡水名鱼"之一的松江鲈等名贵珍稀物种,提供了鳗苗、蟹苗等优质苗种,支撑着我国特种水产养殖业的发展。长江口丰富的水生生物种质资源是我国渔业健康发展的重要物质基础和保障,同时作为生物多样性的重要组成部分,在维护长江口生态平衡和生态安全方面也发挥着重要作用。

　　然而,在全球气候变化和人类活动等诸多因素的叠加影响下,长江口及其毗邻水域的水生生物资源急剧衰退,一些优良的水生动物种质资源正在逐渐消失。如果不及时采取保护措施,若干年后,在长江口自然水域将难以找到许多本土水生动物原良种的遗传资源,这将极大地限制我国水产养殖业的健康发展,对于长江口的生态健康也会造成极大的负面影响。因此,保存和保护长江口水生动物种质资源已成为迫在眉睫的战略性问题。

2000 年以来,在国家科技基础条件平台项目、公益性行业(农业)科研专项、农业基础性长期性科研专项、中央级公益性科研院所基本科研业务费等项目的支持下,笔者研究团队对长江口及其毗邻水域的优良、珍稀及濒危水生动物种质资源开展了收集、整理与保存工作,尤其在水生动物精子与胚胎冷冻保存技术方面进行了深入研究,并建立了相应的配子冷冻库。本书就是基于这些研究成果,同时参阅了国内外有关资料编撰而成的。希望本书的出版能对我国长江口水生动物种质资源的保护和利用,乃至长江口生态健康的维护起到积极作用,启发和推动进一步研究。

由于时间和写作水平有限,书中如有疏漏和不足之处,祈盼广大读者予以批评指正。

2019 年 4 月

目　录

序言

前言

第 1 章　长江口生境与水生动物资源　　　1
1.1　生境特征 ／ 1

1.2　水生动物资源 ／ 5

1.3　面临的问题与保护对策 ／ 13

第 2 章　水生动物精子冷冻保存技术　　　17
2.1　保存方法与保存过程 ／ 17

2.2　研究进展与存在问题 ／ 22

第 3 章　水生动物胚胎冷冻保存技术　　　31
3.1　保存方法与影响因子 ／ 31

3.2　研究进展与发展方向 ／ 37

第 4 章　重要水生动物精子的冷冻保存　　　43
4.1　日本鳗鲡 ／ 43

4.2　中华鲟 ／ 58

4.3　刀鲚 ／ 65

4.4　暗纹东方鲀 ／ 68

4.5　纹缟虾虎鱼 ／ 71

4.6　中国花鲈 ／ 74

4.7　大黄鱼 / 81

4.8　褐牙鲆 / 89

4.9　鮸 / 99

4.10　半滑舌鳎 / 106

4.11　日本黄姑鱼 / 111

4.12　瓦氏黄颡鱼 / 120

4.13　黄颡鱼 / 124

4.14　脊尾白虾 / 129

4.15　青虾 / 135

4.16　中华绒螯蟹 / 139

4.17　三疣梭子蟹 / 145

4.18　日本蟳 / 150

第 5 章　重要水生动物胚胎的冷冻保存　　　155

5.1　中华鲟 / 155

5.2　中国花鲈 / 159

5.3　牙鲆 / 170

5.4　几种鲤科鱼类 / 181

5.5　泥鳅 / 189

5.6　中华绒螯蟹 / 196

第 6 章　水生动物精子库的建立与应用　　　234

6.1　精子库的建立 / 234

6.2　冷冻精子的应用 / 237

参考文献　　　239

附录：缩略词一览表　　　260

第1章 长江口生境与水生动物资源

长江口是太平洋西岸第一大河口,位于我国东南海岸带的中部。由于受到长江淡水径流与海洋海水潮汐的交互影响,长江口的水质同时具有淡水、咸淡水和海水3种特性。在这里陆海物质交汇、咸淡水混合、径流和潮汐相互作用,产生了各种复杂的物理、化学、生物和沉积过程,形成了长江口独特的自然条件和多样的栖息生境,产生了大量的生源要素,孕育了极为丰富的水生生物资源。

1.1 生境特征

河口是一个河流与海洋相互作用的区域,是一个过渡带,其上界到由潮汐或增水位引起水位变化影响消失的河道断面,下界至由河流泥沙造成的沿岸浅滩的外边界,包括了河流下游的河谷、毗邻的沿海地带和海滨。

从严格的科学定义来讲,长江口是从大通(安徽省)水文站到口门外水深约30 m的区域(图1-1:a),其中,从大通至江阴(江苏省),称为长江的近河口段;从江阴至口门外的拦门沙,称为长江河口段;从口门的拦门沙至口外水下三角洲约30 m水深处,称为长江口外海滨段。但狭义上,长江口通常是指从徐六泾(江苏省常熟市)以下的河口段,也就是常说的长江口"三级分汊、四口入海"(图1-1:b)。长江口从徐六泾开始分汊,首先被崇明岛分为北支和南支,为第一级分汊;南支经长兴岛、横沙岛又被分为北港和南港,为第二级分汊;南港在口门附近被九段沙分为北槽和南槽,为第三级分汊。北支、北港、北槽和南槽这四口过了拦门沙后形成"四口入海"格局。长江口从北面江苏省的启东嘴到南面上海市的南汇嘴间宽约91 km,长江口外海滨包括了舟山群岛所属的嵊泗列岛。

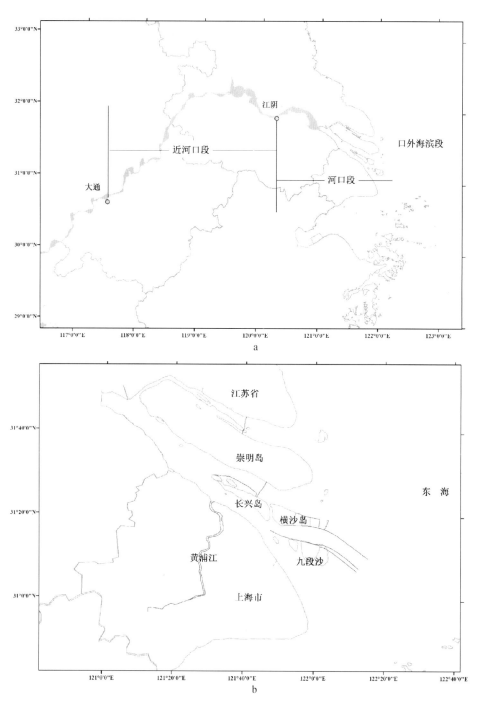

图1-1 长江口分段与"三级分汊、四口入海"格局

1.1.1　独特的水文条件

长江是我国第一大河,全长超过 6 300 km,发源于青藏高原的唐古拉山,干流自西向东横贯我国中部,于崇明岛以东注入东海。长江入海口,即长江口是我国最大的河口,由于受到长江径流和潮汐的交互影响,形成了独特的水文条件。

长江年入海总径流量为 9.79×10^{11} m³,约占全国各流域径流总量的 38%,为黄河总径流量的 20 倍。长江径流带来了巨量泥沙,每年达 4.86×10^8 t。悬沙浓度呈西高东低分布,东经 122.5° 以东水域悬沙浓度显著降低,向西在拦门沙一带悬沙浓度较高。东经 122.5°~123.0° 是长江口悬沙向东扩散的一条重要界线,大致与水下三角洲吻合。长江径流带来巨量泥沙的同时,携带着 1.80×10^6 km² 流域面积雨水冲刷聚集的营养物质,为长江口的水生生物提供了充足的营养元素,年输送总无机氮 8.88×10^5 t、磷酸盐 1.36×10^4 t、硅酸盐 2.04×10^6 t、硝酸盐 6.36×10^5 t。自长江三峡工程截流蓄水以来,长江口泥沙及营养盐输送量呈现下降趋势。长江口及邻近水域初级生产力(以 C 计)平均为 1.06×10^3 mg/(m²·d),为一般温带海域的 3 倍、东海区的 6 倍。

长江口的潮汐来自东海潮波,属半日潮类型,每一潮汐日出现 2 次高潮和 2 次低潮。近河口段以下河床纵比降很缓,过水断面大,枯水期潮波可向上延伸超过 600 km。自长江口外向内,潮差先逐渐增大,再上溯逐渐减小;河口处南槽中浚站多年平均潮差 2.66 m,属中等强度的潮汐河口。长江口潮流属非正规浅海半日潮流,以拦门沙为界,东侧为旋转流,西侧为往复流。长江口受到长江冲淡水、台湾暖流、黄海冷水团等多种水体的影响,形成一个复杂多变的交汇区。

长江口为咸淡水混合区域,盐度平面分布变化极大。夏季口内南支水道盐度一般在 1 以下,北支水道稍高。在佘山岛、鸡骨礁和大戢山附近形成 3 个舌状低盐区域(称低盐舌),长江冲淡水由口门先向东南伸展,然后在东经 122.5° 左右转向东或东北,扩散到东部海域,形成海区夏季近表层低盐的特征,影响可至韩国济州岛附近。在水深 10 m 以下的水层,台湾暖流水和南黄海混合水组成的外海水将长江内陆水压制在口门处,盐度则很快达到 30 以上。长江口盐度季节变化受长江径流季节变化的影响,冬季盐度比夏季的高。

长江口区波浪以风浪为主,涌浪次之,东部涌浪频率增加,口内主要是风浪。10 m 等深线附近的平均波高 0.9 m,口内高桥站平均波高 0.35 m。长江口风浪的浪向季节变化明显,冬季偏北浪,夏季偏南浪,涌浪以偏东浪为主。

1.1.2 广袤的湿地资源

长江径流带来的巨量泥沙中,50%左右沉积在河口,形成一系列沙洲岛屿,使长江口的岸线不断向东拓展,在长江口三角洲内形成广袤的湿地。长江口湿地可分为沿江沿海滩涂湿地和河口沙洲岛屿湿地两种类型,前者约 8.6×10^4 hm²,占长江口自然湿地总面积的 25%;后者约 2.67×10^5 hm²,占自然湿地总面积的 75%。两种湿地都具潮上带淡水湿地、潮间带滩涂湿地和潮下带近海湿地等河口湿地的显著特征。

长江口多样的湿地、丰富的营养物质与多变的水文特征,是构成水生动物生境多样性的基本要素。长江径流携带的丰富营养物质,孕育了大量的浮游生物和滩涂植物,为栖息于此地的水生动物提供了食源保障。长江河口不仅吸引各种水生动物栖息、繁殖和索饵肥育,还是海淡水间洄游性种类的必经通道。

1.1.3 多样的栖息生境

长江口是水生动物的繁育场。长江口有不同盐度的水体,广阔的滩涂湿地,水深适中,水草丰富,生境多样,是极佳的产卵繁育场所,吸引着海水和淡水动物洄游至此繁殖,海水种类有棘头梅童鱼(*Collichthys lucidus*)、银鲳(*Pampus argenteus*)、中国花鲈(*Lateolabrax maculatus*)等,淡水种类有中华绒螯蟹(*Eriocheir sinensis*)、松江鲈(*Trachidermus fasciatus*)等。终生生活于河口的前颌间银鱼(*Hemisalanx prognathus*)、鲹(*Liza haematocheila*)等也在长江口产卵。

长江口是水生动物的索饵场。长江口像一个巨大的"水生动物幼儿园",许多水生动物的幼年期在这里度过。当它们生长发育成熟,就会游向更加广阔的空间——大海、长江和通江湖泊。据资料记载,长江口水域出现过的鱼卵和仔鱼、稚鱼有 17 目 54 科 140 种。长江口水域全年皆有鱼卵和仔鱼、稚鱼出现,主要在春夏季,如鳀(*Engraulis japonicus*)、凤鲚(*Coilia mystus*)、大银鱼(*Protosalanx hyalocranius*)等;秋冬季相对较少,如有明银鱼(*Salanx ariakensis*)、江口小公鱼(*Stolephorus commersonii*)、七星底灯鱼(*Benthosema pterotum*)、中国花鲈等。东海区是我国鱼产量最高、捕捞量最大的海区,而长江口的水生动物幼体资源是东海主要渔场渔业资源补充群体的主要来源。

长江口是水生动物的重要栖息地和越冬场,不仅有一些咸淡水种类终生定居于此,海淡水间洄游种类在进入海洋或淡水之前,也要在此短暂停留,作必要的生理调节。例如,中华鲟(*Acipenser sinensis*)成体每年秋冬季在长江上游产卵繁殖,幼鱼于次年 4~5 月顺江漂游至长江口,在此停留 4 个多月进行索饵肥育和生理适应性调节,于 8~9 月游向大海。刀鲚(*Coilia nasus*)成体每年 2~3 月进入长江中下游产卵,当年幼鱼顺江而下,聚集于河口,第二年才入海生长肥育。日本鳗鲡(*Anguilla japonica*)成体在大海深处产卵,幼苗从 12 月开始顺海流漂游至长江口,也在此停留一段时间再溯江而上。还有一些种类选择在长江口水域越冬,如凤鲚、中华绒螯蟹等。

长江口是水生动物的洄游通道。长江口的水生动物长距离洄游方式有溯河洄游和降海洄游之分,溯河洄游是水生动物从海洋通过河口进入江河产卵,在海水中生长,在淡水中繁殖,如中华鲟、刀鲚、鲥(*Tenualosa reevesii*)等;降海洄游是水生动物从江河通过河口到达海洋产卵,在淡水中生长,在海水中繁殖,如日本鳗鲡、松江鲈等。还有一些鱼类在长江口附近进行短距离洄游,如前颌间银鱼、凤鲚、棘头梅童鱼等,它们在繁殖季节洄游至河口、浅海产卵。

1.2　水生动物资源

长江口是海、淡水鱼类溯河洄游或降海洄游的重要通道,也是一些鱼类的产卵场,还是多种鱼类的育幼场和索饵场,因此,长江口在渔业上具有"三场一通道"的重要生态功能。

长江口栖息生境的多样性和"三场一通道"生态功能造就了异常丰富的生物多样性,在长江口及毗邻水域仅鱼类就有 332 种,隶属于 29 目 106 科(表 1-1)。其中,硬骨鱼类 298 种,占长江口鱼类种类数的 89.8%;软骨鱼类 34 种,占 10.2%。在硬骨鱼类中,鲈形目种类最多,有 107 种,占硬骨鱼类种类数的 35.9%,绝大部分为海洋鱼类;鲤形目种类 53 种,占 17.8%,均为淡水鱼类。此外,鲽形目和鲱形目鱼类还有 37 种(庄平等,2006)。按分布特点和生态习性分,长江口水域包括海淡水洄游鱼类、咸淡水鱼类、淡水鱼类和海水鱼类

（王幼槐等，1984）；按适温性分，主要以暖温性种类为主，还有部分暖水种，但无明显冷水性鱼类（陈渊泉，1999）。

表 1-1　长江口及毗邻水域的鱼类组成

目	科	种	淡水鱼类	海洋鱼类	河口鱼类	洄游鱼类
真鲨目 Carcharhiniformes	3	9		9		
鼠鲨目 Lamniformes	2	2		2		
角鲨目 Squaliformes	1	3		3		
扁鲨目 Squatiniformes	1	1		1		
鳐目 Rajiformes	9	19		19		
鲟形目 Acipenseriformes	2	2	1			1
鳗鲡目 Anguilliformes	5	10		9		1
鲱形目 Clupeiformes	2	16		11	2	3
鼠鱚目 Gonorhynchiformes	1	1		1		
鲤形目 Cypriniformes	3	53	53			
鲇形目 Siluriformes	3	11	9	1	1	
胡瓜鱼目 Osmeriformes	1	8			7	1
仙女鱼目 Aulopiformes	1	4		4		
灯笼鱼目 Myctophiformes	1	1		1		
月鱼目 Lampridiformes	1	1		1		
鳕形目 Gadiformes	2	2		2		
鮟鱇目 Lophiiformes	2	3		3		
鲻形目 Mugiliformes	1	5		2	3	
银汉鱼目 Atheriniformes	1	1		1		
颌针鱼目 Beloniformes	3	5	1	1	3	
鳉形目 Cyprinodontiformes	1	1	1			
金眼鲷目 Beryciformes	1	1		1		
海鲂目 Zeiformes	1	1		1		
刺鱼目 Gasterosteiformes	2	4		4		
合鳃目 Synbranchiformes	2	2	2			
鲉形目 Scorpaeniformes	7	16		14	1	1
鲈形目 Perciformes	38	107	9	69	29	
鲽形目 Pleuronectiformes	4	21		17	4	
鲀形目 Tetraodontiformes	5	22		18	3	1
合　计	106	332	76	195	53	8

除鱼类外，长江径流携带的丰富营养物质，孕育了大量的浮游生物和滩涂植物。调查显示，长江口的浮游植物有 7 门 84 属，浮游动物中原生动物 17 属、轮虫 11 属、枝角类 8 属、桡足类 31 种。九段沙有底栖动物 130 种，其中，小型底栖动物 49 种，以线虫为主；大型底栖动物 81 种，包括甲壳动物、软体

动物和环节动物的多毛类等。在口外区采集到底栖动物有多毛类 51 种、软体动物 33 种、甲壳动物 37 种、棘皮动物 3 种。长江口及周边湿地有两栖、爬行动物 21 种;崇明东滩还记录到水鸟 139 种,其中列入国家重点保护野生动物名录的 19 种。这些丰富的植物和浮游生物给水生动物提供了充足的食物来源。

1.2.1　五大渔汛

充足的营养物质和优良的产卵繁殖与栖息条件,使长江口及其毗邻水域的渔产十分可观,形成了著名的舟山渔场、吕四渔场和长江口渔场(庄平等,2006)。长江口渔场曾盛产著名的"五大渔汛",即刀鲚、凤鲚、前颌间银鱼、白虾和冬蟹。

刀鲚(图 1-2),属于溯河洄游性鱼类,平时生长在近海及半咸水中,成体每年 2 月开始溯江而上洄游至长江中下游的产卵场,3～4 月在长江口形成渔汛。刀鲚为名贵水产品,价格高昂,每千克曾高达上万元。历史资料记载,1973 年长江沿岸江刀(从近海海水洄游至长江淡水的刀鲚)产量为 3 750 t,1983 年为 370 t 左右,2002 年的产量已不足 100 t。近年来,刀鲚资源仍呈现急剧下降趋势,江苏、上海沿岸的捕捞量已不足 20 t,刀鲚逐渐成为濒危物种。

图 1-2　刀鲚

凤鲚(图 1-3),属于短距离溯河洄游性鱼类,平时栖息于浅海,成体每年 3 月开始洄游至长江口咸淡水区域产卵,5 月上旬至 7 月上旬是渔汛旺发期。凤鲚曾是长江口渔获量最大的种类,1974 年长江口区的捕捞量高达 5 200 t 左右。

此后,除 1995 年出现大幅反弹外,总体呈波动下降趋势。近 10 年来,长江口凤鲚资源衰退的趋势十分明显,目前年捕捞产量在 10 t 以下,正在逐渐丧失捕捞价值。

图 1-3　凤鲚

前颌间银鱼(图 1-4),属于小型溯河性洄游鱼类,平时栖息于近海,成体每年 2 月初开始到长江口进行生殖洄游,3 月下旬至 4 月上旬进入产卵盛期,也是渔汛旺发期。20 世纪 60~70 年代长江口前颌间银鱼的年产量为 200~300 t,现在渔汛已消失。

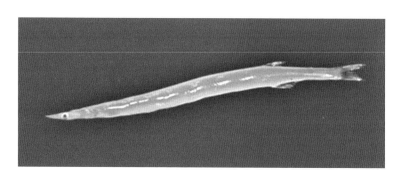

图 1-4　前颌间银鱼

白虾(图 1-5),是安氏白虾(*Exopalaemon annandalei*)和脊尾白虾(*E. carinicauda*)的统称。每年 5~10 月为长江口白虾的渔汛期,其中 7~8 月为渔汛旺发期,通常渔获物中安氏白虾居多。20 世纪 80 年代以前,长江口白虾的年渔获量稳定在 250~400 t,目前白虾渔汛期不明显。

图 1-5　白虾(左为脊尾白虾;右为安氏白虾)

　　冬蟹,指中华绒螯蟹(图 1-6)在长江口的繁殖群体,渔汛期为 11~12 月。中华绒螯蟹在淡水中生长,成体在秋冬之交洄游至长江口咸淡水交汇处交配繁殖,形成渔汛。为了保护长江口冬蟹资源,1989 年起上海市渔政部门开始核发"冬蟹特许捕捞许可证",对冬蟹的捕捞量、捕捞期和捕捞区域进行限制。长江口是中华绒螯蟹最大的产卵繁育场,由于人类活动和气候变化的影响,长江口的冬蟹和蟹苗曾枯竭长达 21 年。2003 年以来,中国水产科学研究院东海水产研究所连续开展了长江口中华绒螯蟹亲体增殖和繁育场生态修复工作,取得了显著成效,目前长江口冬蟹和蟹苗产量恢复并稳定在历史正常水平。

图 1-6　中华绒螯蟹

1.2.2 天然苗种

长江口孕育了丰富的鳗苗、蟹苗等水生动物幼体资源,这些天然苗种不仅是近海和长江流域渔业资源的补充群体,还是我国水产养殖业苗种的重要来源。

日本鳗鲡是我国的主导水产养殖品种,曾居我国出口水产养殖种类第一位。然而其人工繁殖仍然是世界性难题,至今养殖业还完全依赖于天然苗种,我国约60%的鳗苗产自长江口水域。日本鳗鲡是降海洄游性鱼类,在大洋中产卵繁殖。刚孵化出的日本鳗鲡称柳叶鳗,在随洋流漂流的过程中变态为透明的玻璃鳗(鳗苗,图1-7)进入长江口。每年12月初鳗苗到达长江口及其毗邻水域,经过一段时间的生理调节与适应,随着水温上升,12月至翌年5月在长江口形成鳗苗汛期。20余年来,日本鳗鲡资源减少严重,2014年被列入世界自然保护联盟(IUCN)濒危物种红色名录。

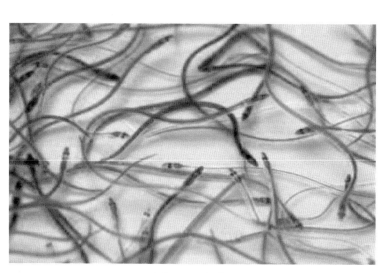

图1-7 鳗苗

中华绒螯蟹也是我国的主导水产养殖品种,年产值高达700亿元。尽管中华绒螯蟹的人工繁殖取得了成功,但天然蟹苗仍然是养殖业中苗种的重要来源。天然蟹苗养成品的品质和生长速度等优于人工蟹苗,受到养殖业者的偏爱。长江口是中华绒螯蟹最大的天然产卵繁育场,每年5月底6月初蟹苗(图1-8)随潮流溯河而上。由于近年来限制对天然产卵群体的捕捞,并人工增殖

图 1-8　蟹苗

放流产卵群体,产卵群体数量显著增加,蟹苗资源量也随之上升,年捕捞量由 20 世纪末的不足 1 t,上升到目前的 60 t 左右(庄平,2014)。

1.2.3　珍稀濒危鱼类

长江口栖息着多种珍稀濒危鱼类,有国家一级重点保护野生动物中华鲟和白鲟(*Psephurus gladius*),国家二级重点保护野生动物胭脂鱼(*Myxocyprinus asiaticus*)和松江鲈等(图 1-9～图 1-11)。"国宝"中华鲟属于典型的江海洄游性鱼类,长江口是成鱼溯河生殖洄游和幼鱼降海索饵洄游的唯一通道,还是幼鱼索饵肥育的关键栖息地。白鲟是目前已知的最大淡水鱼,成鱼在长江上游产卵繁殖,幼体向下游作索饵洄游,长江口是其索饵肥育地之一,但是 2003 年以来,有 16 年没有发现白鲟的踪迹了。胭脂鱼是淡水洄游鱼类,成鱼在长江上游产卵繁殖,幼体向下游至河口作索饵洄游。它不仅可以食用,还是著名的观赏鱼。松江鲈是短距离江海洄游性鱼类,栖息于与长江口相通的河流和湖泊中,产卵繁殖在河口浅海。它是我国四大淡水名鱼之一,被誉为"江南第一名鱼"。

图 1-9 中华鲟

图 1-10 胭脂鱼

图 1-11 松江鲈

刀鲚、鲥和暗纹东方鲀(*Takifugu obscurus*)都是长江口的名贵鱼类,并称为"长江三鲜"。刀鲚肉质细嫩鲜美,富含脂肪,向来为人们所喜食,尤其是春季产卵前的个体体内营养积累最丰富、肉质最鲜美。长江口是其幼鱼的栖息地和洄游必经之地。鲥素为江南水中珍品,明代万历年间起成为贡品,清代康熙年间被列为"满汉全席"中的重要菜肴。与刀鲚一样,产卵前夕是食鲥的最佳季节。长江口是鲥洄游必经之地,但长江中已多年未见其踪迹。暗纹东方鲀也称河鲀,肉味非常细腻、鲜美,自古有"冒死吃河豚"之说,日本和我国长江下游居民特别爱吃此鱼。河鲀的肝脏和卵巢含有剧毒的河鲀毒素,提取后可用于治疗神经痛、痉挛、夜尿症等。长江口是河鲀的洄游通道和重要栖息地。

1.3　面临的问题与保护对策

河口是人类活动最频繁的地区,也是地球上最为敏感的生态系统之一。长江口及其周边地区高强度的开发,不可避免地对长江口造成了巨大的生态环境压力,致使长江口水生动物资源面临着严峻的威胁,总体上呈现出资源量下降、濒危物种增加和生物多样性降低的趋势。

1.3.1　面临威胁

长江口水生动物资源面临的威胁可归纳如下。

(1)栖息地快速大规模地丧失

长江口区域经济发达、人口稠密,土地资源严重不足,河口和海湾滩涂围垦造地成为新土地的主要来源。长江三角洲的海滨湿地以每年约200 km^{2}的速度减少,潮间带湿地已累计丧失达57%,东海沿岸湿地生态服务功能已下降50%。滩涂湿地是许多水生动物不可替代的栖息地,也是水生动物产卵繁殖场所和幼体摄食场所。湿地的丧失即是一些水生动物家园的丧失,或许也是一些物种局部绝灭的开始。

(2)水域污染和事故频发

长江口及其毗邻水域的水质劣于国家四类海水质量标准的面积已超过60%,是中国近海污染最严重的区域之一(庄平,2012)。在总污染物中,农村地区的非点源污染占很大的比重。未经过处理的污染物直接排放到水体中严重破坏了水体中的水生生物资源,前颌间银鱼在宝山沿岸水域中已经消失,奉贤近岸海域的明虾也由于杭州湾的污染大大减少。随着长三角地区对外交流的扩大,海上运输日趋繁忙,加之东海油气勘探开发、海底通信光缆和输油输气管道的铺设,导致各类污染和溢油等事故频发,对长江口区域生态环境的威胁越来越大。一些泄漏污染事故对水生动物栖息地或许造成长久深远的影响,长江口的前颌间银鱼产卵场就是由于污水的影响而消失的。

（3）重大涉水工程建设

目前,长江口大型工程有长江口深水航道、洋山港国际航运中心、外高桥集装箱港口、崇明越江通道、东海风电场、青草沙水库等,规模之大世界少见。水下施工的噪声,尤其是水下爆破产生的震动可波及相当大的范围,对水生动物产生不利影响。在洋山深水港建设中,通过对某一类型水下爆破对水生动物影响的研究发现,100 m是鱼类的"速死半径",300 m才是"安全半径"。工程施工还对栖息地造成大面积破坏,大型水中建筑物改变流场结构、营养盐和其他化学物质循环,搅拌导致的浑浊的泥沙水使水生动物呼吸困难,影响水生动物的生存、行为和生长(庄平,2012)。长江中上游重大水利工程包括中游江湖隔绝、上游梯级水能开发、南水北调等。江湖隔绝导致洄游通道被阻隔,影响水生动物的生长与繁殖,减少了整个长江流域水生动物资源量和生物多样性。南水北调可能会加剧咸潮入侵对长江口的影响,在未来的几十年中受水工建筑的影响,长江口海岸线侵蚀的趋势会大大加快(Chen,1998)。三峡工程的建设改变了长江口径流和泥沙来量的时空格局,水库蓄水后将导致河口盐度增高,冲淡水范围也会缩小,锋面减弱,盐水入侵强度将有所增强。与此同时,河口输沙量减少,河口沉积速率将降低且范围缩小,沉积物组成与化学特性也发生了相应变化,环境条件的改变将导致生物群落组成特点的变化,这对河口生态系统的功能发挥将会产生影响(线薇薇等,2004)。

（4）高强度的非法捕捞

鱼类种群变动理论表明,适当强化经济鱼类群体的捕捞,会提高其生长速度和种群增殖力,但如果捕捞过度,则将破坏种群的调节机制(康斌,2006)。长江口是我国最大的河口渔场,随着作业渔船、渔具的增加,捕捞强度逐年增大,渔汛时形成了各种定置渔具、渔船充塞整个长江口区的场面,捕捞强度远远超过了资源增补能力。目前,长江口的主要经济鱼种均处于过度捕捞状态,如刀鲚、凤鲚、小黄鱼(*Larimichthys polyactis*)、带鱼(*Trichiurus lepturus*)等,有些鱼种甚至濒临灭绝,如鲥、松江鲈等。20 世纪 80 年代,长江口水域凤鲚的年均捕捞量 2 000 t 左右,占长江口鱼虾类总渔获物的 48.6%。但是,经过连续多年、高强度的捕捞,90 年代末凤鲚捕捞量急剧下降,2001 年渔获量仅为 551.2 t,而近几年的捕捞量已不足 10 t。

(5) 有害渔具渔法

长江口的有些作业网具,如密网渔具类、定置张网、帆式张网,以及电捕、毒鱼等渔具渔法,对亲鱼及仔鱼、幼鱼危害很大。鳗苗网是一种超密眼网,网目只有 1 mm,在鳗苗汛期中,大量刀鲚和白虾等幼体同鳗苗一起在长江口进行索饵洄游,在捕捞鳗苗的过程中,刀鲚和白虾等幼体随潮水进入鳗苗网而被捕获,大量的幼鱼资源被破坏。在长江口南、北支口门地区及杭州湾北岸一带水域是凤鲚幼鱼的索饵肥育场所,渔民在这些水域设置的深水张网等网具,大量捕捞凤鲚幼鱼,大量未繁殖的亲本和幼鱼被捕捞,使渔业资源加剧衰退。与此同时,捕捞凤鲚流刺网的网目也从原来的 3.2 cm 以上降到 2.5 cm,当网目较小,鱼类的平均体长也在这个范围内时,表明渔业资源利用可能已超负荷(李美玲等,2009)。

1.3.2　保护对策

保护生物多样性,保护种质资源,在遗传物质、物种及其生境三个层次上的保护策略和措施不同,包括就地保护、异地保护以及遗传物质的离体保存。

(1) 就地保护

通过建立自然保护区,把包含保护对象在内的一定面积的陆地或水体划分出来,进行保护和管理,是保护种质资源和生物多样性最为有效的措施。目前,长江口及其毗邻水域共建立了 4 个自然保护区,分别为上海市长江口中华鲟自然保护区、长江刀鲚国家级水产种质资源保护区(长江河口区)、上海崇明东滩鸟类国家级自然保护区和上海九段沙湿地国家级自然保护区。其中,长江刀鲚国家级水产种质资源保护区(长江河口区)位于长江徐六泾以下河口江段,包括长江河口区南北两支及交汇区域,总面积为 183 280 hm²。保护区主要保护对象为刀鲚,其他保护对象包含中华鲟、江豚、胭脂鱼、松江鲈、青鱼、草鱼、鲢、鳙、鳜、翘嘴鲌、黄颡鱼、大口鲇和长吻鮠等物种。保护期为每年的 2 月 1 日至 7 月 31 日。

（2）异地保护

异地保护是指把濒危的或具备优良渔业生产价值的水生动物迁出原地,进行特殊的保护和管理。水生动物种质资源异地保护的通常做法是建立水产原良种场,这是实现对水产种质资源保护的有效途径之一。如在湖北石首长江天鹅洲故道、湖北监利老河口故道建立"四大家鱼"种质资源天然生态库,湖北淤泥湖建立团头鲂（*Megalobrama amblycephala*）原种场,江西兴国建立兴国红鲤（*Cyprinus carpio* var. *singuonensis*）原种场,山东青岛建立罗非鱼（*Oreochromis mossambicus*）良种场,山东威海中国花鲈原种场,山东威海西港建立刺参（*Stichopus japonicus*）原种场,江苏海安国家级河鲀原良种场等。这些原、良种场的建立对保存优良水生动物种质资源和基础群体,开展选育工作,生产优良苗种等具有重要意义。

（3）离体保存

离体保存主要包括基因和细胞(配子)离体保存。DNA 分子携带生物个体生长与发育等必要的遗传信息,保存了生物种质资源完整的 DNA,就意味着保存了该物种的完整生命遗传信息(张玲等,1999)。DNA 保存大多建立在基因文库构建的基础上,将生物细胞 DNA 通过与载体连接、转化而进行克隆、增殖、保存,建立 DNA 基因文库。随着基因工程技术的完善,可以直接在 DNA 分子水平上有目的地保存一些特定的性状,即基因保存。通过对独特性能的基因或DNA 定位,进行 DNA 序列分析,利用基因克隆,长期保存 DNA 文库。水生动物精子和胚胎保存,是通过超低温冷冻保存技术,将一些名贵、优良、濒危物种的精液或胚胎长期有效地保存起来,即建立水生动物精子或胚胎库,以后用解冻精子与卵子进行人工授精,就可以将这些物种的基因资源完全保存下来。

第**2**章 水生动物精子冷冻保存技术

半个多世纪以来,水生动物精子的冷冻保存已形成了一套完备的理论、技术体系,包括精子冷冻保存方法、抗冻保护原理和冷冻损伤机制等。

2.1 保存方法与保存过程

2.1.1 保存方法

保存精子的方法很多,主要有低温、常温和冷冻 3 种。低温和常温用于短期保存精液,而冷冻或超低温冷冻则可以长期保存精液。目前,国内外广泛采用的制冷剂有干冰(液态二氧化碳,沸点−79℃)和液氮(沸点−196℃)等,用液氮保存精液,精子的代谢停滞,精子处于假死状态,但其结构却能保持完整。因此,如何使精子不受影响地以完整的结构达到超低温状态,就成为精液超低温保存的一个关键问题(李常健等,2006)。

(1)精子冷冻保存方法

目前,鱼类精子超低温冷冻保存的方法主要有颗粒冷冻法、麦管冷冻法、安瓿瓶冷冻法、冻存管冷冻法等四种。

1)颗粒冷冻法:用玻璃吸管吸取稀释后的精液定量滴在干冰上或液氮面上方的冷冻板上,冷冻成颗粒,然后把这些颗粒转移至液氮中保存。冷冻板多为铝板或聚四氟乙烯塑料板,将其放在盛有液氮的容器上,与液氮面的距离保持在 0.5～1.5 cm,待充分冷却后使用。由于冷冻板的热容量小,滴下的精液所释放的热量被冷冻板吸收后,冷冻板的温度会很快升高,影响精液的冷冻效果。因此,在滴冻时,应尽量减少冷冻板的温度变化。颗粒冷冻法冻存量少,操作较麻烦,目前较少使用。

2）麦管冷冻法：将一定量的稀释后的精液吸入麦管中，每管多为 0.25 mL，装好后用酒精灯把镊子烧热，夹麦管的两端使之封闭。麦管铺在冷冻屉上，放置于冷冻液氮罐中的冷冻支架上，用液氮蒸汽逐渐使其降温，经 10~15 min，当温度降至-130℃以下并维持一定时间后，即可直接投入液氮中。该法冷冻量大，操作简便、安全，得到较为广泛的应用。

3）安瓿瓶冷冻法：安瓿瓶由玻璃制成，将罐封的精液安瓿瓶置于一平面支架上，放入冷冻液氮罐中，并与液氮面保持一定距离，按一定降温程序降温，当温度降至-130℃以下并维持一定时间后，即可直接投入液氮中。该法冷冻体积较大，冷冻效果也不错，但在操作中安瓿瓶容易破裂，故其使用也受到限制。

4）冻存管冷冻法：冻存管是用于细胞冷冻保存的塑料管，体积为 1 mL、1.8 mL 和 5 mL 等多种，精液分装后将冻存管盖盖上，放入一纱布袋中，手动控制与液氮面的距离，逐渐降温，当温度降至-130℃以下并维持一定时间后，即可直接投入液氮中。该法冻存体积大，操作方便、安全，是非常有潜力的一种冻存方法。

（2）精子冷冻降温方法

在鱼类精子的超低温冷冻保存研究中，常用的冷冻降温方法有 2 种，分别为程序降温法和分步降温法，这 2 种方法都有各自的优缺点。

1）程序降温法：利用低温程序降温仪，按照预设的程序进行降温，然后将样品保存到液氮中，这是一种降温速度较慢的冷冻模式。其优点是程序性降温、精确、稳定；缺点是仪器昂贵，成本高。

2）分步降温法：利用装有液氮的容器，通过控制样品距离液氮面的高度控制降温速率，通过热电偶测得降温速率，温度降到-100℃左右时将样品保存入液氮中。分步降温多采用二步法和三步法。该法操作简单，成本低。中国花鲈精子冷冻保存时（Ji et al.，2004）采用三步法，解冻后获得了较高的成活率。大菱鲆精子冷冻保存时（Chen et al.，2004）采用二步法，解冻后也获得了较高的成活率。

（3）精子复苏解冻方法

解冻是将冰态的种质细胞升温融解，使种质细胞复苏的过程。解冻速率不当也会降低细胞冷冻存活率。解冻的关键因素是解冻液和解冻速度。采用颗粒冷冻法冷冻的种质细胞必须用解冻液（Babiak et al.，2001），而用安瓿瓶冷冻法和麦管冷冻法保存的种质细胞可置于室温或浸入水浴中解冻(Warnecke et al.，2003；Dreanno et al.，1997)。解冻速度是一个复杂的因素,它与解冻液的初始温度、种质细胞与解冻液的比例、种质细胞的体积和水浴的温度均有密切关系。

2.1.2　保存过程

鱼类精子超低温保存的技术方法主要包括稀释液的配制、抗冻剂的筛选、降温平衡方法、冷冻保存方法以及冷冻精液的解冻等过程。国外许多学者早在20世纪70年代就对此作过较详细的报道。

（1）稀释液的配制原则

鱼类精液等离体后由于环境不适、营养消耗、代谢产物累积等原因,会很快失去活性。通过配制适宜稀释液的方式可延长其体外存活时间,维持其良好的生理状态以更好地抵抗降温过程中的各种损伤。在冷冻保存前都要配制各种适合精子保存的稀释液,用来稀释抗冻剂,形成所需的抗冻剂浓度。

稀释液的配制是鱼类精液冷冻保存中的关键一环。稀释液的适合与否直接影响到保存结果。鱼的种类不同,精子的生理特性也有差异,因而对稀释液成分和浓度有不同的要求。总的说来,稀释液的配制应遵守以下几点原则：

1）溶液等渗性：稀释液应与待冻材料等渗或接近等渗,稀释液不能激活精子,加入稀释液后精子应保持原来的静止状态。

2）稀释液能为待冻材料提供适宜的环境：延长其存活时间,提供其所需的营养物质,以抵抗降温过程中的各种损伤。

3）pH：稀释液对 pH 要有一定的缓冲能力,尽量减少精子 pH 的急剧变化。

4）稀释液中绝对不能含有对待冻材料有毒有害的物质。

5）稀释液中最好含有抗菌物质,防止预处理时细菌大量繁殖。

（2）稀释液的配制方法

1）模拟精浆的成分配制：精子冷冻保存时,可以通过模拟精浆成分的方式配制稀释液。但精浆成分复杂,在人工配制时由于误差等原因往往与精浆原成分不完全一致;并且精浆的测定也较为麻烦,这都限制了其应用。该法在精子冷冻保存的初期应用较多。

2）营养液配制：细胞冷冻保存中所用稀释液多数是细胞培养液,这些培养液除含有盐类外,还含有氨基酸、维生素、葡萄糖、血清等营养成分。常用的如 TC199、MEM、DMEM 等。这些营养液是细胞、细菌等的培养液,营养、离子成分、渗透压等各个方面都能满足其要求,可以直接作为稀释液。

3）生理盐溶液配制:生理盐溶液主要含有 NaCl、KCl、Na_2CO_3、$MgSO_4$、$KHCO_3$、$CaCl_2$、$MgCl_2$、KH_2PO_4、K_2HPO_4、Tris – Cl 等物质,主要为待冻材料提供适宜的渗透压环境和离子成分(Dreanno et al., 1997)。比较典型的有 Ringer's、Hank's、TS – 2、MPRS 等,都成功地保存了数种生物材料。K^+能抑制鱼类精子的活动,Na^+、Ca^{2+}、H^+、Mg^{2+}能部分解除 K^+ 的抑制作用(李常健等,2006)。蔗糖既是一种营养物质,又是一个很好的非渗透性抗冻保护剂。陈松林等(1992)用 NaCl、KCl 和蔗糖 3 种物质配制的 D 系列溶液成功保存了鲢、鲤、团头鲂和草鱼的精液。Ca^{2+}是调节鱼类精子活力的重要因子,外界环境的 Ca^{2+} 通过 Ca^{2+} 通道直接进入精子细胞内使 Ca^{2+} 增加,是精子激活所必需的。Tris – Cl 的缓冲能力很强,可防止精子在代谢过程中产生乳酸、二氧化碳等物质导致 pH 下降。

（3）抗冻剂的种类

细胞不加任何物质直接冷冻,由于胞内含有大量的水分,在冷冻时会形成大的冰晶,刺伤细胞膜导致细胞死亡;同时冷冻使胞外首先结冰,导致胞外溶质浓度增大,细胞处于高浓度溶质中也会产生损伤。1949 年 Polge 发现抗冻剂如 Gly 对材料有抗冻保护作用,开辟了低温生物学研究的新篇章。

抗冻剂必须低毒、高水溶性。根据其能否透过细胞膜,可将其分为渗透性抗冻剂和非渗透性抗冻剂。目前,常用的抗冻剂主要包括 DMSO、Gly、MeOH、EG、PG、DMF、PVP、Alb、Dex 和 HES(华泽钊等,1994)。

1）渗透性抗冻剂:渗透性抗冻剂多是小分子物质,渗透速度快,能轻易地渗透到细胞内,使细胞脱水,在溶液中易结合水分子,发生水合作用,使溶液的黏性增加,从而弱化了水的结晶过程,达到抗冻保护的目的。渗透性抗冻剂的保护机制有以下几点:① 冲淡溶液中溶质的浓度,在冷冻时,抗冻剂进入细胞内部,替代一部分游离水,使游离水连同部分盐被排出,降低了胞内溶质的浓度。② 降低冰点,添加抗冻剂能显著降低溶液的冰点,抑制冰晶的生长,减少冷冻中的细胞损伤。③ 减少细胞摄入盐的数量,冷冻时,胞外水首先结冰,导致胞外溶质浓度增大,盐类会渗入细胞内。加入抗冻剂能减少渗入细胞内盐类的数量,或使盐类渗入细胞的现象发生在更低的温度范围内。④ 避免解冻时细胞膨胀死亡,渗透性抗冻剂跨膜速度快,解冻后能及时渗出,避免细胞发生渗透性损伤。⑤ 防止大的冰晶形成,渗透性抗冻剂都有一定黏性,加入后可增强液体黏性、加快热传导速度,使针形冰晶形成得越来越纯。⑥ 抗冻剂分子氢键结合能力,即分子相互作用,并增加其稳定性。

2)非渗透性抗冻剂:非渗透性抗冻剂多是糖类和蛋白,由于分子量较大,很难透过细胞膜,主要有 Suc、Gal、Lac、Fru、Glu、Tre、Dex、PEG、Alb、PVP、HES、AFP 等(李广武等,1997)。非渗透性抗冻剂在冷冻保存中对细胞的保护机制如下:① 慢速冷冻时,非渗透性抗冻剂可降低细胞外溶质浓度,减少溶质渗入细胞的量,降低溶质损伤的程度。② 由于添加了非渗透性抗冻剂,在冷冻前已使细胞大量脱水,快速冷冻时,可缓解胞内冰的形成。③ 与渗透性抗冻剂相比,非渗透性抗冻剂毒性小,混合添加可减少渗透性抗冻剂对细胞毒性,增加总的抗冻剂浓度,更好地保护细胞免受损伤。④ 抗冻蛋白具有特殊的保护机制。温度降低,冰晶形成时,抗冻蛋白便会活化,阻止晶格的形成。

但糖类等非渗透性抗冻剂既有抗冻保护作用,又是精子等的营养来源,分解后会产生大量代谢产物。因此,很难用单一抗冻剂将待冻材料冷冻保存成功,多联合使用不同类型的抗冻剂,特别是渗透性和非渗透性抗冻剂联合使用能起到相互补充的作用。解冻时,多采用非渗透性抗冻剂来配制解冻溶液,尽可能减少胞内外渗透压差,避免细胞膨胀损伤。

(4)冷冻保护液稀释

稀释液与抗冻剂混合形成的溶液称为冷冻保护液,冷冻保护液的稀释方法有以下两种。

1)一次稀释法:按稀释的要求,将精液加入在 4℃ 下预冷的含抗冻剂的稀释液中。

2)二次稀释法:将挤出的精液在等温条件下立即用不含抗冻剂的第一稀释液作第一次稀释。稀释后的精液缓缓降温至 4℃ 后再加入等温的含抗冻剂的第二稀释液,在二次稀释时不应该最终改变抗冻剂的浓度。

(5)稀释后精液的平衡

精液用含抗冻剂的稀释液稀释后,多需在 4℃ 下平衡一段时间,使抗冻剂渗透进入精子内,产生抗冻保护作用。平衡时间为零到几小时不等,在平衡过程中温度不能有变化。在低温环境下平衡可以增强精子的耐冻性,为下一步低温冷冻做好生理上的准备,减少在冷冻过程中有害温区冰晶对精子的损害。

2.2 研究进展与存在问题

2.2.1 主要研究进展

(1)精子生物学特征

1)精液的化学成分:鱼类精液外观乳白色,大多数呈弱碱性,pH 为 7.3~8.5,不同种鱼类精子的浓度和密度均不相同,即使同种鱼类,其浓度和密度也随季节而变化。精液中金属元素组成主要为钾、钠、钙、镁、锌等。其中钾和钠两种元素占总金属元素含量的比例高达 99.7%~99.8%,主要起稳定渗透压的作用,对精子的激活和抑制起着非常重要的作用。

2)精子的结构特征:在透射电子显微镜下可以清楚地观察到鱼类的精子可分为头、颈和尾 3 部分。尾部又称鞭毛,是精子的运动器官。如果将鞭毛横切,从横切面可以看到"9+2"的结构,即外周由 9 组二联管(A 管和 B 管)环绕着中央 2 条微管。A 管内含有 ATP 水解酶,通过水解 ATP 引起双微管之间的滑动,使鞭毛产生摆动来获得活力。外界因子对鱼类精子活力的影响,是通过影响 cAMP – ATP – Mg^{2+} 系统来影响鞭毛的活动而实现的(Dreanno et al.,1997)。

3)精子的运动能力:精子运动所需要的能量来源于原生质中的营养物质,由于精子的原生质极少,能量有限,故精子排入水中被激活后的存活时间很短,因而可以通过降低精子代谢率的方法减少能量的消耗,以达到延长精子存活时间的目的。

(2)精子冷冻过程研究

自英国学者 Blaxter(1953)首次进行冷冻保存太平洋鲱(*Clupea pallasii*)精巢的试验并获得成功以来,国内外有关鱼类精子冷冻保存的报道已有 200 余例。随着人工育苗工作和鱼类遗传育种研究工作的发展,鱼类精液冷冻保存技术的研究已引起人们的极大关注,并已形成较大的规模。国外在冷冻保存技术的研究上起步较早,关于这方面的研究报道也比较多,国外学者的早期研究工作大多集中在海水鱼类以及鲑科鱼类上,近年也逐渐扩展到鲤科等鱼类上。20世纪 60 年代后,由于鱼类养殖业的迅速发展和杂交育种、优良品种的选育与提纯复壮等工作的开展,迫切需要有长期保存鱼类精液的可靠方法,从而刺激了鱼类精液冷冻保存研究逐步开展起来。

Horton 等(1976)首次用冷冻保存的大麻哈鱼(*Oncorhynchus keta*)精液授精获得受精率。Mounib(1978)用冷冻保存 7 天(-79℃)和保存 30 天(-196℃)的大西洋鳕(*Gadus morhua*)精液授精,分别获得 60%~65%和 80%~89%的受精率。到了 70 年代,鱼类精液冷冻保存的重点转移到鲑科鱼类上,并取得显著成果。Erdahl 等(1978)冷冻大麻哈鱼精液,获得大于 90%的受精率。Mounib(1978)冷冻保存大西洋鲑(*Salmo salar*)精液,液氮保存 1 年后,受精率为 80%。80 年代以来,随着物理学、化学和生物学的发展,冷冻保存技术也在不断提高,有关海水鱼类和淡水鱼类的报道也逐渐增多。精子的超低温冷冻保存得到更进一步的发展。岩桥正雄(1981)冷冻锦鲤(*Cyprinus carpio*)的精子,解冻后获得 45.1%的受精率。Stoss 等(1981)对虹鳟(*Oncorhynchus mykiss*)精液的冷冻技术进行了系统研究,使卵的受精发眼率高达 85%。Brian(1982)冷冻保存斑马鱼(*Brachydanio rerio*)精液,获得 51%的受精率。Hara(1982)冷冻遮目鱼(*Chanos chanos*)精液,冻精受精率达 67.9%。Stoss 等(1983)冷冻保存大西洋鲑和鳟(*Salmo trutta*)的精液分别获得 91.3%和 54.8%的受精率。Harvey 等(1983a)冷冻保存萨罗罗非鱼(*Sarothervdon mossambicus*)精液,受精率达 64.3%。

Kurokura 等(1984)保存鲤(*Cyprinus carpio*)精液,受精率达 68.6%。Erdahl 等(1984)用干冰和液氮保存鲑精液 1 h,受精率分别为 54%和 58%。Steyn 等(1987)保存胡子鲇(*Clarias gariepinus*)精液,受精率为 51.2%。Pirronen 等(1987)冷冻保存白鲑(*Coregonus muksun*)的精液,受精率为 81%。Dreanno 等(1997)保存大菱鲆(*Scophthalmus maximus*)精液,受精率达 67.5%。Gwo(1999)冷冻保存山女鳟(*Oncorhynchus masou*)精液,受精率达 94.5%~96.2%。Fauvel 等(1998)保存海鲈(*Dicentrarchus labrax*)精液,受精率达 68.8%。Yao 等(2000)冷冻保存绵鳚科的美洲大锦鳚(*Macrozoarces anericanus*)精液 24 h,受精率达 33%。Babiak 等(2001)保存虹鳟的精液,受精率达 80.9%。Ruraugwa 等(2001)保存胡子鲇的精液,受精率达 36%。Anrick 等(2002)冷冻保存大眼梭鲈(*Stizostedion vitreum*)精液,获得 59%的受精率。Warnecke 等(2003)保存鲤的精液,受精率达到 80%。

我国在鱼类精液冷冻保存上也开展了一些工作,并取得初步成效,主要集中在淡水鱼类,近几年随着我国海水养殖的发展,对海水鱼类的研究也逐渐增多。卢敏德(1981)冷冻保存草鱼(*Ctenopharynodon idellus*)、鲢(*Hypophthalmichthys molitrix*)、鳙(*Aristichthys nobilis*)3 种鱼的精液,冻精受精率分别为 23.9%、50% 和 80.5%。王祖昆等(1984)用液氮保存的草鱼、鲢、鳙、鲮(*Cirrhinus molitorella*)4 种鱼的冻精 60~90 d 授精,分别获得 44.2%、32.6%、16.5% 和 31% 的受精率。洪万树等(1996)超低温保存黑鲷(*Sparus macrocephalus*)精液 18 d,获得冻精受精率为 80%。李纯等(2001)用液氮保存真鲷(*Pagrus major*)的精液,获得 62.5% 的冻精受精率。林丹军等(2002)液氮中保存了大黄鱼(*Larimichthys crocea*)精子,并取得了(89.5±4.2)% 的冻后活力、(82.7±5.5)% 的受精率和 (85.7±5.8)% 的孵化率。Zhang 等(2003)用液氮冷冻保存牙鲆(*Paralichthys olivaceus*)精子,取得了(79.17±4.5)% 的活性、(76.20±10.0)% 的受精率和 (48.17±25.7)% 的孵化率。季相山等(2005)用液氮冷冻保存牙鲆精子,冻后成活率可高达 70%。刘鹏等(2007)在液氮中冷冻保存西伯利亚鲟(*Acipenser baeri*)精子,获得(51.5±5.8)% 的冻精活力、(72.3±3.0)% 的受精率和(52.9±4.1)% 的孵化率。鱼类精液冷冻保存取得的主要结果汇总于表 2-1。

表 2-1　鱼类冷冻精液保存的主要结果

种　　类	冻精受精率(冻存时间)	文 献 来 源
大西洋鳕(*Gadus morhua*)	80%~89%(30 天)	Mounib, 1978
大麻哈鱼(*Oncorhynchus keta*)	90%	Erdahl et al., 1978
大西洋鲑(*Salmo salar*)	80%(1 年)	Mounib, 1978
锦鲤(*Cyprinus carpio*)	45.1%	岩桥正雄,1981
虹鳟(*Oncorhynchus mykiss*)	85%	Stoss et al., 1981
斑马鱼(*Brachydanio rerio*)	51%	Brian et al., 1982
遮目鱼(*Chanos chanos*)	67.9%	Hara et al., 1982
萨罗罗非鱼(*Sarotherodon mossambicus*)	64.3%	Harvey et al., 1983a
鲤(*Cyprinus carpio*)	68.6%	Kurokura et al., 1984
胡子鲇(*Clarias gariepinus*)	51.2%	Steyn et al., 1987
白鲑(*Coregonus muksun*)	81%	Pirronen et al., 1976
大菱鲆(*Scophthalmus maximus*)	67.5%	Dreanno et al., 1997
山女鳟(*Oncorhynchus masou*)	94.5%~96.2%	Gwo et al., 1999

种　　类	冻精受精率（冻存时间）	文　献　来　源
海鲈（*Dicentrarchus labrax*）	68.8%	Fauvel et al.，1998
虹鳟（*Oncorhynchus mykiss*）	80.9%	Babiak et al.，2001
大眼梭鲈（*Stizostedion vitreum*）	59%	Anrick et al.，2002
鲤（*Cyprinus carpio*）	80%	Warnecke et al.，2003
鲢（*Hypophthalmichthys molitrix*）	50%	卢敏德等,1981
鳙（*Aristichthys nobilis*）	80.5%	卢敏德等,1981
草鱼（*Ctenopharynodon idellus*）	44.2%	王祖昆等,1984
鲮（*Cirrhinus molitorella*）	31%	王祖昆等,1984
黑鲷（*Sparus macrocephalus*）	80%（18 天）	洪万树等,1996
真鲷（*Pagrus major*）	62.5%	李纯等,2001
大黄鱼（*Larimichthys crocea*）	（82.7±5.5）%	林丹军等,2002
牙鲆（*Paralichthys olivaceus*）	（76.20±10.0）%	Zhang et al.，2003
西伯利亚鲟（*Acipenser baeri*）	（72.3±3.0）%	刘鹏等,2007

（3）精子冷冻损伤机制研究

1972 年,Mazur 等首先从中国仓鼠组织培养细胞的低温保存试验数据分析中,提出冷冻损伤的两因素假说。此假说认为造成冷冻损伤有两个独立的因素:一是胞内冰损伤（intracellar ice damage）的形成,这是由于降温速度过快,细胞内的水分来不及转送到细胞外而逐渐冷却,最后在细胞内形成冰晶,破坏细胞膜,从而导致细胞死亡。降温速度越快,此类损伤越严重;二是溶质损伤（solute damage）或称溶液损伤（solution damage）,这是由于降温速度过慢产生的。在这种情况下,细胞可以充分脱水,但当培养液中的水结冰时,细胞内的水还未冻结,造成细胞内外的盐浓度不平衡,使细胞在高浓度的溶液中暴露的时间过长而遭受损伤。降温速度越慢,此类损伤越严重（陈松林等,1992）。

在精子超低温冷冻损伤机制研究上,国内外对人类及哺乳动物精子冷冻损伤机制研究相对较多,而对鱼类精子冷冻损伤的研究报道较少,目前这些研究主要集中在以下几个方面。

1）DNA 损伤:精子是遗传物质的直接载体,其 DNA 损伤情况将直接影响精子的质量及其下一代的生长发育。在精子发生过程中,从精原细胞一直到成熟的精子细胞,其染色体发生了很大的变化,精子发育为具有高度凝集的核并呈种属特异的形状。在制作冷冻精液的过程中,由于精液的稀释、离心,冷冻保护液的添加量等都可能使精子 DNA 受到损伤。精子 DNA 的损伤情况是检测精子质量的一个重要依据。已有研究表明,精液在冷冻、解冻过程中,会造成精子膜完整性破坏、顶体破坏、线粒体结构受损,从而影响精子的生存能力和受精能力。单细胞凝胶电泳(single cell gel electrophoresis, SCGE)又称彗星试验(comet assay),是一种在单细胞水平上检测真核细胞 DNA 损伤与修复的方法。由于其快速、简便和灵敏,已广泛应用于检测人和动物细胞的 DNA 损伤。国内学者徐德祥等(2000)用改进的 SCGE 技术,成功地在显微镜下观察到人精子细胞 DNA 链的断裂,使近几年 SCGE 技术在评估男性生殖中得到了广泛的应用和迅速的发展。宋博等(2002)运用 SCGE 方法研究了冷冻对于人类精子 DNA 的影响,李文烨等(2007)运用 SCGE 技术检测低温保存对猪精子的 DNA 损伤。唐国慧等(2003)运用 SCGE 检测二硫化碳染毒小鼠精子 DNA 的损伤。SCGE 应用于检测鱼类冷冻精子 DNA 的损伤研究,仅见于虹鳟、海鲈和真鲷(徐西长等,2005;Zilli et al., 2003;Labbe et al., 2001)。

2)细胞及超微结构的变化:精子冷冻保存后,损伤主要表现为形态结构和生化上的变化,其中包括细胞体积变化、细胞膜质氧化、细胞膜选择性渗透机制破坏等,这些通常会造成细胞功能紊乱(Sandra et al., 2006)。细胞膜和顶体膜是精子中最敏感的部分,受损膜系统主要包括顶体膜、核膜、细胞膜、内切沟膜、线粒体嵴膜、鞭毛外膜。细胞膜不仅是细胞结构上的边界,使细胞具有一个相对稳定的内环境,同时在细胞与环境之间进行物质、能量的交换及信息传递过程中也起着决定性的作用(Tsvetkova et al., 1996)。膜受到了损伤,精子便无法接受外界刺激信息,因此即使精子还可以进行基本的物质能量代谢,也不能被激活。

徐惠明等(2006)运用电镜观察了人精子冷冻前后超微结构及受精能力的变化,表明人精子冷冻后虽然微细结构及功能受到一定程度的损伤,但部分精子的顶体内膜和中尾段未丢失,精子尾部的动力装置未受到损害。刘鹏(2007)研究了西伯利亚鲟精子冷冻前后超微结构的变化,表明西伯利亚鲟精子冷冻后顶体长、头中部宽,头中部宽与前部宽比值及中段宽与鲜精相比显著增加,中段长度、后外侧延伸物长度变短。冷冻没有对微管系统的结构造成明显的损伤,但是部分精子的鞭毛和中段的结合部发生断裂损伤。同样的现象也出现在顶体和核的结合部以及核与中段的结合部。这些部位之间只有脆弱的膜结构,缺少骨架结构连接,所以在实际冷冻过程中这些部位容易受到损伤,造成不同程度的脱节、断裂现象。赵维信等(1992)研究了几种淡水鱼类精子冷冻前后形态变化,表明未经冷冻的新鲜精子头部为球形,外观光滑完整,精子颈部呈梯形,近头端宽于近尾端;经过冷冻的精子,一部分形态仍完好,头、颈、尾部轮廓完好清晰。另一部分精子形态受损,表现为精子头部略微胀大,表面呈凸凹不平,或头部膨大呈现泡状化,严重损伤者呈现头部外膜破裂,头部内含物外溢,精子颈部略为肿大。精子尾部外膜破裂,轮廓模糊,或精子尾部段落缺损;或尾部被胶状物包埋黏裹。张轩杰等(1991)对草鱼、鲢、鲤 3 种鱼的冷冻精子的观察结果表明,精子经低温冷冻保存后,细胞膜疏松、破裂、脱落,头部染色质松散解体,线粒体等内部结构损伤,鞭毛呈不正常缠绕、扭曲等。

3) 能量代谢酶的变化:顶体酶及顶体反应:顶体酶是一种与精子顶体膜相连的胰蛋白酶样丝氨酸蛋白酶,它以酶原的形式合成并储存在顶体内,在受精过程中能够水解卵细胞的透明带,使精子和卵细胞融合(黄平治等,1990)。顶体反应是受精的一个关键环节,只有经过顶体反应的精子才能通过卵子透明带,并与卵质膜融合。精子顶体缺陷与男性不育有密切关系,顶体完整率是反映顶体缺陷与否的重要指标(汤洁等,2002)。精子不耐低温,冻存的不同阶段可导致精子不同程度损伤。精子对由体温冷却至冰点这一阶段十分敏感,此阶段对精子造成的损伤称冷休克。冷休克主要表现为复温后不可逆活动力丧失、精子质膜通透性降低、顶体膜损伤(Oehninger et al.,2000)。Barthelemy 等(1990)报道冻融过程对精子头部质膜引起广泛肿胀、破损、顶体膜结构不完整率增加,顶体内容物丢失,甚至顶体膜脱落,导致顶体膜上结合的蛋白水解酶丢失或活性降低。郭航等(2006)研究表明,形态正常组人精子顶体完整率明显高于形态异常组,顶体完整率正常组形态正常,精子百分率明显高于顶体完整率异常组。

根据国内外学者多年的研究,一般认为板鳃类和肺鱼类的精子有顶体,而硬骨鱼(真骨鱼)的精子没有顶体(Afzeius,1978)。鲟科鱼类的生殖生理特性与其他淡水硬骨鱼类有很大的不同。这些不同包括形态上(精子形态结构复杂,出现了顶体),生理上(精子存活时间比淡水鱼类长,并且具有顶体反应),生化上(出现了顶体头粒蛋白、芳基硫酸酯酶)(Wayman,2003)。刘鹏(2007)研究表明,经过超低温冷冻反应后,西伯利亚鲟冻后精子除顶体膜损伤外,还在顶体前端延伸出一个棒状结构,不明显的受损精子表现为精子顶体长度增大。

ATP 酶:ATP 酶可催化 ATP 水解生成 ADP 及无机磷的反应,这一反应放出大量能量,以供生物体进行各需能生命过程。ATP 酶存在于组织细胞及细胞器的膜上,是生物膜上的一种蛋白酶,机体在缺氧等状态下,ATP 酶受到损伤,活力下降。因此 ATP 酶活力的大小是各种细胞能量代谢及功能有无损伤的重要指标。Babiak 等(2001)对虹鳟精子的研究表明,超低温冷冻后虹鳟精子中 ATP 酶的活力下降。黄晓荣等(2008a,2012)分别对日本鳗鲡和大黄鱼精子的研究表明,超低温冷冻导致这两种鱼精子中 ATP 酶的活性显著下降。

精子线粒体是维持精子正常生理功能的能量来源。CK 通常存在于动物的心脏、肌肉以及脑等组织的细胞质和线粒体中,是一个与细胞内能量运转、肌肉收缩、ATP 再生有直接关系的重要激酶(Seraydrarian et al.,1976)。它可逆地催化肌酸与 ATP 之间的转磷酰基反应。SDH 是反映精子能量代谢的关键酶之一。在精子产生能量的三羧酸循环中,SDH 催化琥珀酸脱氢转变成延胡索酸,脱下的 H^+ 最后生成 ATP。因此 SDH 活性的强弱,反映精子能量代谢的活跃程度,SDH 活性检测对评价冷冻前后精子线粒体功能具有重要意义(Rao et al.,2001)。

LDH 是一种糖酵解酶,是体内能量代谢过程中的一个重要酶,广泛存在于肌体组织内。精子中 LDH 主要集中于中后部的线粒体鞘上,通过呼吸作用给精子提供能量(Afromeev et al.,1999)。林金杏等(2007)发现经超低温冷冻保存后野牦牛(Bos mutus)精子内 LDH 的活性下降,陈田飞等(2004)研究表明冷冻保存后家蚕(Bombyx mori)精子中 LDH 向精浆中溢出,导致精子中 LDH 活性下降,精浆中 LDH 活性上升。

抗氧化酶活性的变化:需氧生物在氧化还原循环中往往产生大量的超氧阴离子自由基、羟自由基、过氧化氢等活性氧。此外,酶促反应、电子传递及小分子自身氧化等细胞正常的代谢过程也会产生活性氧。活性氧是自由基的重要组成部分,少量的自由基是生物体所必需的,它们作为第二信使,对信号传导起重要作用,影响基因的表达,但是自由基的性质极为活泼,过多的自由基如果不能被及时清除,它们将会攻击各种生物大分子,引起 DNA 损伤、酶失活、脂质过氧化等一系列氧化损伤,进而引起生物体各种生理病变(Li et al.,1994)。生物体在长期的进化过程中,形成了一套完整的保护体系——抗氧化系统来清除体内多余的活性氧(张克烽,2007)。抗氧化系统包括非酶类抗氧化剂和酶类抗氧化剂。非酶类抗氧化剂包括谷胱甘肽、一氧化氮,维生素 E、维生素 C 等;酶类抗氧化剂主要有 SOD、CAT、GSH - PX 等。SOD 在清除活性氧反应中第一个发挥作用,它将超氧阴离子自由基快速歧化为过氧化氢和分子氧;过氧化氢在CAT 和 GSH - PX 的作用下转化为水和分子氧。因此,SOD、CAT 和 GSH - PX具有清除氧自由基、保护细胞免受氧化损伤的作用。GR 在缓解因冷胁迫所产生的活性氧危害具有重要的功能,某些植物在冷强化时 GR 活力增加,玉米、西红柿抗冷基因具有较高的 GR 活力(Leipner et al. , 1999)。低温下 GR 活力的升高与 GR 同工酶有关,这种同工酶在寒冷状态具有较高的活力,在松树、豌豆、玉米、荠菜和红云杉发现有适冷 GR 同工酶(Edwards et al. , 1990)。高活力的GR 能保护低温下蛋白质的巯基免受破坏,减少蛋白质分子内的二硫键的形成。

2.2.2　存在的问题

精子活力研究是包括精子超低温保存在内的一切以精子为材料进行研究的基础。目前精子活力研究虽然取得了较大进展,但仍存在一些不足。

其一,研究种类较少,大多数研究集中在鲤科鱼类、鲑鳟鱼类、鲷科鱼类和某些咸淡水鱼类,其他种类精子活力影响因子尚未明了。

其二,精子抑制、激活机制研究得不够充分和透彻,如精子膜结构上的离子通道是怎样发挥作用的,渗透压及各种环境因子是通过何种方式来作用精子的,其激活原理的分子机制究竟如何等。

其三,精子细胞冻存损伤机制还没阐明。抗冻剂和稀释液在冻存过程中如何保护精子,精子冷冻损伤的发生时期、阶段,不同冻存温度对细胞活力的影响机制,不同冻存时间对细胞活力有无影响等都有待进一步研究。另外,由于在复苏过程中对温度升高的控制能力要远远低于冷冻过程中对温度下降的控制,因此在升温控制方面的研究非常薄弱。

其四,尽管在有些研究中冻精的受精率很高,但大多数学者均未报道冷冻精液的解冻活力和精卵受精量比,而这两个参数是衡量冷冻精液质量的主要标准,是评价一种冷冻技术成功程度的重要依据(陈松林等,1992)。如果用超过鲜精数量十倍甚至数十倍的冷冻精液去和一定量的卵子受精,即使精子活力很低,也可以获得高受精率,提高精卵比可以掩盖因精子活力低的冻精中参与受精的精子数目降低的缺陷。这些还有待进一步的研究和证实。

尽管鱼类精子的超低温保存取得较大成功,但冻精的受精率很难达到鲜精的水平,即经过超低温保存后,冻精的活力比鲜精差,总有部分精子在冷冻过程中受到损伤。因此,开展鱼类精子冷冻损伤研究,筛选更适宜的稀释液配方以及寻找更为有效的降温速率和解冻速率方案是有效保护精子的遗传物质及解决冻精受精能力下降的重要措施,也是今后进一步研究的重点。随着研究手段的不断进步和研究的不断深入,这些问题终将逐步得到解决,而鱼类精子冻存技术的日臻完善,也必将为鱼类精子的冷冻保存理论以及鱼类种质保存与优良种质培育的生产实践带来深远影响。

第**3**章　水生动物胚胎
冷冻保存技术

水生动物胚胎冷冻保存的方法主要有程序化和玻璃化两种方法。目前认为,影响水生动物胚胎冷冻保存成活的主要因子包括胚胎的体积、胚胎卵膜的结构和通透性、胚胎卵黄含量、胚胎中含水量、胚胎发育阶段、胚胎耐冻能力与胚胎质量、抗冻剂和冷冻方法、降温速率、解冻方法及培养方法等。

3.1　保存方法与影响因子

3.1.1　保存方法

（1）程序化冷冻保存

程序化冷冻保存是指利用程序降温仪,根据不同鱼类胚胎的生理特点,经过对降温程序的筛选,将适合于胚胎冷冻保存的降温程序输入程序降温控制仪,然后将经过在冷冻保护液中平衡过的胚胎吸入麦管,并固定在降温盘上,开启程序降温仪进行降温冷冻。不同的鱼类胚胎要求不同的降温速率,降温速率过快或过慢都会导致细胞损伤。不同的作者根据不同的种类采取了不同的降温程序,可分为分段慢速和分段快速降温,这两种方法在生物材料的冷冻保存中被广泛利用。

程序化法运用于鱼类精子和胚胎的冷冻保存有较多的报道,这种方法在鱼类精子冷冻保存上取得了很大成功。在鱼类胚胎冷冻保存研究上,采用分段慢速降温冷冻鲤胚胎（Zhang et al.，1989）和采用分段快速降温冷冻泥鳅（*Misgurnus anguillicaudatus*）胚胎（张克俭等,1997）,心跳期胚胎的冷冻保存都取得了成功。章龙珍等（1994）对低温冷冻保存几种淡水鱼类胚胎的降温速率进行了研究,结果表明,在低温下采用慢速降温,以 $0.2 \sim 0.5\,℃/min$ 降至 $-40\,℃$

以上时,胚胎获得了 20% 以上的成活率。Stoss 等(1983)采用 0.3~0.35℃/min 的降温速率,在 -20℃ 冷冻保存虹鳟和大麻哈鱼受精卵,解冻后获得了 6.4% 的复活率。牙鲆胚胎利用分段慢速和分段快速降温超低温冷冻保存后都获得了复活的胚胎(于过才等,2004)。

(2)玻璃化冷冻保存

"玻璃化"是一个物理学上的概念,是指当水或溶液快速降温达到或低于 -100~110℃ 的范围时,形成一种具有高黏度的、介于液态和固态之间的、非晶体态的、杂乱无章的、透明的玻璃状态,它不能像液态那样流动,但可以向晶体一样保持自己的形状。其特点为:① 分子不按晶体结构排列,为无定型结构;② 在玻璃化过程中,分子不重新排列,不发生剧烈运动,没有准确固定的转变固化点,其状态的转变是在一定的温度区内完成的,即玻璃化转变温度是代表一个区域的温度;③ 当水溶液含有电解质或其他可溶性成分转变成玻璃态时,由于其均一的分散系统未遭破坏,溶液的浓度不发生改变或改变很小。玻璃态的物理性能与晶体态不同,是一种既可以避免或减轻冷冻细胞、组织的损伤,又可以长期保存细胞、组织的良好方法,但玻璃化冷冻保存对抗冻剂的种类、浓度和处理方式、降温与升温速率等具有特殊的要求(Macfarlane,1986)。

对生物材料玻璃化冷冻保存的研究起步较晚,Rall 等(1985)首次利用玻璃化法成功冷冻小鼠胚胎,推动了玻璃化法在胚胎冷冻上的应用,在哺乳动物方面利用玻璃化法成功进行了牛、马、猪、小鼠等胚胎的冷冻保存,但玻璃化法离商业化目的还有一定距离。

3.1.2 影响因子

(1)胚胎时期的选择

选取适宜的胚胎发育阶段,是进行成功冷冻保存的基础。不同发育阶段的鱼类胚胎对抗冻剂的耐受力及对抗冻剂的敏感性是不一样的。鱼类胚胎不同于哺乳类胚胎,哺乳类胚胎一般都用早期胚胎(大多为囊胚)进行冷冻保存(何万红等,2002)。鱼类胚胎冷冻保存多采用心跳期胚胎,但也有学者认为用尾芽期及胚孔封闭期胚胎较好,至今意见还不一致。章龙珍等(1992)研究了草鱼不同发育阶段胚胎降温和抗冻剂的耐受能力,表明草鱼原肠期以前的胚胎对低温和 DMSO 非常敏感;在原肠期以后,随着胚胎的发育,胚胎对低温及 DMSO 的耐受力也逐步提高。Zhang 等(1995)研究了斑马鱼不同发育时期的胚胎对冷冻降温的敏感性,结果表明早期胚胎发育阶段的胚胎对冷冻最敏感,心跳期胚胎对冷冻降温的耐受力最强。Robertson 等(1988)认为,眼斑拟石首鱼(*Sciaenops ocellatus*)的尾芽期胚胎对各种抗冻剂的耐受性比桑椹胚强。章龙珍等(2002)选用胚孔封闭期、肌肉效应期和胚体转动期的泥鳅胚胎进行了玻璃化冷冻保存实验,认为胚孔封闭期胚胎更适宜于进行玻璃化冷冻保存。Verapong 等(2005)研究了斑节对虾(*Penaeus monodon*)不同时期胚胎对抗冻剂和温度的敏感性,结果表明晚期胚胎比早期胚胎对抗冻剂和温度的耐受性强。

(2) 玻璃化液的筛选

在常压下要使溶液实现玻璃化主要有两条途径,一是极大地提高冷冻速率(1 000~10 000℃/min),二是增加溶液的浓度。但过高的冷却速率会使生物体产生适应性损伤,过高的玻璃化液浓度会对生物体产生毒性损伤,各种抗冻剂要形成玻璃化,浓度要达到 40%~60%(华泽钊等,1994),抗冻剂在这样的高浓度下会产生很强的毒性,将生物体置于单一的如此高浓度的抗冻剂中很快会死亡。因此,筛选低毒、易玻璃化的抗冻剂配方是超低温冷冻保存过程中非常关键的问题。为有效地利用抗冻剂配制成低毒、易玻璃化的玻璃化液,达到对生物材料的保护目的,不同的作者采用了不同的玻璃化配方。一般将各种抗冻剂混合使用可降低单一成分的浓度,从而降低抗冻剂的毒性;两种或两种以上的抗冻剂相互混合可降低形成玻璃化的浓度,大分子非渗透抗冻剂的加入,可提高溶液的玻璃化能力。

Fahy(1981)提出高浓度的抗冻保护剂可在较慢的冷却速率和高压条件下实现完全玻璃化的思想。基于这一理念,Rall 等(1985)研制了一种玻璃化液 VS1,实现了小鼠胚胎的冷冻保存。随后,Massip 等(1989)采用 10%Gly+20%PG 作为细胞内液抗冻剂,25%Gly+25%EG 作为细胞外液抗冻剂,成功保存和移植了小鼠和牛晚期桑椹胚的胚胎。Kasai(1997)利用 PEG、EG、Suc 和水溶性 Fic,设计了四种玻璃化液,对这四种玻璃化液进行了筛选,结果表明利用 40%EG+18% 水溶性 Fic+10%Suc 保存小鼠、牛和兔胚胎都能获得较高的成活率。朱士恩等(1997)利用 Gly、EG、Suc 和 Fic 配制成两种玻璃化液(EFS40 和 GFS40)对小鼠扩张囊胚进行了冷冻保存研究,获得了 80% 的孵化率;利用 EFS40 对羊的早期胚胎进行了分步冷冻处理,获得了 50%~80% 的成活率(朱士恩等,2000)。到目前为止,EFS40 作为一种有效的玻璃化液已成功应用于小鼠原核至扩张囊胚(Miyake et al.,1993)、家兔桑椹胚(Kissi et al.,1992)、牛体外受精囊胚(Tachikawa et al.,1993)和马囊胚(Hochi et al.,1994)的冷冻保存研究上。

在开展鱼类胚胎冷冻适宜玻璃化液的筛选研究中,主要利用 DMSO、Gly、EG、PG、MeOH、DMF、PVP 等抗冻剂,采用正交法在不同的浓度梯度下将各种抗冻剂在基础液中相互组合,将配得的抗冻剂注入麦管中,看是否可形成玻璃化,利用能形成玻璃化的抗冻剂处理鱼类胚胎进一步对其毒性进行比较,选择适合于不同鱼类胚胎冷冻保存的玻璃化液。章龙珍等(1996)利用 5 种抗冻剂组合成 55 组不同浓度的冷冻保护液,从中筛选出了 11 种玻璃化液配方,对鲢胚胎成活率的影响进行了研究。利用 15%MeOH+20%PG 对泥鳅胚孔封闭期胚胎进行了玻璃化冷冻保存,获得了复活胚胎,但胚胎未能孵化出膜(章龙珍等,2002)。田永胜(2004)利用 PG、MeOH、DMSO、DMF、Gly、EG 6 种可渗透性抗冻剂,在 15%~30% 几个浓度梯度上配制了 80 种混合抗冻剂,通过冷冻和解冻过程中玻璃化程度的选择及在 35~45℃ 不同水浴温度下解冻时玻璃化形成能力的筛选研究,选出了适合于中国花鲈胚胎玻璃化冷冻保存的玻璃化液 VSD2。在牙鲆胚胎的冷冻中通过胚胎对玻璃化液适应能力的研究,不同浓度玻璃化液对胚胎成活率、孵化率和畸形率的影响研究,选择配制了适合于胚胎玻璃化冷冻保存的玻璃化液 FVS1~FVS4(Chen et al.,2005),在大菱鲆胚胎的冷冻中利用可渗透性和非渗透性抗冻剂相互组合,配制了一种玻璃化液 PMP1(田永胜等,2005)。由此可见,不同鱼类对玻璃化液的要求不同,鱼类不同时期胚胎对玻璃化液的浓度要求和耐受性也不同,因此在开展水生生物胚胎的超低温冷冻保存研究前,必须对玻璃化液进行系统的筛选研究,确立低毒高效的玻璃化液配方。

(3)玻璃化液添加方式和脱除方式

玻璃化液具有高浓度的特点,对胚胎的毒性作用较大,因此,在处理胚胎的过程中一般都采用多步添加的方法,逐步渗透以降低高浓度玻璃化液对胚胎的毒性。Rall(1987)认为在 4℃ 下采用二步法添加抗冻剂,可以防止抗冻剂产生化学毒性和限制抗冻剂的过度渗透。在牛胚胎的冷冻保存中,不同的作者对抗冻剂分别采用了不同的分步添加方法,如一步、二步、三步、五步和六步法

（Fahning et al.，1992）。一步法是将胚胎直接放入终浓度的抗冻剂中平衡处理，多步法是将胚胎依次放入从低浓度到高浓度的抗冻剂中，使胚胎逐步渗透平衡。胚胎经过玻璃化液冷冻后必须迅速脱除体内外的抗冻剂，使胚胎回复到冻前状态，这个过程需要经过细胞外培养液和抗冻剂的交换，如果直接将细胞放入培养液中，会因为抗冻剂的过度渗透导致细胞死亡。在抗冻剂的脱除上，主要采用蔗糖法和分步法两种，蔗糖法是利用 0. 25 mol/L、0. 5 mol/L 或 1. 0 mol/L 的 Suc 一步或几步脱除，分步法则是将细胞中的抗冻剂从高浓度向低浓度逐步稀释脱除。

在人囊胚的冷冻保存研究中，采用二步法平衡胚胎，胚胎首先在 7. 5% EG+ 7. 5% DMSO 中平衡 2 min，然后在 15% EG + 15% DMSO + 10 mg/mL Fic 70 + 0. 65 mol/L Suc 中平衡 30 s，解冻时，在 37℃ 水浴中解冻，依次在 0. 25 mol/L 和 0. 125 mol/L Suc 中洗脱（Tetsunori et al.，2001）。许厚强等（1999）在冷冻牛和小鼠胚胎的研究中，采用 0. 5 mol/L Suc – PBS 液洗脱抗冻剂 VS1 和 VS2。朱士恩等（1997）采用二步法在细管中平衡小鼠胚胎后，用含有 0. 5 mol/L Suc 的 PBS 液一步洗脱抗冻剂。综上所述，在对低浓度的抗冻剂或高浓度玻璃化液的添加方法上，大多数作者采用了多步法，而在抗冻剂的脱除研究上，大部分哺乳动物的胚胎保存过程中都采用 0. 15~0. 5 mol/L 的 Suc 一步或几步洗脱。

Chao et al.（1997）在牡蛎和文蛤晚期胚胎和早期幼虫的冷冻中，在不同的冷冻方法中采用了不同的抗冻剂添加法，分别为一步法、三步法、四步法和五步法，在抗冻剂的脱除上则采用了一步、三步和六步洗脱法，其中利用三步平衡和三步洗脱的方法后胚胎的冷冻成活率较高（14. 7% ~ 33. 7%）。Calvi 等（1999）在鲤囊胚分裂球胚胎的冷冻保存研究中，采用逐步加入 1. 4 mol/L PG 和逐步洗脱的方法。Zhang 等（1989）在鲤尾芽期胚胎的冷冻保存研究中，在 0. 5 ~ 2. 0 mol/L 的 DMSO 作为抗冻剂时，采用了五步平衡法，在抗冻剂的洗脱上则采用 0. 1 mol/L Suc 洗脱 5 min，淡水冲洗 3 次培养后，获得了较高的成活率。章龙珍等（2002）利用配制的盐溶液洗脱处理泥鳅胚胎后获得了较好的效果，Chen 等（2005）在牙鲆胚胎玻璃化冷冻中，利用五步法逐步平衡胚胎，解冻后利用 0. 125 mol/L 的 Suc 一步洗脱。

（4）玻璃化冷冻保存方法

一般使用麦管进行胚胎的玻璃化冷冻保存，把高浓度的玻璃化液装入麦管,直接插入液氮中实现玻璃化,解冻时将麦管从液氮中取出,快速投到一定温度的水浴中解冻,防止反玻璃化的产生。麦管冷冻中运用一步细管法较为普遍,其操作方法是依次将经平衡后含有胚胎的玻璃化液、洗脱液吸入同一麦管中,中间用空气段隔开,封口后投入液氮中冷冻,解冻时利用外力使麦管中的几种溶液混合,达到直接稀释洗脱的目的(朱士恩等,1997)。

近年来从提高降温速率和复温速率的角度出发,发展了微滴法(MDS)(Arav et al., 2002)、拉细开口型细管(OPS)法(Vajta, 1997)、低温环法(Lane et al., 1999)、显微镜片法(Martino et al., 1996)和金属片法(Dinnyes et al., 2000)等玻璃化法。微滴法是将玻璃化液制成 $0.1 \sim 0.5~\mu L$ 的玻璃化微粒进行胚胎保存和解冻的方法,这种方法可以减小冷冻胚胎的体积,提高玻璃化程度,因此有可能降低玻璃化液的浓度和高浓度的玻璃化液所产生的毒性,利用这种方法在牛和羊胚胎的玻璃化冷冻保存中取得了成功(Arav et al., 2001)。OPS 法是将常规使用的塑料管加热后拉细、拉薄后使一端为锥形,利用毛细管原理将含有胚胎的玻璃化液直接吸入细管中,不经封口,直接投入液氮中冷冻。周国燕等(2003)研究表明,采用 OPS 法可将降温速率从普通麦管的 2 500~4 700 K/min 提高到 11 400~18 400 K/min,将复温速率从普通麦管的 4 200~6 700 K/min 提高至 12 200~32 300 K/min,拉伸麦管的复温速率高于降温速率,有利于阻止反玻璃化现象。Lewis 等(1999)和 Vajta 等(1999)分别利用 OPS 法对牛囊胚细胞进行了冷冻和移植,并获得了成功。

以上这些方法都可以应用于哺乳动物胚胎的冷冻保存研究上,但与哺乳动物胚胎相比,鱼类等水生生物胚胎体积大,结构复杂,上述方法都不适合水生生物胚胎的冷冻保存。章龙珍等(2002)在泥鳅胚胎的冷冻保存中利用 0.5 mL 塑料离心管,在-20℃平衡 10 min 后快速进入液氮,解冻后获得了复活胚胎,Zhang 等(2003)在斑马鱼胚胎玻璃化冷冻中也使用了 0.5 mL 的透明塑料管。在海水鱼类如牙鲆(Chen et al., 2005)、中国花鲈(田永胜等,2003)、大菱鲆(田永胜等,2005)等胚胎的冷冻保存中采用了麦管冷冻法,获得了复活的胚胎和出膜的鱼苗。

(5)解冻方法

解冻方法是冷冻胚胎复活的关键,解冻方法是否得当,直接关系到冷冻保存的最终结果。关于冷冻胚胎的解冻方法,目前报道的主要有快速解冻(40~

150℃/min)和慢速解冻(2~8℃/min)两种。Mazur(1984)在哺乳类胚胎冷冻保存中发现慢速解冻优于快速解冻。Zhang 等(1989)在鲤胚胎冷冻保存中表明,8℃/min 的慢速复温效果优于 148℃/min 的快速解冻法。Harvey(1983b)在斑马鱼胚胎冷冻保存中,认为 43℃/min 的解冻速率和 2℃/min 的解冻速率间无明显差异。田永胜(2004)在牙鲆、花鲈和大菱鲆胚胎的冷冻保存中,均采用 37℃水浴中快速解冻的方法。

3.2　研究进展与发展方向

3.2.1　主要研究进展

(1)国内外研究概况

在哺乳动物胚胎的低温保存研究方面,自小鼠胚胎的冷冻保存最早获得成功以来(Whittingham,1971),到目前为止,已经实现了牛、羊、马、猪、小鼠和人等动物胚胎的超低温保存和移植(Dobrinsky,2002;Cseh et al.,1999;Whittingham,1972)。

冷冻保存鱼类胚胎始于 20 世纪 50 年代,目前已对一些鱼类胚胎冷冻保存的抗冻剂种类与浓度、冷冻降温速率、解冻复温方法等开展了大量研究,并取得了很大进展。Erdahl(1986)系统开展了河鳟(*Salmo trutta fario*)、虹鳟和溪红点鲑(*Salvelinus fontinalis*)受精卵冷冻保存的研究,结果表明,这几种鱼的受精卵在 DMSO 的保护下,对零下较低温度有较强的耐受能力,在-15℃保存后受精卵存活率为 43%~93%,在-20℃保存时的成活率为 17%~88%,在-25℃保存的存活率则为 0~26%。在其他鱼类胚胎冷冻保存研究上,Harvey(1983b)报道了斑马鱼胚胎用 2.8 mol/L Gly 保护后冷冻至-196℃,解冻后虽然胚胎未能复活,但胚盘上的单个细胞形态正常,成活率很高。

我国从 1987 年起步开展淡水鲤科鱼类胚胎冷冻保存研究,Zhang 等(1989)利用程序化降温在-30℃冷冻保存的鲤尾芽期胚胎,解冻后复活率为 13.4%,在-196℃冷冻保存 16 个鲤胚胎,解冻后有 4 个复活,其中 3 个孵出鱼苗。张克俭等(1997)在泥鳅心跳期胚胎冷冻保存研究中,以分段快速降温方法降至-196℃,解冻后获得 16 个成活胚,1 粒孵化出膜。章龙珍等(2002)利用 15%MeOH+20%PG 对泥鳅胚孔封闭期胚胎冷冻中获得 4 粒成活胚,发育至肌节期后死亡。

近年来,我国在海水养殖鱼类胚胎玻璃化冷冻保存上取得了突破性研究进展。利用玻璃化冷冻方法保存中国花鲈尾芽期胚胎、心跳期胚胎和出膜前期胚胎,获得了4粒复活胚胎(田永胜等,2003),冷冻保存牙鲆肌节期胚胎、尾芽期胚胎、心跳期胚胎和出膜前期胚胎352粒,获得复活胚胎31粒,孵化出正常鱼苗22尾(Chen et al.,2005;田永胜等,2005;赵燕等,2005)。利用程序化方法对牙鲆胚胎进行超低温冷冻保存,共获得17粒冷冻复活胚胎,孵化出16尾正常的鱼苗(王春花等,2007)。利用玻璃化液PMP1冷冻保存大菱鲆4~5对肌节期胚胎,获得1粒成活胚胎并孵化出膜(田永胜等,2005)。

除开展鱼类胚胎的冷冻保存研究外,有学者还对其他水生生物如牡蛎、文蛤等软体动物的胚胎进行了冷冻保存研究,牡蛎晚期胚胎采用分步冷冻的方法降温至-196℃,解冻后获得62.3%~75.1%的成活率(Chao et al.,1997),晚期文蛤胚胎用2M DMSO+0.06 MGlu作为抗冻剂,采用同样的方法降温至-196℃,解冻后获得73.3%~84.2%的成活率(Chao et al.,1997)。Estefania等(2009)冷冻保存马粪海胆(*Hemicentrotus pulcherrimus*)胚胎的研究结果表明,利用PG和EG作为混合抗冻剂,采用分段降温的方法,冷冻保存后幼体获得60.5%最大生长速度。黄晓荣等(2013)采用筛选出来的A号玻璃化液保存中华绒螯蟹胚胎,原溞状幼体期冻后胚胎成活率为(11.3±3.6)%,培养至第6天时,1个胚胎孵化出膜,这也是国际上首次实现对甲壳动物胚胎的玻璃化冷冻保存。

(2)冷冻损伤机制研究

低温技术是一把双刃剑,应用得当时,低温可以长期保存生命;应用不当时,低温又可以产生严重损伤、杀死生物。因此,要想利用低温技术有效保存生物细胞,必须了解低温损伤的机制,根据生物材料的性质和类型,制定相应的冷冻保存方法,尽量减少冷冻损伤造成的危害。在关于冷冻造成胚胎损伤的机制方面,Mazur(1984)认为细胞外溶液未冻水分减少,从而形成细胞损伤。Meryman(1968)认为细胞膜脱水收缩达到最小临界体积时,细胞膜渗透率会发生不可逆的变化,原来不能透过膜的溶质变得可以渗透,引起细胞死亡。一般来说,大多数冷冻损伤主要发生在-60~0℃。生物材料在冷冻降温和解冻复温过程中的冷冻损伤主要包括过冷休克、冰晶损伤、高渗损伤、抗冻剂毒性和复温过程中的细胞损伤等。

1)高渗损伤:在降温过程中,胞外水分首先形成冰晶,细胞外溶质浓度(渗透压)随之增高,由于渗透压差,胞内水分大量析出,细胞处于高浓度溶质中。若降温速度过慢,细胞在高浓度溶液中暴露时间过长便会遭受致命损伤。Lovelock(1957)认为,过慢冷冻容易造成电解质浓度升高,进而引起细胞的蛋白质变性,引起蛋白质变性的可能原因有两个:① 高渗使蛋白质表面的水分(保护层)失去而导致蛋白质变性;② 细胞脱水使每个分子之间的距离缩短,蛋白变性会导致细胞膜脂蛋白复合体的破坏和膜的分解。

2)冷休克损伤:冷却时,温度一般先降到细胞和培养液的冰点以下,然后才发生冻结,即细胞和培养液均要处于过冷状态。过冷状态也会对生物材料产生损伤,即冷休克。冷休克主要是由于生物材料在从10℃到-16℃的冷冻过程中,细胞膜上的脂质从液相变为固相引起,由于膜脂相的变化,改变了膜的渗透率。冷休克的损伤程度取决于降温速率而不是温度数值本身。由于温度降低引起的细胞膜张力的增加即产生冷休克,耐低温的细胞抵抗零度以下冷休克的能力较强,在过冷状态下的持续时间更长。由于处于过冷状态的溶液是不稳定的,随时都会自发结冰,并且会形成大的冰块刺伤细胞膜。

3)冰晶损伤:冰晶损伤是指在降温过程中如果降温速度过快,细胞外溶液冰晶大量形成,溶质浓度急速增高,胞内外产生浓度差,导致细胞脱水,因细胞膜的渗透率有限,水分子来不及渗出,造成胞内形成大量冰晶,破坏细胞膜及细胞器等结构,导致细胞死亡。从量上讲,细胞外水分明显多于细胞内,大的冰晶主要在细胞外形成,水变成冰,其体积可增大 9%~10%,这也会压迫、刺伤细胞膜等结构导致致命损伤。因此,细胞内外形成的冰晶都有可能对细胞产生致命损伤。赵维信等(1992)利用扫描电镜对鲤科鱼类精子和胚胎的冷冻损伤进行了研究,表明精子在低温保存中引起的损伤主要由细胞内冰造成,精子头部和尾部质膜破裂;而胞内失水引起胚胎表面皱缩,细胞间相互分离使胚胎致死。曾志强等(1995)对泥鳅胚胎冷冻前后的显微和亚显微结构进行观察,发现胚胎冻后表面破裂,胚体收缩,冻后卵黄颗粒破裂,未见结成均质的板块,胚胎内出现网络状的冰腔,体节内有矛状的冰晶沿肌纤维纵向伸展,肌原纤维不可分辨,部分线粒体解体。

4)抗冻剂毒性:生物材料在降温过程中会发生冰晶损伤,因此需要在稀释液中添加抗冻剂预先平衡。但由于大多数抗冻剂都有一定毒性,如果将生物材料直接放入含高浓度抗冻剂的溶液中平衡或在含抗冻剂的溶液中平衡时间过长都会对细胞产生损伤。在进行玻璃化冷冻中,生物细胞在高浓度的玻璃化液中平衡时,也会发生类似于慢速冷冻时的溶液损伤,只有找到合理的玻璃化溶液和降温速率,才能形成玻璃化。Kopeika 等(2005)研究了抗冻剂处理和超低温冷冻对斑马鱼卵裂期胚胎线粒体 DNA 的影响,表明抗冻剂和超低温冷冻显著增加了线粒体 DNA 上 *loop* 和 *cox* 基因碱基的突变频率。Mazur(1963)认为最佳的冷冻速率由细胞体积、细胞膜对水分和抗冻剂的渗透性、对冷冻的敏感性和细胞中水分含量等 4 个因素决定。章龙珍等(1989)研究了 DMSO 对草鱼胚胎的毒性,发现 DMSO 使胚胎脊索受损,发生畸变,泄殖孔后脊椎骨数比正常平均少六节。Musa 等(1995)研究了几种不同浓度的抗冻剂对玫瑰无须鲃(*Puntius conchonius*)和斑马鱼胚胎中 LDH 和葡萄糖-6-磷酸脱氢酶(G-6-PDH)活性的影响,结果表明,经过抗冻剂处理一段时间后,胚胎中两种酶活性都显著下降,这可能是由于卵周隙内的渗透压力对卵周膜和胚盘造成了损伤,导致部分酶变性而失活。Robles 等(2004)研究了玻璃化法对斑马鱼和大菱鲆胚胎中 LDH 和 G-6-PDH 活性的影响,结果表明,经过玻璃化冷冻后,这两种酶的活性显著下降,冻后胚胎未能获得成活,表明玻璃化对细胞有一定损伤,导致酶活性损失。黄晓荣等(2010)研究了超低温冷冻对罗氏沼虾(*Macrobrachium rosenbergii*)胚胎酶活性的影响,发现经过超低温冷冻后,胚胎中 4 种能量代谢酶和 3 种抗氧化酶活性显著下降,丙二醛(MDA)活性显著升高,表明超低温冷冻导致胚胎能量代谢下降,活性氧增加,对细胞造成了损伤。

5)复温过程中的细胞损伤:除冷冻过程可以对细胞造成损伤外,复温过程也能对细胞造成损伤,复温过程中细胞损伤的可能原因有 4 点:① 复温时在温度较高的区域(-35℃)停留时间过长,胞内原有小冰晶增长形成大的冰晶,对细胞造成致命的损伤。② 解冻时,胞外冰融化,胞外溶质浓度比胞内低,水分进入胞内可能造成细胞膨胀性破裂。③ 冷冻时各种机械损伤导致细胞膜结构受损,渗透率变化或完全丧失渗透功能,解冻后细胞膨胀或溶解死亡。④ 玻璃化冷冻时,复温极易产生反玻璃化现象,形成新的冰晶,对细胞造成损伤,使细胞死亡。目前,关于复温过程及损伤机制的研究报道较少。

3.2.2 发展方向

由于水生动物胚胎体积相对较大,具有双层卵膜结构且含有丰富的卵黄等,这些特征导致抗冻剂难以渗透到胚胎内,胚胎内的水分不易脱出,胚胎冷冻保存难度很大。尽管对水生动物胚胎冷冻保存研究已经取得了明显进展,但尚未真正突破。根据水生动物胚胎特点及低温生物学相关领域的发展现状,以下几点将是水生动物胚胎冷冻保存的主要研究方向。

（1）开展水生动物胚胎低温生物学基础研究

水生生物胚胎有其固有的特点,其发育过程具有相对稳定的环境,如一定的温度、盐度、pH 等。在超低温冷冻过程中玻璃化液处理和冷冻、复温过程,导致胚胎内环境渗透压变化,对胚胎成活产生了极大影响,因此在开展超低温冷冻保存的过程中对胚胎外面卵膜生物学特性的研究是非常必要的。水生动物卵膜结构复杂,卵膜是由糖蛋白组成的纤维状物质,呈片层状排列,根据其致密程度和排列方向的不同,可分为很多层次,如阔尾鳉卵膜厚 $12 \sim 15 \ \mu m$,可分三层,卵黄外也具有卵膜,赤鲦的卵黄膜由 9 层非常致密的纤维层组成,每层都被致密或不太致密的物质所间隔(张天荫,1996)。卵膜在胚胎的发育过程中具有保护作用,保证卵内环境的相对稳定,但在抗冻剂的渗透过程中,卵膜的结构是否会发生变化? 抗冻剂和冷冻对卵膜的渗透和保护性会产生怎样的影响? 这些都是在水生动物胚胎的冷冻保存中需要解决的问题,了解这些过程对于阐明水生动物胚胎冷冻损伤机制,揭示胚胎卵膜对水和抗冻剂的渗透性规律,制定相应的玻璃化冷冻方法,攻克水生动物胚胎玻璃化冷冻保存的技术难关具有重要的作用。

（2）加强胚胎玻璃化冷冻保存技术的研究

玻璃化冷冻法在牛、羊等哺乳动物胚胎冷冻保存上已获成功。而这种方法在鱼类胚胎上的应用才刚刚起步。与常规冷冻方法相比,玻璃化冷冻法不需要昂贵的冷冻降温设备,其操作也较容易,因此在鱼类胚胎冷冻保存上具有很大的应用潜力。今后的研究重点应进一步优化玻璃化溶液的配方组成,筛选低毒高效的抗冻剂,尽量减少抗冻剂的毒性,提高玻璃化程度;同时,寻找抗冻剂的中和剂,降低抗冻剂的毒性效应,加强对玻璃化冷冻保存方法改良的探索。

（3）与生物技术相结合,促进其他学科的发展

与完整胚胎相比,水生动物早期胚胎分裂球和胚胎细胞体积要小很多,冷冻也相对容易,因此也可以通过囊胚细胞的保存来达到保存种质资源的目的。Calvi 等(1998)对虹鳟囊胚不同时期的分裂球细胞进行了快速冷冻,分别获得

了(53.0±9.3)%、(88.0±1.7)%和(95.0±0.5)%的成活率。Kusuda 等(2002)利用慢速冷冻的方法保存了大麻哈鱼囊胚分裂球细胞,获得(59.3±2.8)%的成活率。因此,如果将囊胚细胞冷冻保存与细胞核移植技术、胚胎干细胞培养技术相结合,建立优良、珍稀濒危水生动物胚胎干细胞库,可实现对水生动物基因资源的长期保存。

第4章 重要水生动物精子的 冷冻保存

长江口水生动物众多,不同水生动物的生态习性、繁殖习性、生理特点等各不相同,精液的组成成分、生理特性等也不相同。因此不同水生动物精子冷冻的适宜稀释液、抗冻剂、冷冻方法等有种的特异性。

4.1 日本鳗鲡

日本鳗鲡(*Anguilla japonica*,图4-1),又名鳗鱼、河鳗、白鳝,属鳗鲡目(Anguilliformes),鳗鲡科(Anguillidae),分布于我国的东南沿海、长江、珠江等干、支流及附属湖泊等。日本鳗鲡属降海洄游鱼类,在外海产卵繁殖,柳叶鳗到达河口水域前变态为玻璃鳗,在河口水域进行一段时间的生理调节,幼鳗在春季成群进入江河或湖泊生长肥育,数年后成熟,降海洄游至大海中进行繁殖。玻璃鳗体重一般0.1~0.2 g,当年可长成10~25 g的幼鳗,翌年秋季体重可达150~200 g,通常生殖年龄为5~8龄。日本鳗鲡是杂食性鱼类,可食小型鱼类、昆虫幼虫、甲壳类、软体动物及水生高等植物。

长江口是成鳗降海和鳗苗溯河的必经通道,也是我国鳗苗的主要产区。长

图4-1 日本鳗鲡

江口成鳗捕捞在每年9月下旬到11月上旬,鳗苗汛期旺季通常在2~4月,有时可延至5月下旬。日本鳗鲡是我国主要水产养殖鱼类之一,年养殖产量占世界总量的70%以上。

4.1.1 精子生物学特性

（1）精子对盐度的耐受性

用蒸馏水和海水晶调节过滤海水的盐度,设置盐度梯度为10、15、20、25、30、35、40、45、50,用不同盐度梯度的溶液分别激活精子,显微镜下观察精子活力。观察指标分为:① 活力,给定视野中被激活的精子数量占全部精子数量的百分比;② 激烈运动时间,自激活开始,精子呈涡动状,基本看不清精子的运动轨迹;③ 快速运动时间,精子运动很快,但可以看清其运动的路线;④ 存活时间（寿命）,精子自激活开始到90%以上精子停止运动。

日本鳗鲡精子的活力随盐度的增加先上升后下降（图4-2）,盐度10不能激活日本鳗鲡精子,盐度15时,平均有80%的精子被激活;盐度30时,平均有85%以上精子被激活,此后随着盐度的升高,精子的活力逐渐下降,当盐度升至45时,精子的活力快速下降至40%以下;当盐度升至50时,日本鳗鲡精子不能被激活。日本鳗鲡最高能耐受盐度达45。

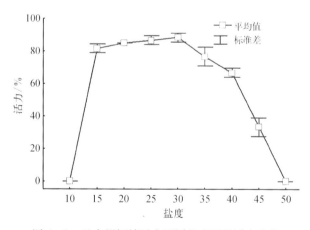

图4-2 日本鳗鲡精子在不同盐度下的活力变化

随着盐度的增加,日本鳗鲡精子的激烈运动时间、快速运动时间和存活时间均表现为先延长而后缩短（图4-3）。盐度15时,日本鳗鲡精子的平均激烈运动时间、快速运动时间和存活时间分别为9.8 s、6 s和380 s;盐度为30时,日

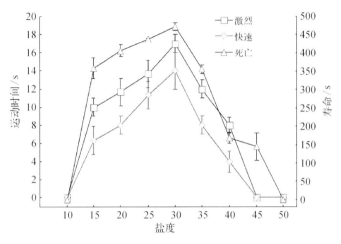

图 4-3　日本鳗鲡精子在不同盐度下运动时间变化

本鳗鲡精子的激烈和快速运动时间均达到最长,分别为 17 s 和 13 s,存活时间 480 s。此后,随着盐度的继续上升,日本鳗鲡精子的运动时间均逐渐缩短,当盐度升至 45 时,精子无激烈运动和快速运动,存活时间为 140 s;当盐度升至 50 时,日本鳗鲡精子不能运动。

（2）精子对 KCl 浓度的耐受性

用蒸馏水分别配制不同浓度的 KCl 溶液,KCl 的浓度为 1.0%、2.0%、3.0%、4.0%、5.0%、6.0%、7.0%,用不同梯度的 KCl 溶液分别激活精子,显微镜下观察精子的活力。

随着 KCl 浓度的升高,日本鳗鲡精子的活力先增强后减弱（图 4-4）。1% 的 KCl 不能激活日本鳗鲡精子,当 KCl 浓度达到 2% 时,日本鳗鲡精子的活力最

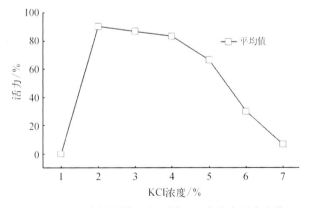

图 4-4　日本鳗鲡精子在不同 KCl 浓度中活力变化

好,平均活力可达到90%以上,此后随着KCl浓度的继续增加,日本鳗鲡精子的活力逐渐下降,当KCl浓度增至5%时,精子的活力下降至70%;当KCl浓度增至6%时,精子的活力下降至30%左右;KCl浓度达到7%时,精子的活力降至10%以下。日本鳗鲡精子能耐受KCl浓度达6%。

随着KCl浓度的增加,日本鳗鲡精子的激烈运动时间、快速运动时间和存活时间均表现为先增加后缩短(图4-5)。其中,1%的KCl不能激活日本鳗鲡精子,当KCl的浓度达到2%时,精子的激烈和快速运动时间都达到最长,平均分别为24 s和13 s,存活时间为900 s;此后随着KCl浓度的继续增加,精子的两种运动时间和存活时间都逐渐缩短,当KCl浓度达到4%时,精子的两种运动时间分别降为11 s和8 s,存活时间650 s;当KCl浓度增至5%时,两种运动时间分别降为6 s和5 s,存活时间为150 s;当KCl浓度增至6%和7%时,精子都无激烈运动和快速运动,存活时间分别为150 s和30 s。

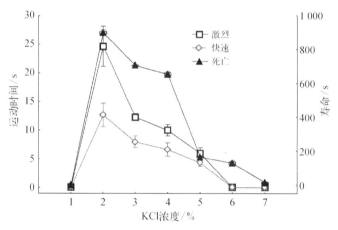

图4-5　日本鳗鲡精子在不同KCl浓度中运动时间变化

(3) 精子对$MgCl_2$浓度的耐受性

用蒸馏水分别配制不同浓度的$MgCl_2$溶液,$MgCl_2$的浓度为3.0%、4.0%、5.0%、6.0%、7.0%、8.0%,用不同梯度的$MgCl_2$溶液分别激活精子,显微镜下观察精子活力情况。

随着$MgCl_2$浓度的增加,日本鳗鲡精子的活力先增强后减弱(图4-6)。其中3%的$MgCl_2$不能激活日本鳗鲡精子,当$MgCl_2$的浓度达到4%时,精子的平均活力为40%;$MgCl_2$浓度增至5%时,精子的活力增至70%;$MgCl_2$浓度增至6%时,精子的活力最好,平均可达到78%;此后随着$MgCl_2$浓度的继续增加,精

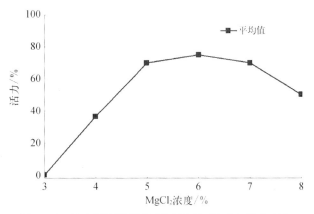

图 4-6　日本鳗鲡精子在不同 $MgCl_2$ 浓度中活力变化

子的活力逐渐下降,当 $MgCl_2$ 浓度达到 8% 时,精子的活力下降到 50%。日本鳗鲡精子对 $MgCl_2$ 浓度的耐受超过 8%。

随着 $MgCl_2$ 浓度的增加,精子的激烈运动时间、快速运动时间和存活时间均先延长后缩短(图 4-7)。其中,3% 的 $MgCl_2$ 精子不运动,$MgCl_2$ 浓度达到 4% 时,精子无激烈运动和快速运动,平均存活时间为 150 s;当 $MgCl_2$ 浓度增至 5% 时,精子的两种运动时间分别为 8 s 和 23 s,存活时间为 400 s;当 $MgCl_2$ 浓度增至 6% 时,精子的两种运动时间都达到最长,分别为 30 s 和 30 s,存活时间为 600 s;此后随着 $MgCl_2$ 浓度的继续增加,精子的两种运动时间和存活时间都逐渐下降,当 $MgCl_2$ 浓度增至 7% 时,精子的两种运动时间分别为 12 s 和 20 s,存活时间为 350 s;当 $MgCl_2$ 浓度增至 8% 时,精子的两种运动时间分别降至 10 s 和 12 s,存活时间为 280 s。

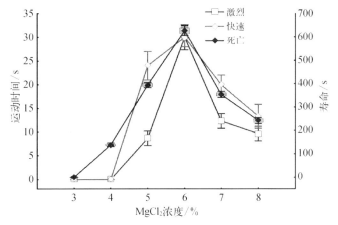

图 4-7　日本鳗鲡精子在不同 $MgCl_2$ 浓度中运动时间变化

（4）精子对 $CaCl_2$ 浓度的耐受性

用蒸馏水分别配制不同浓度的 $CaCl_2$ 溶液，$CaCl_2$ 的浓度为 3.0%、4.0%、5.0%、6.0%，用不同梯度的 $CaCl_2$ 溶液分别激活精子，显微镜下观察精子运动情况。

随着 $CaCl_2$ 浓度的增加，日本鳗鲡精子的活力先增强后减弱（图 4-8）。其中 3% 的 $CaCl_2$ 不能激活日本鳗鲡精子，当 $CaCl_2$ 的浓度增至 4% 时，精子的活力最好，平均可达到 75%，此后随着 $CaCl_2$ 浓度的继续增加，精子的活力逐渐下降，当 $CaCl_2$ 的浓度增至 5% 时，精子的活力降至 65%；当 $CaCl_2$ 浓度继续增加至 6% 时，精子的活力下降至 60%。日本鳗鲡精子对 $CaCl_2$ 浓度的耐受超过 6%。

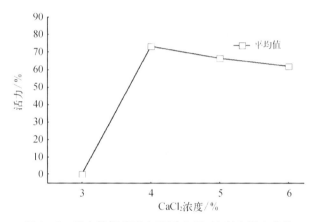

图 4-8 日本鳗鲡精子在不同 $CaCl_2$ 浓度中活力变化

随着 $CaCl_2$ 浓度的增加，日本鳗鲡精子的激烈运动时间、快速运动时间和存活时间都先延长后缩短（图 4-9）。3% 的 $CaCl_2$ 不能激活日本鳗鲡精子，当 $CaCl_2$ 的浓度增至 4% 时，精子的激烈运动和快速运动时间都最长，分别为 12 s 和 9 s，存活时间为 550 s；此后随着 $CaCl_2$ 浓度的继续增加，精子的两种运动时间都逐渐缩短，当 $CaCl_2$ 的浓度增加至 5% 时，精子的两种运动时间分别降为 7 s 和 4 s，存活时间降为 450 s；当 $CaCl_2$ 的浓度继续增加到 6% 时，精子无激烈运动和快速运动，平均存活时间也降为 80 s。

（5）低温保存时间对日本鳗鲡精子活力的影响

每隔一段时间从冰瓶（4℃）中取出精子，用盐度 30 的海水激活，观察精子活力和运动时间。

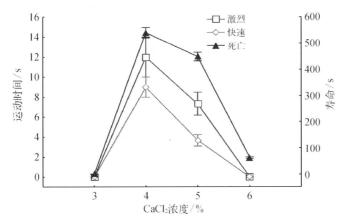

图 4 - 9　日本鳗鲕精子在不同 CaCl₂ 浓度中运动时间变化

随着低温下保存时间的增加,日本鳗鲕精子的活力逐渐下降(图 4 - 10)。低温下保存 3 d 的日本鳗鲕精子活力可达到 80% 以上;保存 4~7 d 活力可达到 60% 以上;保存 9 d 精子仍有 50% 的活力;保存 11 d 精子活力下降至 5%。

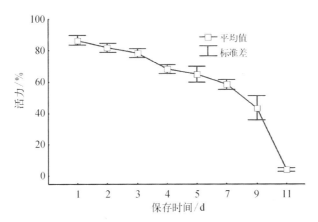

图 4 - 10　低温保存时间对日本鳗鲕精子活力的影响

（6）相关问题探讨

从鱼类精子的适盐性与环境盐度的关系来看,鱼类精子激活所需的最低盐度与其所需的最低栖息盐度相关,二者呈现相似的变化规律。而精子活动所需的最适盐度则与该种类的繁殖盐度密切相关(江世贵等,2000)。在盐度 15~35 的范围内,日本鳗鲕精子的活力较高,其中当盐度达到 30 时,日本鳗鲕精子的激烈运动时间、快速运动时间和存活时间都达到最长。谢刚等(1995)研究推测日本鳗鲡天然产卵场的盐度范围为 15~30,在此盐度范围内,日本鳗鲡精子的活力较好,几种运动时间也相对较长。

Na$^+$、K$^+$是精浆的重要组成成分及形成精浆渗透压的主要离子。邓岳松(1999)报道日本鳗鲡精浆主要由 Na$^+$、K$^+$、Ca^{2+} 和 Mg^{2+} 组成。Morisawa 等(1983)发现 K$^+$在鲑鳟鱼类的精液中含量很高,可高出血浆 K$^+$含量 5~10 倍,渗透压为 0.57~1.13 kPa 的 KCl 便能抑制精子运动,但有 Na$^+$存在时,K$^+$对精子激活的抑制浓度随 Na$^+$浓度的提高而增加。除 Na$^+$外,Ca^{2+}、H$^+$、Mg^{2+}也能部分降低 K$^+$的这种抑制作用。2%的 KCl 浓度下,日本鳗鲡精子的活力最好,运动时间也最长,存活时间可达到 900 s 左右,表明低浓度的 KCl 可延长日本鳗鲡精子的存活时间。Ca^{2+}是调节鱼类精子活力的重要因子,外界环境的 Ca^{2+}通过对 Ca^{2+}通道进入精子细胞使精子细胞的 Ca^{2+}增加,是精子激活所必需的。苏德学等(2004)研究认为,较低浓度的 Ca^{2+}能引起白斑狗鱼(*Esox lucius*)精子的聚集,且随 Ca^{2+}浓度的增加,聚集现象更趋强烈,对日本鳗鲡精子的研究中没有观察到这种聚集现象,这可能是不同鱼类的生活习性差异所致。Morisawa(1983)发现,0~16 mmol/L 的 Ca^{2+}或 Mg^{2+}溶液不影响大马哈鱼精子的运动时间。对日本鳗鲡精子的研究表明,适宜的 Mg^{2+}对日本鳗鲡精子的活力及运动时间没有显著性影响,但超过一定浓度后,精子的活力和运动时间显著下降。

降低温度是抑制精子能量代谢的有效途径之一(江世贵等,2000)。低温下随着保存时间的延长,日本鳗鲡精子的活力逐渐下降,保存 11 d 后,精子仅有 5%的活力。与其他鱼类如平鲷(*Rhabdosargus sarba*)(李加儿等,1996)、黑鲷(*Sparus macrocephalus*)(江世贵等,1999)相比,日本鳗鲡精子离体后在低温下存活的时间要长得多,与谢刚等(1999)的研究结果基本一致。另外,日本鳗鲡精子在室温下的运动时间远远长于一般淡水鱼类,与很多海水鱼类相似,由此可以推断,在自然环境中日本鳗鲡精子可能在较长的时间内都具备与卵子结合的能力,从而提高受精率和繁殖力。

4.1.2 抗冻剂对精子活性的影响

用 NaCl、KCl 和 Glu 按一定比例配制成精子稀释液,此稀释液不能激活精子,但滴加海水后精子活力可达 80%以上。用此稀释液分别配制 4%、8%、12%、16%、20%、24%的 DMSO、Gly、PG 和 EG 4 种抗冻剂,分别用这些抗冻剂激活精子后观察精子活力和运动时间。

（1）DMSO 对精子活力及运动时间的影响

用 4% 的 DMSO 激活精子后,精子活力最低,只有 20% 左右;随着 DMSO 浓度的增加,日本鳗鲡精子的活力先逐渐升高,浓度达 12% 时,精子活力最高,平均为 80% 左右;以后随着 DMSO 浓度的增加,精子活力逐渐下降,当 DMSO 浓度增加到 24% 时,精子活力下降到 60% 左右(图 4-11)。

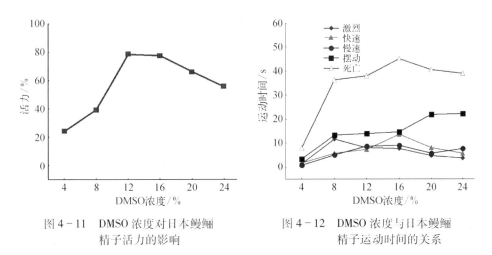

图 4-11　DMSO 浓度对日本鳗鲡　　　　图 4-12　DMSO 浓度与日本鳗鲡
　　　　精子活力的影响　　　　　　　　　　　　　精子运动时间的关系

用 4% 的 DMSO 激活精子后,精子的几种运动时间都较短;随着 DMSO 浓度的逐渐增加,日本鳗鲡精子的运动时间相对延长,其中精子在 8% 的浓度下激烈运动时间最长,平均为 11.8 s;在 16% 的浓度下精子的快速运动时间最长,平均达 13 s;在 4%~24% 的 DMSO 浓度范围内,精子的摆动时间和存活时间均随浓度的增加显著上升,其中在 24% 的浓度下精子摆动时间最长,平均为 22 s;在 16% 的浓度下精子存活时间最长,平均为 45 s(图 4-12)。

（2）Gly 对精子活力及运动时间的影响

随着 Gly 浓度的增加,日本鳗鲡精子的活力逐渐下降,其中精子在 8% 的 Gly 中活力最高,平均可达到 73% 以上;以后随着 Gly 浓度的升高,精子活力逐渐下降,当 Gly 浓度达到 24% 时,精子的活力降到最低,平均只有 5% 左右(图 4-13)。

用 4%、8% 和 12% 的 Gly 激活日本鳗鲡精子后,精子的激烈运动、快速运动和慢速运动时间平均都只有 10 s 左右;在 16%~24% 的浓度下,精子不能运动,

只有摆动,存活时间平均只有 3 s。精子在 8% 的 Gly 中摆动时间和存活时间都
最长,平均分别为 118 s 和 154 s(图 4 - 14)。

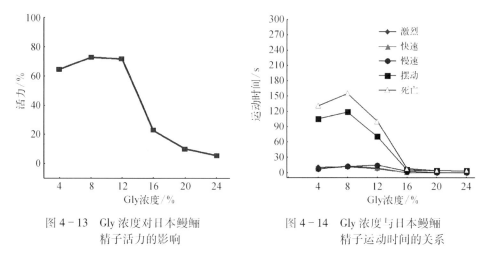

图 4 - 13　Gly 浓度对日本鳗鲡
精子活力的影响

图 4 - 14　Gly 浓度与日本鳗鲡
精子运动时间的关系

（3）PG 对精子活力及运动时间的影响

用 4% 的 PG 激活精子后,精子的活力最低,平均只有 23%(图 4 - 15);随着
PG 浓度的增加,日本鳗鲡精子的活力逐渐增强,在 12% 的浓度中精子的活力达
到最高,平均为 48%;此后随着 PG 浓度的增加,精子活力逐渐下降,当 PG 浓度
升至 24% 时,精子的活力降至 29% 左右。

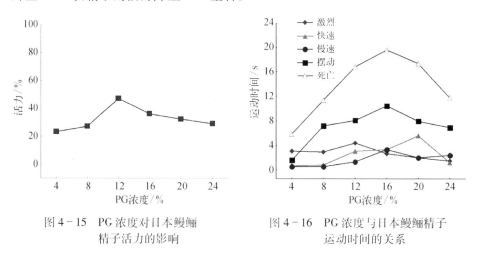

图 4 - 15　PG 浓度对日本鳗鲡
精子活力的影响

图 4 - 16　PG 浓度与日本鳗鲡精子
运动时间的关系

用不同浓度的 PG 激活日本鳗鲡精子后,精子的几种运动时间都较短,平均
都在 10 s 以内,随着 PG 浓度的增加,日本鳗鲡精子激烈运动时间逐渐缩短,但

变化幅度不明显(图 4-16)。快速运动、慢速运动、摆动和存活时间都随浓度的增加逐渐延长,其中精子在 12% 的浓度中激烈运动时间最长,平均为 4 s;在 20% 的浓度中快速运动时间最长,平均为 5.6 s;精子在 16% 的浓度中,慢速运动、摆动和存活时间都达到最长,分别为 3.2 s、10 s 和 20 s。

(4)EG 对精子活力及运动时间的影响

随着 EG 浓度的升高,日本鳗鲡精子的活力逐渐下降,其中精子在 12% 的浓度中活力最高,平均为 58%;此后随着 EG 浓度的上升,日本鳗鲡精子的活力逐渐下降,当 EG 的浓度达到 24% 时,精子活力降到最低,平均只有 21%(图 4-17)。

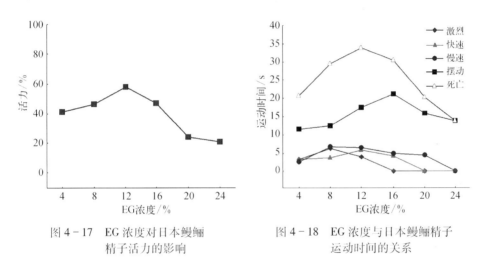

图 4-17 EG 浓度对日本鳗鲡 精子活力的影响

图 4-18 EG 浓度与日本鳗鲡精子 运动时间的关系

随着 EG 浓度的增加,日本鳗鲡精子除摆动时间逐渐延长外,激烈运动、快速运动、慢速运动和存活时间都逐渐缩短,其中精子在 8% 的浓度中激烈运动时间和慢速运动时间最长,平均都为 6 s;以后随着 EG 浓度的升高,激烈运动时间和慢速运动时间都逐渐缩短;精子在 12% 的浓度中快速运动时间和存活时间都最长,分别为 5.8 s 和 34 s,此后随着 EG 浓度的升高,快速运动时间和存活时间都逐渐缩短,精子的摆动时间则在 16% 的浓度中最长,平均为 21 s(图 4-18)。

(5)相关问题探讨

由于精子储存的能量有限,运动的时间很短,因此精子在进入液氮冷冻保存前,在冷冻保护液中必须处于一种静止状态,保持自身的能量,达到在低温和超低温状态下长期保存的目的。

选用 DMSO、Gly、PG 和 EG 4 种渗透型抗冻剂对日本鳗鲡精子的活力和运动时间进行了观察,结果发现 4%~24% 的 4 种抗冻剂都可以激活日本鳗鲡精子,除 Gly 外,其他三种抗冻剂在 12% 的浓度下,日本鳗鲡精子的活力均最高,平均分别达到 78.3%、47.6% 和 57.8%,其中 DMSO 的激活效果最好,PG 的激活效果最差。与其他几种抗冻剂相比,8% 的 Gly 能显著延长日本鳗鲡精子的存活时间,平均可长达 154.6 s,远远高于其他几种抗冻剂。Gly 浓度超过 12% 后,日本鳗鲡精子无激烈运动、快速运动和慢速运动,只有摆动,精子的存活时间也急剧缩短,最后全部死亡(盐度 35 的海水也不能激活)。但其他三种抗冻剂浓度高达 24% 时,日本鳗鲡精子仍然可以存活一段时间,说明日本鳗鲡精子对高浓度 Gly 的耐受力较差。林丹军等(2002)对大黄鱼精子的研究表明,用 NaCl、KCl 和 Glu 组成的精子稀释液中(其中 NaCl 为 1%),用 20% 的 Gly 作为抗冻剂的效果比 10% 的 DMSO 效果好。洪万树等(1996)对中国花鲈精子的研究表明,DMSO、Gly 和 MeOH 对花鲈精子都有抗冻保护作用,其中 15% 的 Gly、7.5% 的 DMSO 和 7.5% 的 MeOH 分别作为抗冻剂保存效果较好。Chen 等(2004)对大菱鲆精子冷冻保存研究结果表明,DMSO 冻存大菱鲆精子效果最好。如果不加任何抗冻剂,直接用盐度 35 的天然海水激活日本鳗鲡精子,精子的活力和运动时间都较好,活力可达 80% 以上,存活时间可达 10 min 以上,即使在低温(4℃)下保存 10 h 以上的精子激活后仍有较高的活力和较长的存活时间,这与谢刚等(1999)的研究结果相似。

4.1.3 精子超低温保存

(1) 超低温冷冻保存方法

用促黄体素释放激素(LHRH - A_2)、鲤垂体(PT)、绒毛膜促性腺激素(HCG)对人工催熟的雄性日本鳗鲡进行催产,用挤压法采集精液:先用去离子水洗净生殖孔,再用干毛巾擦去生殖孔周围及体表的水分,轻压日本鳗鲡腹部,用干净吸管将精液移入准备好的干净培养皿中,精液保持无水、无血、无污染,镜检精子活力,选取活力在 90% 以上的精子作为试验材料,放置在冰瓶保存的塑料小管中备用。精子活力以激活后视野中运动精子的百分率表示。以 D 液 (134.5 mmol/L NaCl+20 mmol/L $NaHCO_3$+30 mmol/L KCl+1.3 mmol/L $CaCl_2$+ 1.6 mmol/L $MgCl_2$,pH=8.1)作为稀释液,以 8% 的 Gly 作为抗冻剂,精子与冷冻保护液的体积比为 1:2,将精子与冷冻保护液混装好后放入 0.2 mL 的精子专用保存管中,液氮面 1 cm 处平衡 1 min 后,迅速放入−196℃的液氮中保存。冻精用37℃的水浴解冻后获得,解冻后精子的活力在60%左右。

（2）超低温冷冻对精子酶活性的影响

分别采集冷冻前后日本鳗鲡精子,测定精子中 7 种酶的活性。CK、总 ATP 酶、SDH、LDH、SOD、CAT、GR 均采用试剂盒(南京建成)检测,相应操作参照说明书进行。冷冻前后分别测定了 5 尾日本鳗鲡精子内酶的活性,每个样重复 3 次,结果取平均值。

1）CK 和总 ATP 酶活性:日本鳗鲡鲜精中 CK 的平均活性为 17.10±3.51 U/mL,经过液氮超低温冷冻保存后精子的平均活性降至 7.33±1.74 U/mL。分析表明,冷冻前后日本鳗鲡精子的 CK 活性有显著差异($P<0.05$)(图 4-19)。日本鳗鲡鲜精中总 ATP 酶平均活性为 3.14±0.61 U/mL,经液氮超低温冷冻保存后精子的平均活性降至 1.83±0.43 U/mL。分析表明,超低温冷冻对日本鳗鲡精子内总 ATP 酶活性有显著影响($P<0.05$)(图 4-20)。

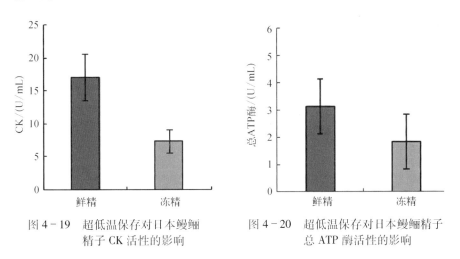

图 4-19　超低温保存对日本鳗鲡　　　图 4-20　超低温保存对日本鳗鲡精子
　　　精子 CK 活性的影响　　　　　　　　总 ATP 酶活性的影响

2）SDH 和 LDH 活性:日本鳗鲡鲜精中 SDH 的平均活性为 32±5.94 U/mL,经液氮超低温冷冻保存后精子的酶活性降至 21±1.41 U/mL。分析表明,冷冻前后精子的 SDH 活性有显著差异($P<0.05$)(图 4-21)。日本鳗鲡鲜精中 LDH 的平均活性为 2 266.67±313.25 U/L,经超低温冷冻保存后精子的平均酶活性下降到 1 195.91±198.51 U/L。分析表明,超低温冷冻对日本鳗鲡精子的 LDH 活性有显著影响($P<0.05$)(图 4-22)。

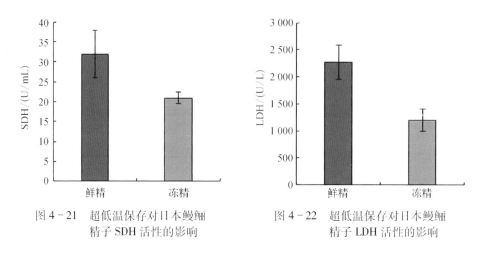

图 4 - 21 超低温保存对日本鳗鲡　　　图 4 - 22 超低温保存对日本鳗鲡
精子 SDH 活性的影响　　　　　　　　精子 LDH 活性的影响

3) SOD、CAT 和 GR 酶活性：日本鳗鲡鲜精中 SOD 活性较高，平均为 220.47±32.94 U/mL，经过超低温冷冻保存后，SOD 活性下降，平均活性降至 84.16±22.11 U/mL。分析表明，冷冻前后日本鳗鲡精子内 SOD 活性有显著差异（$P<0.05$）（图 4 - 23）。日本鳗鲡鲜精中 CAT 活性相对较高，平均酶活性为 48.51±5.94 U/mL，经过超低温冷冻保存后，CAT 活性下降，平均酶活性为 21.8±4.14 U/mL。分析表明，超低温冷冻对日本鳗鲡精子 CAT 活性有显著影响（$P<0.05$）（图 4 - 24）。

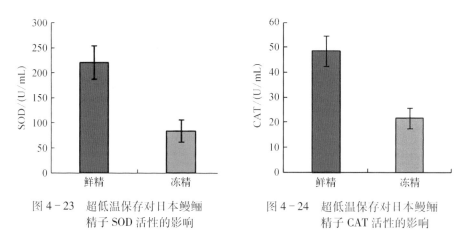

图 4 - 23 超低温保存对日本鳗鲡　　　图 4 - 24 超低温保存对日本鳗鲡
精子 SOD 活性的影响　　　　　　　　精子 CAT 活性的影响

日本鳗鲡鲜精中 GR 活性较低，平均酶活性为 358.52±45.65 U/L，经过超低温冷冻保存后，GR 活性上升，平均酶活性升至 646.30±70.30 U/L。分析表

明,超低温冷冻对日本鳗鲡精子 GR 活性
有显著影响(P<0.05)(图 4 - 25)。

（3）相关问题探讨

Bilgeri 等(1987)认为人精子中 ATP
酶含量越高,精子活力和运动能力越好,
受精潜在能力越大。另有学者发现精子
活力与精子中 ATP 酶含量呈正相关
(Chan et al., 1987)。日本鳗鲡鲜精中
ATP 酶和 SDH 的含量相对较高,经过超

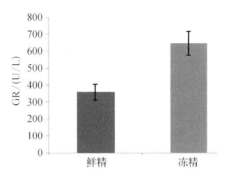

图 4 - 25　超低温冷冻对日本鳗鲡
精子 GR 活性的影响

低温冷冻后 2 种酶的活性显著降低,解冻后经镜检,发现精子的活力较低,表明
日本鳗鲡精子在超低温冷冻后能量减少,从而影响了精子的活力。Babiak 等
(2001)对虹鳟精子的研究表明,超低温冷冻后虹鳟精子中 ATP 酶和 LDH 的活
性均下降。这些都与日本鳗鲡精子研究结果一致。CK 通常存在于动物的心
脏、肌肉以及脑等组织的细胞质和线粒体中,是一个与细胞内能量运转、肌肉收
缩、ATP 再生有直接关系的重要激酶(Seraydrarian et al., 1976)。LDH 是一种
糖酵解酶,是体内能量代谢过程中的一个重要酶,广泛存在于肌体组织内。精
子中 LDH 主要集中于中后部的线粒体鞘上,通过呼吸作用给精子提供能量
(Comhaire et al., 1983)。日本鳗鲡精子经超低温冷冻保存后 CK 和 LDH 的活
性都显著低于鲜精。林金杏等(2007)也发现经超低温冷冻保存后野牦牛精子
内 LDH 的活性下降,与日本鳗鲡精子研究结果相似。

生物体在长期的进化过程中,形成了一套完整的保护体系——抗氧化系统
来清除体内多余的活性氧(张克烽等,2007)。SOD、CAT 等作为抗氧化剂中的
主要酶类,具有清除氧自由基、保护细胞免受氧化损伤的作用,抗氧化酶活性的
变化在一定程度上能反映生物体或细胞在不同环境条件下的生理状况,可作为
衡量其是否受到外界环境胁迫或损伤的一个重要生理指标。Marta 等(2005)研
究表明,经 5℃ 低温保存后随保存时间的延长,马精子中 SOD 酶和 CAT 酶的活
性均下降。在本研究中,经超低温冷冻后日本鳗鲡精子内 SOD、CAT 酶的活性
均显著低于鲜精,推测在超低温冷冻保存中,精子细胞内产生了较多的活性氧
无法及时消除,脂质过氧化形成氧化损伤,导致冷冻保存后精子活力急剧下降。
GR 在缓解因冷胁迫所产生的活性氧危害也具有重要的功能,某些植物在冷强

化时 GR 活力增加,玉米、西红柿抗冷基因型具有较高的 GR 活性,高活性的 GR 和高浓度的 GSH,能保护低温下蛋白的疏基免受破坏,减少蛋白分子内二硫键的形成(Leipner et al.,1999)。丁燏等(2006)对南极衣藻(*Chlamydomonas* sp.)的研究表明,在一定温度范围内,随温度的降低,GR 的活性逐渐增加。经超低温冷冻后,日本鳗鲡精子内 GR 活性显著上升。推测 GR 活性升高可以促使 GSH - PX 活性相应升高,而 GSH - PX 活性的升高正是对活性氧增加的积极响应,有助于清除细胞内过多的活性氧,减少冷冻对精子的损伤。

4.2 中华鲟

中华鲟(*Acipenser sinensis*)又名腊子、鲟鱼、着甲鱼,属鲟形目(Acipenseriformes),鲟科(Acipenseridae)。目前仅分布于长江中下游及近海水域,中华鲟属大型江海洄游性鱼类,在近海栖息,性成熟后洄游至长江上游,秋季产卵繁殖。幼鱼随江水漂流,翌年 5~6 月间抵达长江口,在长江口摄食生长 4 个月左右,于 8~9 月间入海肥育直至性成熟后进行溯河生殖洄游。最大体重达 560 kg,体长超过 4 m。雄鱼 9 龄以上、雌鱼 14 龄以上达到初次繁殖年龄。杂食性鱼类,以动物性食物为主,仔幼鱼在长江中上游主要以水生昆虫及植物碎屑为食,在长江口则主食虾、蟹及小型鱼类,繁殖群体进入淡水后停止摄食。

中华鲟是国家一级保护水生野生动物。自 20 世纪 80 年代长江葛洲坝截流以来,仅在葛洲坝下游有小规模的产卵活动,产卵群体数量显著减少,性比明显失调,资源严重衰退,野生种群处于极危(CR)状态。目前在上海崇明、湖北宜昌和江苏东台建立了 3 个中华鲟自然保护区,保护这一极危物种。

4.2.1 精子生物学特性

(1)形态与活力

中华鲟精液为乳白色,不黏稠。光镜下观察,中华鲟精子分为头、颈和尾三部分。头部为长圆柱形,前端较细,直径为 0.7~0.78 μm,向后逐渐加粗,后端最粗处直径为 1~1.15 μm。头部长 7~7.8 μm,前部具一帽状顶体。颈部似漏斗状,位于头与尾部之间,颈长 0.5~0.75 μm。尾部细长,长度约为 40 μm,为头长的 5 倍以上。

中华鲟精液 pH 在 7.5~9.0 之间,精子密度为 $(9\sim12)\times10^9$ 个/mL,精液浓度范围为 8%~20% 之间。用淡水激活精子后出现旋涡状激烈运动,激活率在 90% 以上,然后是快速运动、慢速运动、摆动直至死亡。精子的活力及存活时间如表 4－1 所示。

表 4－1　中华鲟精子的活力与存活时间(引自鲁大椿等,1998)

	激烈运动	快速运动	慢速运动	摇摆运动	存活时间
范围/s	90~150	70~154	90~258	1 240~3 240	1 600~3 680
平均值/s	105	108	151	2 190	2 579

（2）中华鲟精浆渗透压及游离氨基酸成分

分别采用组织渗透压仪和氨基酸分析仪测定精浆中渗透压和游离氨基酸含量。中华鲟精浆渗透压为 40~45 mOsm/L,K^+ 对精子的抑制浓度为 10 mmol/L。测定了中华鲟精浆中游离氨基酸成分,结果见表 4－2。由表 4－2 可知,中华鲟精浆中谷氨酸含量最高,为 54.17 μmol/L/100 mL,其次为丙氨酸,含量为 53.01 μmol/L/100 mL,精浆中蛋氨酸含量最低,为 9.24 μmol/L/100 mL。中华鲟精浆中氨基酸总量为 449.43 μmol/L/100 mL。

表 4－2　中华鲟精浆渗透压及游离氨基酸含量(引自鲁大椿等,1998)

项　　目	测 量 结 果
渗透压(mOsm/L)	40~45
K^+ 对精子的抑制浓度(mmol/L)	10
赖氨酸(μmol/L/100 mL)	38.46
组氨酸(μmol/L/100 mL)	19.24
精氨酸(μmol/L/100 mL)	10.39
天冬氨酸(μmol/L/100 mL)	24.23
苏氨酸(μmol/L/100 mL)	19.78
丝氨酸(μmol/L/100 mL)	21.91
谷氨酸(μmol/L/100 mL)	54.17
脯氨酸(μmol/L/100 mL)	9.93
甘氨酸(μmol/L/100 mL)	49.90
丙氨酸(μmol/L/100 mL)	53.01
缬氨酸(μmol/L/100 mL)	34.96
蛋氨酸(μmol/L/100 mL)	9.24
异亮氨酸(μmol/L/100 mL)	27.29
亮氨酸(μmol/L/100 mL)	43.68

（续表）

项　　目	测　量　结　果
酪氨酸（μmol/L/100 mL）	13.37
苯丙氨酸（μmol/L/100 mL）	18.64
氨（μmol/L/100 mL）	1 144.50
氨基酸总量（μmol/L/100 mL）	449.43

（3）相关问题探讨

鲟鱼类属体外受精的软骨硬鳞鱼类,头部的前端具有顶体,细胞核呈棒状,且比一般淡水鱼类的精子大。鲟鱼类精子的核区是由均匀电子密度的染色质组成,无其他硬骨鱼类精细胞核内所常见的核泡。中华鲟精子虽具有较明显的顶体结构和受精丝,但顶体的内含物是否类似于哺乳动物精子顶体具有溶酶体一类的活性物质,尚不清楚。中华鲟精子通过精孔管道进入卵内,其受精方式为多精入卵,单精受精,两性融合（傅朝君等,1985）,中华鲟精子的顶体与受精丝在受精过程中的作用有待进一步研究。

精液的浓度和精子的密度,反映了精子在鱼类正常生理状态下的存活条件,也可为精液冷冻保存稀释比提供参考。一般淡水硬骨鱼类中,家鱼（青鱼、草鱼、鲢、鳙）和鲤的精液较浓,呈半流体状,精液浓度为60%~70%,精子密度大约在$50×10^9$个/mL。比较而言,鲟鱼类的精液则稀得多,且不同个体间精子密度差异也很大。中华鲟精子密度为$(9~12)×10^9$个/mL,西伯利亚鲟精子密度为$(0.22~1.51)×10^9$个/mL。中华鲟精液浓度和精子虽然较低,但由于排精量大,一尾雄鲟的排精量可使百万粒卵受精,并达到很高的受精率。中华鲟精液的这一特性为其自然条件下的繁育策略提供了支撑。

大部分淡水硬骨鱼类的精子遇水后存活时间不超过2 min,快速运动时间低于30 s（Billard et al.,1992）。鲟鱼类精子存活时间最长可达9 min,其精子快速运动时间也较长（Linhart et al.,1995）。中华鲟精子激活后的运动状态,呈现淡水鲤科鱼类精子激活后相似的规律,明显地划分为激烈运动、快速运动、慢速运动、摇摆运动和死亡等5种运动状态,前3种运动时间相对较短,摆动运动时间较长。与淡水鲤科鱼类精子比较,中华鲟精子有两个显著的特点:一是活力高,精子激活率在90%以上,激活3~5 min后的精子仍有很高的受精率。二是存活时间长,激活后精子在淡水中一般可存活40 min以上,最长可超过1 h（傅朝君等,1985)。这些特点保证了中华鲟的精、卵在水流湍急的江水中有很高的受精能力,获得很高的受精率,使种群得以延续。

大多数硬骨鱼类精浆渗透压为 250~300 mOsm/L,鲟鱼类偏低,中华鲟为 40~45 mOsm/L,西伯利亚鲟为 38 mOsm/L。鲟鱼类精浆组成的 Na^+ 和 K^+ 浓度也比淡水鲤科鱼类的低得多,精子对外源的 Na^+ 和 K^+ 都很敏感,浓度稍高就会抑制精子的活力。KCl 浓度为 10 mmol/L 时能完全抑制精子的运动,比其他鲟鱼类精子高了 10~20 倍。中华鲟精浆的游离氨基酸成分中,以谷氨酸、甘氨酸、丙氨酸相对浓度最高,脯氨酸、蛋氨酸浓度较低,这一结果与鲁大椿等(1987)对我国草鱼、鲢和鳙等鱼类精浆游离氨基酸浓度结果有相似之处,但中华鲟精浆中多种游离氨基酸浓度和氨基酸总量均高于三种鱼类,表明不同的种类精浆中氨基酸含量有差异。

4.2.2　精子超低温冷冻保存

（1）稀释液中影响精子活力的单因子成分

分别配制 0.775%、0.80%、0.825%、0.85%、0.875% 和 0.90% 的 NaCl,用这些不同浓度的 NaCl 激活中华鲟精子后,精子活力如图 4-26 所示。随 NaCl 浓度的增加,精子的活力先升高后下降,当 NaCl 浓度为 0.85% 时,精子活力最高,达到 90%,当 NaCl 浓度增加到 0.9% 时,精子活力下降到 45%。

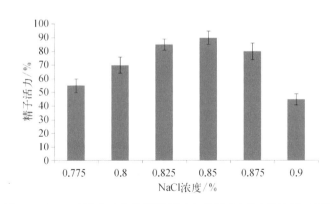

图 4-26　NaCl 浓度对中华鲟精子活力的影响(引自柳凌等,1999)

表 4-3 显示了精子稀释液有关的其他几种成分测定结果,其中 KCl 总的趋势是随着浓度的增高,精子的活力急剧下降,但 0.025% 的 KCl 效果最好。

Ca^{2+} 和 Mg^{2+} 明显降低了中华鲟精子的活力,不利于精子的保存。Suc 和蜂乳都在一定程度上降低了中华鲟精子的活力,约有 10% 的精子呈慢速运动状态。

表4-3　与精子稀释液有关的单因子测定结果(引自柳凌等,1999)

KCl		MgSO$_4$		CaCl$_2$		Suc		蜂乳	
浓度/%	精子活力	浓度/%	精子活力	浓度/%	精子活力	浓度/%	精子活力	浓度/%	精子活力
0.01	90%	0.01	++	0.01	++	1	70%	1	70%
0.025	90%	0.025	+	0.025	+	2	70%	2	75%
0.05	90%	0.05	+	0.05	+	3	75%	3	85%
0.075	++	0.075	+	0.075	+	4	70%	4	80%
0.10	+	0.10	—	0.10	—	5	60%	5	70%
0.15	+	0.15	—	0.15	—	6	85%	6	60%

(2)精子稀释液配方及对精子活力的影响

根据单因子试验结果中较好的几种成分 NaCl、KCl、蜂乳和 EDTA-Na$_2$ 做了不同浓度、不同组合的搭配,代表性的几组试验结果如表4-4。由表4-4可见,这些组合中以 D-20 的效果最好,虽然 D-3 和 D-22 的结果与 D-20 相同,但精子被激活后的存活时间要比 D-20 短。因此最终确定中华鲟精子稀释液的配方包含了以 NaCl 为基本成分的四种成分,其配方为:0.84% NaCl、0.02% KCl、0.02% NaHCO$_3$、0.01% EDTA-Na$_2$,pH 为 7.8,用此精子稀释液在4℃的冰箱中保存48 h 后的精子活力仍能达到90%以上。

表4-4　与精子稀释液有关的多因子测定结果(引自柳凌等,1999)

试验组	稀释液成分及浓度/%				精子活力
	NaCl	KCl	蜂乳	EDTA-Na$_2$	
D-3	0.84	0.02	—	—	++++90%
D-4	0.84	0.01	—	—	++++85%
D-6	0.85	0.02	—	—	++++85%
D-10	0.84	0.02	3	—	++++80%
D-14	0.85	0.02	3	—	++++75%
D-20	0.84	0.02	—	0.01	++++90%
D-22	0.85	0.02	—	0.01	++++90%
D-26	0.85	0.02	—	0.01	++++85%
D-31	0.84	0.02	3	0.01	++++80%

（3）精子对抗冻剂及冻前平衡时间的耐受力

试验中选用的抗冻剂为 MeOH 和 DMSO,中华鲟精子对 MeOH 的耐受力比对 DMSO 强。在 DMSO 中,即使是最低的浓度(8%),精子只平衡 0.5 h,其活力就开始下降。随着浓度的增高,精子活力的下降程度也越明显(图 4－27)。在 MeOH 中,8%和 10%的 MeOH 浓度较低,没有达到对精子进行充分脱水的目的,精子平衡 8 h 后仍能保持 75%以上的活力。在 14%的 MeOH 中处理 2 h 后精子的活力发生明显的下降。

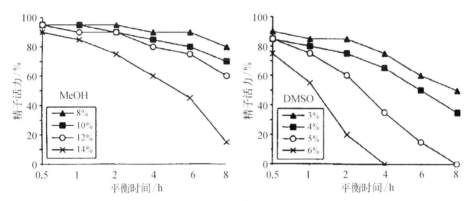

图 4－27　中华鲟精子对抗冻剂及冻前平衡的耐受力(引自柳凌等,1999)

（4）降温—复温过程中的各种因子

试验中设计了 4 个降温速率和 3 个冰点,分别以不同的方式进行降温,复温后镜检精子的活力,结果如图 4－28 所示。由图可见,以 2℃/min 的降温速率至-6℃,平衡 10 min 后,直接进入液氮温层保存的效果最好,解冻后精子的活力

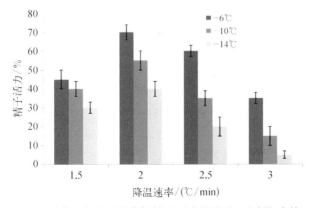

图 4－28　不同降温方式对中华鲟精子活力的影响(引自柳凌等,1999)

可达 70% 以上。

（5）相关问题探讨

精液与稀释液的混合比与精子的密度、精子本身的大小，以及细胞的生理特性如膜的通透性等有关。鲟鱼类的精液与稀释液通常按 1∶1 或 1∶3 的体积混合。对中华鲟精子冷冻保存研究中发现，精子与稀释液采用 1∶3~1∶4 较好。一般情况下，精液被稀释后无须平衡就可以直接被降温冷冻，甚至认为平衡可能会对精子造成损伤。Jahnichen 等（1999）将小体鲟（*A. ruthenus*）的精子放在含 40% 乙烯乙二醇（DMA）的稀释液中平衡 15 min，发现与非平衡的样品解冻后的受精能力无差异。利用 CASA 技术对中华鲟精子活力进行精确分析后发现，中华鲟精子在 4℃平衡 20 min 后的冷冻效果最好（柳凌等，2007）。

研究表明，12% 的 MeOH 是中华鲟精子超低温冷冻保存较理想的抗冻剂。关于平衡处理的时间，应为 0.5~2 h 之间。在这段时间里既能保证精子充分地脱水，又能使精子不受到抗冻剂毒性的损伤，根据效果最后确定 1 h 作为平衡处理的时间。鲟鱼类精子常用的抗冻剂包括 DMSO、MeOH、DMA。Akos 等（2005）对短吻鲟（*A. brevirostrum*）精子保存的抗冻剂 DMSO 和 MeOH 三个浓度梯度 5%、10% 和 15% 进行筛选，其中以 5%DMSO 保存的精子获得最高的活力（26%±13%），而以 5%MeOH 保存的精子获得最高的孵化率（32%±12%）。Horvath 等（2000）的研究也显示保存小体鲟精子用 MeOH 作为抗冻剂比用 DMSO（受精率 2%）和 DMA（受精率 0%）获得的受精率高（受精率 22%）。DMSO 是目前发现的最有效的淡水鱼类精液抗冻剂（陈松林，2002），而 MeOH 看来是目前最有效的鲟鱼类精液抗冻剂。Linhart 等（2003）在匙吻鲟（*Polyodon spathula*）的精子保存实验中，得出浓度 8% 的 MeOH 获得最佳的保存效果。对中华鲟精子的研究也得到相同的结果，有关 MeOH 的作用机理等诸多问题还有待进一步的研究。

目前，虽然大多数学者认为鱼类精液超低温冷冻保存，快速降温比慢速降温好（于海涛等，2004），但 Trukshin（2000）发现，采用 10℃/min 的降温速率（受精率 0%）比 4℃/min 的降温速率（受精率 22%）对闪光鲟（*A. stellatus*）精子的损伤程度要高。对中华鲟的研究表明，降温程序从 0℃ 开始，3℃/min 降至 −5℃，5℃/min 降至 −15℃；10℃/min 降至 −25℃；20℃/min 降至 −80℃；最后平衡 5 min，精子解冻后效果最佳。

4.3　刀鲚

刀鲚（*Coilia nasus*）又名刀鱼、毛花鱼、野毛鲚，属鲱形目（Clupeiformes），鳀科（Engraulidae），主要分布于长江中下游干、支流及附属水体。刀鲚属溯河洄游鱼类，春季结群由海入江，进行生殖洄游，在通过湖泊或长江干支流浅水处产卵。幼鱼当年顺流而下在河口肥育，秋后或者翌年入海。2 冬龄性成熟，产卵时间一般为 4 月下旬至 5 月底，水温 18～28℃时为产卵盛期，存活时间一般为 4 冬龄。幼鱼主要以枝角类、桡足类等浮游动物为食，成鱼主要以小型鱼虾为食。

刀鲚是长江中下游重要鱼类，被誉为"长江三鲜"之一，也是长江口传统"五大渔汛"之一。长江口总捕捞量在 1970 年前一直处于上升状态，并在 1973 年达到最高值 3 750 t，之后呈下降趋势，2003 年长江口区仅渔获 25 t，2006 年以后已难以成汛，濒临灭绝。

4.3.1　精子生物学特性

刀鲚的精子主要由头部、中段和尾部 3 部分组成，精子头部近梭形，尾部细长（王冰等，2010）。头部主要构成是细胞核（nucleus），前端无顶体也无凹窝，细胞核后端有一较浅的植入窝。精子中段位于细胞核后端，主要由中心粒复合体（centriolar complex）和袖套（sleeve）组成。精子尾部无侧鳍，鞭毛的主要结构是轴丝，轴丝属典型的"9＋2"型微管结构，轴丝的外部有细胞膜。

4.3.2　精子超低温冷冻保存

（1）稀释液配方筛选

分别采用鱼用 Ringer's、Kurokura－1、D－15、D－20 作为精子稀释液（丁淑燕等，2015），将刀鲚精子与稀释液分别按照不同比例进行稀释，经过冷冻保存实验后，镜检精子活力，发现用 D－15 作稀释液精子的冻后成活率最高，达 70%；Ringer's、Kurokura－1 和 D－20 作为稀释液后的冻精成活率分别为 50%、60% 和 40%。因此筛选出刀鲚精子冷冻保存的最适稀释液为 D－15。

（2）抗冻剂的筛选

采用 Kurokura－1 作为稀释液,比较了三种抗冻剂(DMSO、Gly、MeOH)的冷冻保存效果,并对每种抗冻剂的浓度进行了筛选,结果见表4－5。由表可见,随着抗冻剂浓度的增加,冻精的存活率先上升后下降,三种抗冻剂的浓度均为10%时,刀鲚精子的冻后存活率均最好,其中采用 10%的 DMSO 作为抗冻剂,冻后精子的存活率达到最高,为60%。

表4－5　抗冻剂对刀鲚冻精活力的影响(引自丁淑燕等,2015)

抗冻剂	浓度/%	存活率/%
DMSO	4	20
	6	30
	8	40
	10	60
	12	50
	14	40
Gly	4	20
	6	20
	8	50
	10	50
	12	40
	14	30
MeOH	4	20
	6	20
	8	30
	10	40
	12	30
	14	20

（3）不同平衡时间的筛选

采用 Kurokura－1 作为稀释液,10%的 DMSO 作为抗冻剂,对冻前不同平衡时间下刀鲚精子活力进行了观察,结果显示平衡 20～30 min 效果最佳,冻精的成活率最高,达60%。

（4）不同稀释倍数的筛选

采用 Kurokura－1 作为稀释液,10%的 DMSO 作为抗冻剂,对精子稀释不同倍数下刀鲚精子活力进行了观察,结果表明精液和冷冻保护液按照 1：2 稀释时冻精的成活率最高,达65%左右,结果见表4－6。

表 4-6　精液稀释倍数对刀鲚精子保存效果的影响(引自丁淑燕等,2015)

精液:保护液($V:V$)	存活率/%
1:2	65
1:5	60
1:10	50
1:20	40

（5）精子超低温冷冻保存

按照上述实验结果,将采集的刀鲚精子与 D-15 稀释液按照 1:2 稀释,样品在 4℃平衡 20 min 后,加入 10% DMSO,混匀后在液氮面上方 6 cm 处平衡 10 min,然后在液氮面上平衡 5 min,最后投入液氮中保存。一周后对样品解冻,样品在液氮蒸气中平衡 5 min,37℃水浴解冻,冻精的活力达 70% 左右。

（6）相关问题探讨

稀释液能为精子提供一个合适的生理环境,延长其在体外的存活时间,并防止精子被激活,因此,选择合适的稀释液是成功保存鱼类精子的一个重要环节。D-15 在草鱼和鲢精子的超低温冷冻保存中效果显著,D-20 较适合鲤精子的超低温冷冻保存(陈松林等,1992)。Ringer's 被广泛用于淡水鱼类精子冷冻保存的稀释液(Li et al.,1994)。Kurokura-1 常被用于鲤科鱼类精子的稀释(Linhart et al.,2000)。通过 4 种稀释液对精子保存效果的对比实验,证实 D-15 比其他三种稀释液更适合刀鲚精子的超低温冷冻保存,这一结果也表明 D-15 能为刀鲚精子提供营养液和最佳生理环境。

不同种类的鱼类精子在冷冻保存中采用的抗冻剂也不尽相同。DMSO 常被用于大菱鲆(Chen et al.,2004)、海鲈(Fauvel et al.,1998)、黑石斑鱼(*Epinephelus corallicola*)(Palmer et al.,1993)、美洲黄盖鲽(*Limanda ferruginea*)(Richardson et al.,1999)等精子的超低温冷冻保存中。对比了 DMSO、Gly、MeOH 对刀鲚精子的冷冻保存效果,结果表明,DMSO 更适合刀鲚精子的冷冻保存。DMSO 对精子有一定毒性但又能为精子提供抗冻保护作用,因此,筛选合适浓度的 DMSO 作为抗冻剂,既能起到良好的抗冻效果,又不会对精子造成损伤。杨爱国等(1999)研究发现 8%~10% 的 DMSO 对虾夷扇贝(*Placopecta magellanicus*)精子的保护效果最好。对刀鲚精子研究表明,10% 的 DMSO 对刀鲚精子有较好的抗冻保护作用。

有学者认为,DMSO渗透性强,能较容易地渗透到精子内部,冻前不平衡比冻前平衡效果好(Fauvel et al.,1998)。抗冻剂在4℃平衡20 min和30 min后刀鲚精子冷冻效果较不平衡好,既降低了温度速降造成的精子损伤,又能使抗冻剂充分渗透。有学者研究表明,不同的稀释倍数对精子的保存效果不同(余祥勇等,2005)。刀鲚精子在较低稀释倍数下,精子出现絮状凝结,较高稀释倍数下,精子保存效果较好,但倍数越大,精子活力有下降的趋势。

4.4　暗纹东方鲀

暗纹东方鲀(*Takifugu obscurus*,图4-29)又名气泡鱼、河豚、吹肚鱼,属鲀形目(Tetraodontiformes)、鲀科(Tetraodontidae),在长江中下游及通江太湖、鄱阳湖和洞庭湖等均有分布,长江口近海水域及附属水体亦有分布。暗纹东方鲀为江海洄游性鱼类,具溯河产卵习性,春季结群溯江,在长江中下游干流及通江湖泊中产卵,幼鱼多生活于通江湖泊中。性成熟年龄雌性为3~4龄,雄性为2~3龄。一般体长为18~28 cm。肌肉和内脏剧毒。杂食性鱼类,主要摄食虾蟹、浮游动物和水生高等植物等。

暗纹东方鲀曾是长江中下游主要渔业对象之一,天然产量很高,但自20世纪80年代后,已不能形成渔汛,天然资源严重衰退。1991年人工繁殖和养殖技术研究成功,目前已形成了较大规模的养殖产业。

图4-29　暗纹东方鲀

4.4.1　精子生物学特性

暗纹东方鲀成熟精子由头部、颈部和尾部组成,是典型的鞭毛结构,精子全长 28.57 μm(卢敏德等,1999)。精子头部无顶体,头部长 2.81 μm,宽 1.19 μm。头部除中间凹窝外都被细胞核充塞,核内由高度致密、对电子不透明的染色质组成。颈部长 0.40 μm,宽 0.94 μm,颈部含有 8 个相等的线粒体,组成对称的环形。尾部由头部凹窝中的中心粒向后延展出轴丝,并经原生质鞘包裹形成,尾部轴丝纤维管束,外周有 9 束微管,中心是 1 对中央微管,呈典型的"9+2"型微管结构,尾部末端有 2 根裸露的尾丝。

4.4.2　精子超低温冷冻保存

(1) 冷冻保护液对冻精活力的影响

将暗纹东方鲀精液分别与 2 种稀释液按照一定比例进行混合,稀释液配方 1: Glu 2.9 g,Sodium Citrate(柠檬酸钠) 1.0 g,KCl 0.03 g,NaHCO$_3$ 0.2 g,青霉素 5×10^4 U,加双蒸水至 100 mL,pH 8.0。稀释液配方 2(鱼用 Ringer's):NaCl 0.78 g,CaCl$_2$ 0.021 g,KCl 0.02 g,NaHCO$_3$ 0.2 g,加双蒸水至 100 mL,pH 8.0。混合液在 4℃冰箱预冷后,轻微吸打,取上清液与含有剂的同种稀释液等体积混合,分装管后在液氮面上方 6 cm 处平衡 10 min,再在液氮面上平衡 5 min,最后投入液氮中保存。

比较了以 2 种稀释液和 10 为体积分数的 MeOH 作为抗冻剂的冷冻保护液对暗纹东方鲀精子冷冻保存效果的影响,结果见表 4-7。由表可见,配方 1 与 10%MeOH 作为冷冻保护液冷冻精子后,冻精的活力为(39.5±3.38)%,配方 2 与 10%MeOH 作为抗冷保护液冷冻精子后,冻精的活力为(58.5±2.23)%,配方 2 的效果优于配方 1。

表 4-7　冷冻保护液对暗纹东方鲀冻精活力的影响(引自王明华等,2015)

稀 释 液	抗 冻 剂	冻精活力/%
配方 1	10%MeOH	39.5±3.38
配方 2	10%MeOH	58.5±2.23

(2) 不同精液稀释比例对精子冷冻保存效果的影响

以配方 2 作为稀释液,10%MeOH 作为抗冻剂组成冷冻保护液,将精液与冷冻保护液分别按照 1∶2、1∶5、1∶10 和 1∶20 的比例进行稀释,研究了不同稀释比例对精子冷冻保存效果的影响,结果见表 4-8。暗纹东方鲀精子按照 1∶2比例稀释时,冻精活力最高,平均活力可达(61.2±5.4)%;按照 1∶20 的比例稀释时,冻精活力最低,平均活力为(18.6±1.5)%。

表 4-8 不同稀释比例对暗纹东方鲀冻精活力的影响(引自王明华等,2015)

精子稀释比例	冻精活力/%
1∶2	61.2±5.4
1∶5	48.3±3.6
1∶10	30.5±2.7
1∶20	18.6±1.5

(3) 相关问题探讨

抗冻剂能降低冰点,减少冰晶的形成,避免细胞内水分渗出造成细胞皱缩,从而达到保护细胞的目的。Pan 等(2008)研究表明 10% MeOH 对黄颡鱼精子有较好的冷冻保护效果。王晓爱等(2012)也认为 MeOH 是暗色唇鲮(*Semilabeo obscurus*)精子冷冻保存潜在的渗透性抗冻剂,且以 10% MeOH 保护效果最好。Gly 被广泛地应用于家畜和海水鱼类精液的冷冻保存,并被证明是一种有效的抗冻剂,在中国花鲈和大黄鱼(*Pseudosciaena crocea*)等精子冷冻保存中效果良好(洪万树等,1996;林丹军等,2002),但在淡水鱼类精液冷冻保存中效果不佳(于海涛等,2004),这可能与不同动物的种质细胞对抗冻剂的敏感性和适应性不同有关。本研究中采用 10% 的 MeOH 作为抗冻剂冷冻保存暗纹东方鲀精子后获得了较好的效果,表明 MeOH 较适合作为暗纹东方鲀精子冷冻保存的抗冻剂。

稀释液能降低抗冻剂毒性,能为精子提供一个合适的生理环境,延长其在体外的存活时间,防止精子被激活,因此选择合适的稀释液是成功保存鱼类精子的一个重要因子。Ringer's(配方 2)被广泛应用于淡水鱼类精子的稀释(Li et al.,1994),采用任氏液作为精子稀释液保存暗纹东方鲀精子的效果更好,表明任氏液能为其提供营养和最佳的生理环境。

除精子稀释液外,适宜的稀释比例也是影响冻精活力的一个重要因素。在鱼类和哺乳动物精液稀释过程中,稀释倍数太大会导致精子活力的下降(Paniagua et al.,1998)。对于多数淡水鱼类,其精液与稀释液的最佳稀释比例在 1 : 10 与 1 : 2 之间(Tiersch et al. , 2007)。于海涛等(2004)认为精液与稀释液的比例多在 1 : 9 至 1 : 3 之间。暗纹东方鲀精子适宜的稀释比例为 1 : 2,冻后精子的活力达到(61.2±5.4)%。

4.5　纹缟虾虎鱼

纹缟虾虎鱼(*Tridentiger trigonocephalus*,图 4 - 30)又名纹鲨、缟鲨,属鲈形目(Perciformes),虾虎鱼科(Gobiidae),分布于长江口近岸水域。纹缟虾虎鱼为沿岸广盐性底栖鱼类,喜穴居,常栖息牡蛎壳内以及藤壶等附着生物形成的缝隙之间。5~7 月为繁殖季节,在居穴内产卵,雄鱼有守巢护卵习性,主要摄食小型鱼虾。

图 4 - 30　纹缟虾虎鱼

4.5.1　精子生物学特性

(1) 盐度对精子活性的影响

用蒸馏水和海水晶调节水体的盐度,设置盐度梯度为 0、5、10、15、20、25、28,激活精子的溶液温度为 18.2~18.6℃,分别用不同盐度的溶液激活精子,结果如图 4 - 31。由图可见,淡水也可以激活纹缟虾虎鱼精子,当盐度增加到 5时,精子的活力最好,平均可达到 80%左右,此后随着盐度的上升,精子的活力逐渐下降,当盐度达到 28 时,精子的活力降至 30%左右。

由图 4 - 32 可见,用淡水激活精子后,精子的平均存活时间达到 1 440 s 左右,当盐度增加到 5 时,精子的存活时间最长,平均可达到 1 550 s,此后随着盐度的继续上升,精子的存活时间逐渐下降,当盐度达到 28 时,精子的存活时间降至 1 200 s 左右。

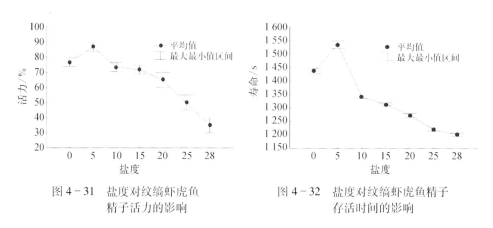

图4-31　盐度对纹缟虾虎鱼 精子活力的影响

图4-32　盐度对纹缟虾虎鱼精子 存活时间的影响

（2）温度对精子活性的影响

将小烧杯中的激活溶液（盐度为5）置于不同温度的恒温箱中，设置温度梯度为17℃、19℃、21℃、23℃、25℃。用不同温度的激活液分别激活精子，结果见图4-33。随着激活溶液温度的升高，纹缟虾虎鱼精子的活力呈逐渐下降的趋势。当水温在19℃时，精子的活力最好，平均可达到70%左右，此后随着温度的继续上升，精子的活力逐渐下降，当温度升至25℃时，精子的活力降到30%左右。

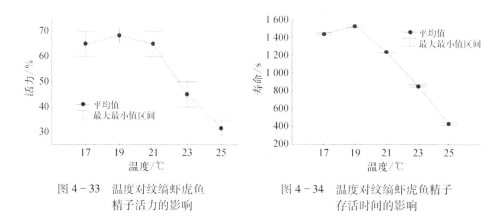

图4-33　温度对纹缟虾虎鱼 精子活力的影响

图4-34　温度对纹缟虾虎鱼精子 存活时间的影响

随着激活溶液温度的升高，纹缟虾虎鱼精子的存活时间呈逐渐下降的趋势（图4-34）。当水温在19℃时，精子的存活时间最长，平均可达到1 500 s以上，此后随着温度的继续上升，精子的存活时间逐渐下降，当温度升至25℃时，精子的存活时间降至500 s左右。

（3）精子的大小及密度

取少量的精子做精子涂片,每尾鱼做 5 张涂片,涂片经吉姆萨和瑞氏复合染液染色,NIKON TE 2000 倒置显微镜下观察、拍照并对精子的大小进行测量。同时,将游离精子分别稀释 100 倍、1 000 倍、2 000 倍,用平板计数法测量精子的密度。光镜下观察到纹缟虾虎鱼精子由头部和尾部组成(图 4 - 35),头部细胞核呈圆形或卵圆形,尾部细长。测量了 100 个精子,细胞核的平均长径为(0.98±0.12)μm,平均短径为(0.81±0.08)μm,平均鞭毛长为(7.28±1.06)μm,头部平均体积为(2.74±0.73)μm³。通过平板计数法测得精子平均密度为(1.73×10⁹±0.08×10⁹)个/mL。

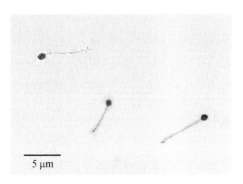

图 4 - 35　纹缟虾虎鱼精子外部形态

（4）相关问题探讨

鱼类精子活力受渗透压、pH、无机离子、有机物等多种因子的调节,不同的鱼有不同的调节方式(邓岳松等,2000)。从鱼类精子的适盐性与环境盐度的关系来看,鱼类精子激活所需的最低盐度与其所需的最低栖息盐度相关,二者呈现相似的变化规律,而精子活动所需的最适盐度则与该种类的繁殖盐度密切相关(江世贵等,2000)。淡水和盐度 28 的海水都能激活精子,说明纹缟虾虎鱼对盐度的耐受力较强,既不同于一般海水鱼类,也不同于淡水鱼类。纹缟虾虎鱼栖息于长江口浅滩咸淡水水域(庄平等,2006)。纹缟虾虎鱼属于广盐性鱼类,可以在较高盐度的水体中生存繁殖,但最适盐度在 5 左右,这也与其在长江口的生态特征基本相符合。

温度对精子活力的影响较为复杂。有学者认为,温度与精子快速运动时间的关系是一个开口向下的二次曲线函数关系(潘德博等,1999)。而另外一些学者认为,高温可促进精子运动,低温抑制精子运动,但低温条件下精子消耗的ATP 减少,降低精子能量消耗,因此低温下精子的运动时间延长(Billard et al.,1992)。19℃时,纹缟虾虎鱼精子的活力和存活时间都最高,在这一温度的两侧,无论升温或降温,纹缟虾虎鱼精子活力均呈下降趋势,温度越高,精子活力和存活时间下降越快,表明高温可能抑制精子的活力,缩短精子存活时间。自然条件下,纹缟虾虎鱼在 4~5 月份开始繁殖,此阶段长江口水域的水温为 18~20℃,因此纹缟虾虎鱼精子的这一特性与其在自然环境中的生态特征相一致。

4.5.2　精子超低温冷冻保存

分别用 D-15(0.8% NaCl+0.05% KCl+1.5% Glu)和 10-4(0.7% NaCl+0.05% KCl+1.2% Glu)作为稀释液,用 10% DMSO 作为抗冻剂,将纹缟虾虎鱼精巢中游离出来的精子与冷冻保护液按照 1∶1 进行混合后装入 0.2 mL 的保存管中,在 −20℃ 处平衡 1 min 后,直接投入液氮中保存。解冻后分别用盐度 5~30 的海水激活精子,当海水盐度为 27 时,精子最高活力为 40%,存活时间为 20 min。

4.6　中国花鲈

中国花鲈(*Lateolabrax maculatus*,图 4-36)又名鲈鱼、花鲈、海鲈鱼,属鲈形目(Perciformes),狼鲈科(Moronidae)分布于长江河口水域,是长江口常见鱼类。中国花鲈属温水性中下层广盐鱼类,终年栖息于近海,尤其喜栖于河口咸淡水水域,不作远距离洄游。早春游向河口区索饵,秋季产卵后游向深水区越冬。生长迅速,3~6 龄为性成熟阶段,生长相对稳定,最大个体可达 30 kg。肉食性

图 4-36　中国花鲈

鱼类,终年摄食,主要摄食活体动物,有同类相残现象。中国花鲈在长江口终年可见,是目前长江口渔业优势种群之一。20 世纪 80 年代即开展了中国花鲈的人工养殖试验,现已经成为优良养殖鱼类。

4.6.1　精子生物学特性

（1）不同盐度条件下鲜精的活力、存活时间和运动状态

表 4-9 列出了中国花鲈鲜精在不同盐度条件下的活力和存活时间。在盐度 15~40 的 6 个梯度范围内,精子的活力都很高,平均在 95% 以上。精子在盐度 20~30 的范围内存活时间较长,达 20 min 以上,精子被激活后快速运动时间较长,在盐度 10 中精子不能被激活。

表 4-9　不同盐度条件下中国花鲈鲜精的活力和存活时间(引自洪万树等,1996)

盐度梯度	10	15	20	25	30	35	40
平均活力/%	0	95.0	98.0	97.3	96.1	97.7	97.8
平均存活时间/min	0	13	23	21	25.5	18	6.8

（2）不同酸碱度条件下鲜精的活力、存活时间和运动状态

中国花鲈精子在不同酸碱度条件下的活力和存活时间见表 4-10。pH 在 4.32~10.42 的 9 个梯度中,精子的活力没有明显的区别,每个梯度中的平均活力均高于 93%,这表明酸碱度并非影响精子活力的主要因子,但它对精子的存活时间有较大的影响。当 pH 为 7.86 时,精子的存活时间最长,平均可达 24 min;pH 低于 7.86 的各组中,pH 越低,精子的存活时间越短;同样,pH 高于 7.86 的各组中,pH 越高,精子的存活时间也越短。

表 4-10　不同酸碱度下中国花鲈精子的活力与存活时间(引自洪万树等,1996)

pH	4.32	6.12	6.94	7.25	7.86	8.27	8.92	9.42	10.42
平均活力/%	93.5	97.4	99.3	97.2	97.4	95.8	99.0	97.6	99.7
平均存活时间/min	11.5	13.5	15.0	17.0	24.0	20.0	18.5	16.0	13.0

（3）离体条件下精子活力与存活时间的变化

将中国花鲈精子置于室内自然温度(15~17℃)下,每隔 1 h 取样 1 次,以盐度 31 砂滤海水激活精子,观察精子的活力和存活时间随时间的变化情况,结果见图 4-37 和图 4-38。精子的活力和存活时间随时间的延长而呈现下降的趋势,活力

在 2 h 内下降明显,8 h 后活力已降到 9.4%。精子起始时的平均存活时间为 15.5 min,2 h 后下降明显,仅为 8.5 min,4~8 h 内存活时间已缩短为 6~7 min。

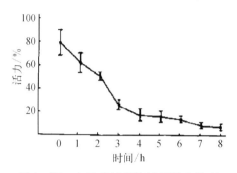

图 4 – 37　中国花鲈离体精子活力的变化(引自洪万树等,1996)

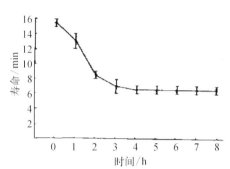

图 4 – 38　中国花鲈离体精子存活时间的变化(引自洪万树等,1996)

(4) 相关问题探讨

从鱼类精子的适盐性与环境盐度的关系来看,激活鱼类精子所需的最低盐度与其所需的最低栖息盐度相关,二者呈现相似的变化规律,而精子活动所需的最适盐度则与该种类的繁殖盐度密切相关(江世贵等,2000)。区又君等(1991)报道,黑鲷(*Sparus macrocephalus*)精子最适宜的盐度为 25~30,随着盐度的升高或下降,精子的活性均减弱。黄鳍鲷(*Acanthopagrus latus*)精子最适宜的盐度为 20,最适宜的 pH 为 8(黄晓荣等,2008)。盐度在 20~30 时最适合中国花鲈精子的生理活动,盐度 10 不能激活精子,表明较高的盐度才能激活中国花鲈精子,这一结果与中国花鲈在自然环境下的生态特征也相符合。

大多数鱼类精浆 pH 偏碱性,鱼类精子在中性或偏碱性的溶液中活力及受精率均较高。酸性溶液会降低或抑制精子活力和受精率(邓岳松等,2000)。黑鲷精子适宜的 pH 为 7.2~8.0(区又君等,1991),斜带石斑鱼(*Epinephelus coioides*)在 pH 为 8.4 时有最好的活力(赵会宏等,2003),中国花鲈精子在 pH 为 7.86~8.27 时活力最好,表明弱碱性较适合中国花鲈精子的运动,强酸和强碱会降低精子的活性。

4.6.2　精子超低温冷冻保存

(1) 稀释液种类对精子超低温冷冻保存效果的影响

分别以 HBSS、MPRS、Cortland 作为稀释液(史应学等,2015),具体组成见表

4－11。以 10%EG 作为抗冻剂配制冷冻保护液,将精液与冷冻保护液按 1∶3 比例混匀,4℃ 平衡 30 min,将平衡后的精液—冷冻保护液混合物分装入 0.25 mL 细管中,采用两步降温法保存,即将装样品的细管放在液氮面上 7.5 cm 处,停留 10 min 后投入液氮中。12 h 后,将细管从液氮中快速取出,于 40℃ 水浴中溶化后检测精子激活率。激活率检测结果见表 4－12,冻精激活率 Cortland 组最高,其次为 MPRS 组,HBSS 组最低,组间冻精激活率差异显著。

表 4－11　三种精子稀释液的组成成分(引自史应学等,2015)

成　　分	稀释液/(g/L)		
	HBSS	MPRS	Cortland
NaCl	8	3.53	7.25
KCl	0.4	0.39	0.38
$CaCl_2$	—	—	0.18
$CaCl_2 \cdot 2H_2O$	0.16	0.166	—
$NaHCO_3$	0.35	0.252	1
KH_2PO_4	0.06	—	—
$MgSO_4 \cdot 7H_2O$	0.2	—	—
$MgCl_2 \cdot 6H_2O$	—	0.229	—
$Na_2HPO_4 \cdot 7H_2O$	0.12	—	—
Na_2HPO_4	—	0.216	—
$Na_2HPO_4 \cdot 2H_2O$	—	—	0.41
Glucose	1	10	1
pH	6.8	6.68	7
渗透压	273	202	285

表 4－12　稀释液种类对中国花鲈精子超低温冷冻保存效果的影响(引自史应学等,2015)

稀　释　液	抗　冻　剂	鲜精激活率/%	冻精激活率/%
MPRS	10%EG	92.67±2.52	80.33±3.51[a]
HBSS	10%EG	92.67±2.52	68.33±2.89[b]
Cortland	10%EG	92.67±2.52	87.33±2.52[c]

注:同列数据上方不同字母表示差异显著($P<0.05$)。

（2）稀释比例对精子超低温冷冻保存效果的影响

以 10%EG 为抗冻剂、Cortland 为稀释液,不同稀释比例对精子冷冻保存效果的影响见图 4－39。稀释比例为 1∶3 时,冻精激活率最高,达到(87.33±2.52)%,与鲜明无显著性差异;稀释比例低于或高于 1∶3,精子激活率均明显下降,与鲜精相比差异显著。

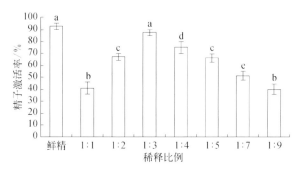

图 4-39 稀释比例对精子超低温冷冻保存效果的
影响(引自史应学等,2015)

图中不同字母表示差异显著($P<0.05$)

（3）降温高度对精子超低温冷冻保存效果的影响

以 Cortland 为稀释液,10%EG 为抗冻剂,不同降温高度超低温冷冻保存中国花鲈精子 12 h 后解冻,激活率检测结果见图 4-40。以距液氮面高度为 7.5 cm 的降温高度冷冻保存的精液,解冻后激活率最高,达(87.33 ± 2.52)%,与鲜精无显著性差异;距液氮面小于或大于 7.5 cm 的降温高度,冻精激活率与鲜精相比差异显著。

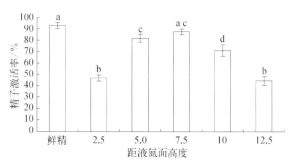

图 4-40 降温高度对中国花鲈精子冷冻保存效果的
影响(引自史应学等,2015)

图中不同字母表示差异显著($P<0.05$)

（4）抗冻剂种类及浓度对精子超低温冷冻保存效果的影响

以 Cortland 为稀释液,5%~20%DMSO、Gly、EG 及 PG 为抗冻剂,超低温冷冻保存中国花鲈精子,12 h 后解冻,活力检测结果见表 4-13。4 种抗冻剂随着浓度的增加,冻精活力都呈先上升后减低的变化趋势。E2、E3 组冻精活力与鲜精相比无显著差异,其中 E2 组冻精激活率、运动时间及存活时间最高,分别达

(87.33±2.52)%、(15.23±0.81)min 及(20.00±0.68)min;其他各组冻精激活率、运动时间及存活时间均显著低于鲜精。

表 4‑13　抗冻剂种类及浓度对中国花鲈精子超低温冷冻保存
效果的影响(引自史应学等,2015)

组　别	激活率/%	运动时间/min	存活时间/min
鲜精	92.67±2.52[a]	15.75±1.25[a]	20.67±1.76[a]
D1	50.67±6.03[b]	6.17±0.52[b]	8.75±1.09[b]
D2	80.67±5.13[b]	13.33±1.04[b]	18.23±1.15[b]
D3	75.00±4.36[b]	9.32±0.38[b]	13.80±0.50[b]
D4	38.33±2.89[b]	3.83±0.76[b]	5.83±0.29[b]
G1	47.67±7.51[b]	5.58±0.93[b]	8.10±0.80[b]
G2	74.33±4.04[b]	8.53±1.06[b]	12.33±0.97[b]
G3	76.33±3.21[b]	10.00±0.56[b]	14.72±0.68[b]
G4	32.00±3.61[b]	3.17±0.76[b]	5.30±0.33[b]
P1	44.00±6.56[b]	4.88±0.58[b]	7.27±1.54[b]
P2	73.67±4.04[b]	8.32±0.70[b]	11.97±0.30[b]
P3	79.00±3.61[b]	11.52±0.91[b]	16.48±0.73[b]
P4	70.67±3.79[b]	7.90±0.96[b]	11.52±0.60[b]
E1	80.00±3.00[b]	12.80±0.90[b]	17.51±1.11[b]
E2	87.33±2.52[a]	15.23±0.81[a]	20.00±0.68[a]
E3	86.00±4.36[a]	14.53±1.49[a]	19.70±1.78[a]
E4	77.33±4.04[b]	10.42±1.11[b]	15.38±1.05[b]

注:表中同列数字后上标字母不同表示与鲜精相比差异显著($P<0.05$);D1:5%DMSO;D2:10%DMSO;D3:15%DMSO;D4:20%DMSO;G1:5%Gly;G2:10%Gly;G3:15%Gly;G4:20%Gly;P1:5%PG;P2:10%PG;P3:15%PG;P4:20%PG;E1:5%EG;E2:10%EG;E3:15%EG;E4:20%EG。

(5)相关问题探讨

稀释液为精子提供一个适宜的生理环境,延长其在体外的存活时间,并防止精子被激活。稀释液的冷冻保存效果与其渗透压、pH 及离子组成密切相关,精子可被与精浆等渗或接近等渗的溶液抑制;酸性溶液会降低或抑制精子运动;高浓度 K^+ 能抑制精子活动,而 Na^+、Ca^{2+}、Mg^{2+} 能缓解或部分缓解这种抑制(Tanimoto et al.,1988)。不同种鱼类精子生理特性不同,采用稀释液种类也不尽相同。Fauvel 等(1998)以 MMM 液为稀释液、10%DMSO 为抗冻剂超低温冷冻保存条纹狼鲈(*Morone saxatilis*)精子,结果表明冻精活力与鲜精无显著差异。Chen 等(2004)以 TS‑2 为稀释液,10%、14%的 DMSO 为抗冻剂冷冻保存大菱鲆精子,冻精的活力分别为(78.3±7.6)%和(76.6±5.8)%。Koh 等(2010)以 FBS 为稀释液,5%DMSO 为抗冻剂保存七带石斑鱼(*Epinephelus septemfasciatus*)

精子,解冻后精子活力为(77.6±8.5)%。以 Cortland 为稀释液、10%EG 为抗冻剂冷冻花鲈精子后,精子的活力较高,达到(87.33±1.07)%。分析认为,与HBSS、MPRS 相比,Cortland 的渗透压、pH 及离子环境可以更好地抑制中国花鲈精子运动,提高冻后精子活力。因此,Cortland 适宜作为中国花鲈精子冷冻保存用稀释液。

不同种鱼类精子适宜的抗冻剂种类及浓度有所不同。Zhang 等(2003)以12%DMSO 和 12%Gly 为抗冻剂冷冻保存牙鲆精子,冻精活力分别为(60.5±3.6)%和(79.17±4.5)%;Chen 等(2004)以 10%~14%DMSO 为抗冻剂冷冻大菱鲆精子,冻精的激活率为(76.6±5.8)%~(78.3±7.6)%,以 10%PG 作为抗冻剂时,冻精活力下降到(51.7±2.9)%;程顺等(2013)以 5%~20%Gly 为抗冻剂冷冻大黄鱼精子,冻精的活力为(83.98±2.7)%~(89.93±1.07)%,与鲜精无显著差异。采用 Gly、DMSO、EG 及 PG 4 种常用抗冻剂冷冻保存中国花鲈精子,其效果是 EG>PG>DMSO>Gly,其中以 10%EG 作为抗冻剂时精子活力最高,冻精的活力、运动时间和存活时间都与鲜精无显著差异。分析认为,EG 分子量相对较小,其渗透性比 PG、DMSO 及 Gly 高,能更快速地渗透到精子中,与水结合,弱化结晶过程。因此,10%EG 是中国花鲈精子超低温冷冻保存的合适抗冻剂。

精液与冷冻保护液的稀释比是影响精子冷冻保存效果的一个重要因素,适宜的稀释比能使冷冻保护液充分渗透到精子细胞。不同种鱼类精液中精子密度及其生理特性不同,适宜的稀释比例也会有所不同。大菱鲆精子与冷冻保护液的稀释比从 1∶1 升高到 1∶9 时,冻精的活力无显著变化(Chen et al.,2004;Dreanno et al.,1997)。黄姑鱼(*Albiflora croaker*)、真鲷(*Pagrosomus major*)和大黄鱼精子与冷冻保护液的稀释比为 1∶3 时,冻精活力分别为(85.25±3.95)%、(81.0±5.4)%和(89.93±1.07)%(程顺等,2013;彭亮跃等,2011;Liu et al.,2007)。Ji 等(2004)以 1∶1 稀释比冷冻保存中国花鲈精子,冻精活力为(73.3±5.7)%。中国花鲈精子与冷冻保护液的稀释比为 1∶3 时,冻精的活力为(87.33±2.52)%,稀释比大于或小于 1∶3 时活力明显下降,因此,认为 1∶3 的稀释比较适合中国花鲈精子的冷冻保存。

不同种鱼类精子适宜的降温高度有所不同,Koh 等(2010)对七带石斑鱼精子的冷冻保存研究中,采用距离液氮面高度 2.5 cm、5.0 cm、7.5 cm 及 10 cm 处先降温至−50℃,然后投入液氮中保存,各高度组冻精活力无显著差异。

Dreanno 等(1997)在距离液氮面 6.5 cm 高度降温 15 min 与在 2 cm 及 13 cm 高度处降温相同时间冷冻保存大菱鲆精子,活力分别为(81.1±3.6)%、(56.7±4.6)%及(74.7±4.9)%。程顺等(2013)对大黄鱼精子的冷冻保存中,采用在距离液氮面 3~4 cm 处降温 3~5 min,然后投入液氮中保存,冻精活力达到(83.98±2.7)%~(89.93±1.07)%。Ji 等(2004)等研究发现,中国花鲈精子在距离液氮面 2 cm、6 cm 及 13 cm 高度处降温 10 min,然后在液氮面停留 5 min 后投入液氮中保存,冻精活力分别为(41.7±10.6)%、(73.3±5.7)%及(48.3±2.9)%。在对中国花鲈精子的研究中,5 个不同的液氮面设置高度(2.5 cm、5 cm、7.5 cm、10 cm 及 12.5 cm)代表 5 组不同的降温速率,其中以 7.5 cm 高度组冻精激活率最高,达(87.33±2.52)%,与鲜精无显著差异。分析认为,在此降温高度,细胞内冰晶的形成和渗透休克可能都降到了最低限度。因此,二步降温法冷冻保存中国花鲈精子宜选择液氮面设置高度 7.5 cm。

4.7　大黄鱼

大黄鱼(*Pseudosciaena crocea*,图 4-41)又名黄瓜鱼、黄花鱼、桂花黄鱼,属鲈形目(Perciformes),石首鱼科(Sciaenidae),分布于长江口近海水域。大黄鱼属暖温性近岸洄游鱼类,常栖息于水体中下层。喜浊流水域,具集群习性,在繁

图 4-41　大黄鱼

殖季节集群由外海游向近岸。最大个体体重可达 3.8 kg,体长 75.5 cm。春季繁殖群体一般 5 月前后进入繁殖期,群体在 9~11 月性腺发育成熟。大黄鱼主要摄食鱼类、甲壳类等。

大黄鱼是我国重要海产鱼类之一。1974 年捕捞产量曾达 $2×10^5$ t,之后由于过度捕捞,天然资源急速衰退,2000 年产量仅为 $9×10^3$ t 左右,直至现在其资源仍未见恢复。近年来人工养殖技术日趋成熟,养殖规模正在逐年扩大,2017年养殖产量已达 $17.8×10^4$ t。

4.7.1 精子生物学特性

(1)基本生理特性

大黄鱼精液为乳白色,入水后即散开。精液 pH 为 6.72~7.25,精子密度范围为 $(7.5~22.4)×10^9$ 个/mL,平均为 $14.5×10^9$ 个/mL。

(2)盐度对精子活力的影响

不同盐度梯度的人工海水以 Morisawa 等的配方(Morisawa et al.,1984)为基础经调整 NaCl 的含量配制而成。盐度范围为 5~40,共 8 个梯度。用不同盐度的溶液分别激活精子,观察精子活力情况。盐度 5 不能激活大黄鱼精子,当盐度为 10 时,精子虽然能被激活,但精子活力低至 21.2%,精子存活时间仅为 2 min。随着盐度的升高,精子活力和存活时间逐渐升高。当盐度为 20~35 时,精子活力都可达到 90% 以上,存活时间超过 10 min(表 4－14)。

表 4－14 大黄鱼精子在不同盐度下的活力和存活时间
(引自林丹军等,2002)

盐　度	5	10	15	20	25	30	35	40
精子活力/%	0	21.2	85.0	96.5	97.0	98.2	90.4	82.2
存活时间/min	0	2	5	10	18	18	10	5

(3)pH 对精子活性的影响

不同 pH 用浓度 1 mol/L NaOH 溶液或 1 mol/L HCl 溶液调节人工海水,pH 范围为 4.10~10.02,共 12 个梯度。用不同 pH 的溶液分别激活精子,观察精子活力情况。大黄鱼精子在 pH 为 4.10~10.02 的海水中有一定的活力,当海水的 pH 为 6.60~8.50 时,精子活力达到 90.2% 以上(表 4－15)。精子在偏酸性和高碱性的环境中存活时间短,在中性和弱碱性环境中存活时间长。

表 4-15　大黄鱼精子在不同 pH 下的活力和存活时间(引自林丹军等,2002)

pH	4.1	5.0	5.6	6.0	6.6	7.0	7.7	8.0	8.5	9.0	9.4	10.2
精子活力/%	45.5	50.2	68.7	88.7	90.2	95.5	97.2	98.4	98.6	84.0	67.5	30.2
存活时间/min	2	5	10	12	12.5	18	18	22	18.6	10	8	1

(4)离体精子的活力和存活时间

大黄鱼精子在室温(25℃)放置 3.5 h,仍有 80.5% 的精子有较高的活力。随着时间的延长,精子活力逐渐减弱,存活时间缩短。精液在 4℃ 放置 24 h 后用海水激活,精子活力仍可达到 60% 以上。

(5)相关问题探讨

鱼类的人工繁殖种的精子质量至关重要,除了精子本身的成熟度外,精子的活力是决定精子受精能力的主要因素,也是判断精子质量的重要指标之一。精子离体后,被其所处的水环境激活,其中影响较大的环境因子是盐度和 pH。大黄鱼精子在盐度 10 以下的溶液中不能被激活,适宜的盐度范围为 20~35。大黄鱼精子的这些生理特性与其生活的环境是相适应的。大黄鱼精子对 pH 具有较强的适应性,在弱酸性到偏碱性的人工海水中,有 50% 以上的精子能够被激活,适宜的pH 范围为 6.6~8.5。不同的盐度和 pH 也影响到精子的存活时间,大黄鱼精子被激活后,在适宜的盐度和 pH 范围内,存活的时间最长可达 22 min(25℃),但大部分精子只在激活后的 3 min 内表现为激烈运动,3 min 以后精子运动能力减弱,因此,在开展大黄鱼人工繁殖时,应在取精后的 3 min 内进行人工授精较为适宜。

4.7.2　精子超低温冷冻保存

(1)精子冷冻保护液的筛选

精子冷冻保护液由精子稀释液和抗冻剂组成。精子稀释液以 NaCl、KCl、NaHCO$_3$、Glu 等成分加蒸馏水按不同比例配制而成,其中 NaCl 为 1%。抗冻剂有 Gly 和 DMSO 两种。在精子冷冻保护液中 Gly 占 20% 或 DMSO 占 10%。在筛选稀释液和抗冻剂时共分成 4 个实验组,各实验组化学组成见表 4-16。

表 4-16　几种精子冷冻保护液的组成成分及 pH(引自林丹军等,2002)

配方号	稀释液成分	抗冻剂	pH
1	NaCl,KCl,Glu	Gly	5.22
2	NaCl,KCl,Glu	DMSO	5.02

（续表）

配　方　号	稀释液成分	抗　冻　剂	pH
3	NaCl、KCl、NaHCO$_3$、Glu	Gly	8.25
4	NaCl、KCl	Gly	5.82

用不同的冷冻保护液以相同的方法冷冻保存精子，30 d 后解冻激活冻精。结果表明：1 号配方对精子的冷冻保存效果明显好于其他 3 个配方（$P<0.01$），用其解冻后精子活力为（87.4±5.4）%，精子存活时间也最长，达 15 min 左右。2 号配方与 1 号配方的差别仅在于所使用的抗冻剂是 DMSO 而不是 Gly，对精子的冷冻保存效果不如含 Gly 的 1 号配方。3 号配方与 1 号配方的差别是冷冻保护液偏碱性，效果也不如偏酸性的 1 号配方，4 号配方中无 Glu，对精子的冷冻保存效果最差（表 4 − 17）。

表 4 − 17　几种精子冷冻保护液对大黄鱼冻精活力和存活
时间的影响（引自林丹军等，2002）

配　方　号	例数/n	精子活力/%	精子存活时间/min
1	10	87.4±5.4	15
2	10	64.6±5.2	6.5
3	8	68.5±6.2	8.0
4	6	10.5±6.5	2.5

（2）精子冷冻与解冻方法

精液与冷冻保护液的比例为 1∶3，冷冻方法有两种，一种是将精液在 0~4℃经 30 min 降温平衡后再移入液氮中保存，另一种是直接浸入液氮中保存。分别采用水浴（38~40℃）快速解冻和室温（21~25℃）自然解冻两种解冻方法。结果表明：两种冷冻方法对精子活力无显著差异（$P>0.05$），但采用室温解冻法的冻精活力和存活时间明显高于水浴快速解冻法（表 4 − 18），室温解冻必须在 5 min 内完成。

表 4 − 18　两种冷冻和解冻方法对大黄鱼冻精活力和存活
时间的影响（引自林丹军等，2002）

精子运动能力	冷冻方法		解冻方法	
	降温平衡 （30 min）	直接冷冻	水浴解冻 （38~40℃）	室温解冻 （21~23℃）
精子活力/%	85.6±6.4	84.7±5.5	70.6±5.4	89.5±4.2
精子存活时间/min	10	12	6	15

（3）冷冻精子的激活与受精

将冷冻保存后的精液解冻后，采用砂滤海水和人工配制的精子激活液分别激活精子。将激活后的精子分别与人工催产的大黄鱼鲜卵进行人工授精。结果表明，直接用砂滤海水激活冻精的激活率不如人工配制的激活液高（$P<0.05$）。用人工激活液激活解冻后的精子，精子活力可达到 90.5% 以上，受精率也较高，达（80±6.5）%（表 4-19）。将鲜精以同样的方法与鲜卵受精进行对照，发现砂滤海水和人工激活液激活精子的活力都在 90% 以上，受精率分别为（81.5±5.4）% 和（80.6±4.6）%，两者间无显著差异（$P>0.05$）。

表 4-19　两种激活方法对大黄鱼冻精活力、存活时间及受精率的影响（引自林丹军等，2002）

精子运动能力	鲜精激活		冻精激活	
	砂滤海水	人工激活液	砂滤海水	人工激活液
精子活力/%	92.4±5.8	91.5±6.5	72.5±6.5	90.5±7.2
精子存活时间/min	12	18	10	15
受精率/%	81.5±5.4	80.6±4.6	65.5±5.2	80.5±6.5

（4）相关问题探讨

在大黄鱼精子冷冻保护液的筛选中发现，Glu 在精子冷冻保存中是必不可少的。Glu 本身不能被精子吸收，关于糖类物质在精子冷冻保存中的作用尚无定论。Oda 等（1993）认为其作用主要是通过改变精子的体积而使其内部的离子浓度改变，从而引起精子运动能力的变化。王宏田等（1999）在对牙鲆精子生理特性研究中发现，精子在 Suc 溶液中活动速度快，持续时间长，这可能是因为 Suc 能提高精子的运动能力。也有学者认为，Glu 作为细胞外抗冻剂，主要通过改变渗透压引起细胞脱水，发挥非特异性保护的作用（陈大元，2000）。从抗冻剂的筛选结果看出，Gly 更适合于大黄鱼精子的冷冻保存。Gly 在海水鱼类中是较广泛使用的抗冻剂，在穆森白鲑（*Coregonus muksun*）（Stoss et al.，1983）和中国花鲈（洪万树等，1996）精子冷冻保存中被证明是一种有效的抗冻剂，但在某些海水鱼类也有采用 DMSO 作为抗冻剂获得良好效果的，因此不同鱼类的精子结构和生理特性不同，对抗冻剂的适应性也不同。

一般认为，鱼类精液稀释后经过一定时间的降温平衡，有利于抗冻剂渗入细胞内，并且以 Gly 作为抗冻剂时最为明显。大黄鱼精子不过降温平衡而采用直接快速冷冻也可获得较好的效果。关于解冻方法,大多数采用水浴(38~40℃)的快速解冻方法(张轩杰,1987;区又君等,1998),但也有报道在条纹狼鲈精子的研究中快速解冻(50~60℃)与慢速解冻的受精率无显著差异(Kebby,1983)。理论上讲,快速解冻有利于精子迅速通过冰晶形成区,从而避免细胞结构的再次损伤。但大黄鱼冻精采用38~40℃水浴中解冻,精子活力不如室温(21~23.5℃)自然解冻的。分析原因可能是因为大黄鱼的冻精对突然升高的温度生理上不适应造成的。室温解冻必须在 5 min内完成,在室温较低时可适当加温加速解冻过程,但解冻温度不要超过30℃。

大黄鱼冻精采用人工配制的激活液比直接利用砂滤海水的效果好,砂滤海水(pH 为 8.48)与人工激活液(pH 为 7.10)的差别主要在酸碱度上。大黄鱼精子对 pH 的适应范围较大,但对于冻精而言,经过 Gly 的作用及冷冻过程处理,其生理特性发生了变化(Stoss et al.,1983),因此鲜精的激活受精方法对于冻精已不再适合。

4.7.3　超低温冷冻对精子酶活性的影响

选用 D 液(134.5 mmol/L NaCl + 20 mmol/L NaHCO$_3$ + 30 mmol/L KCl + 1.3 mmol/L CaCl$_2$ + 1.6 mmol/L MgCl$_2$,pH = 8.1)作为稀释液,以 12%的 Gly 作为抗冻剂,精子与冷冻保护液的体积比为 1:1,将精子与冷冻保护液混装好后放入 0.2 mL 的精子专用保存管中,液氮面 1 cm 处平衡 1 min 后,迅速放入 −196℃的液氮中保存。冻精用 38℃的水浴解冻后获得。CK、总 ATP 酶、SDH、LDH、SOD、CAT、GR 均采用相应的试剂盒检测。

(1)对精子总 ATP 酶和 CK 的影响

从图 4-42 可知,大黄鱼鲜精中总 ATP 酶的平均活力为(60.16±5.88)U/mL,经超低温冷冻保存后精子的平均活力急剧降至(3.54±0.37)U/mL。分析表明,超低温冷冻对大黄鱼精子内总 ATP 酶活性有显著影响($P<0.05$)。

大黄鱼鲜精中 CK 的平均活力为(11.91±0.76)U/mL,经过超低温冷冻保存后精子的平均活力降至(10.22±0.32)U/mL(图 4-43)。分析表明,冷冻前后大黄鱼精子的 CK 活性有显著差异($P<0.05$)。

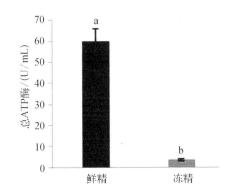

图 4-42　冷冻保存对大黄鱼精子总 ATP 酶
　　　　 活力的影响

图中不同字母表示差异显著($P<0.05$)

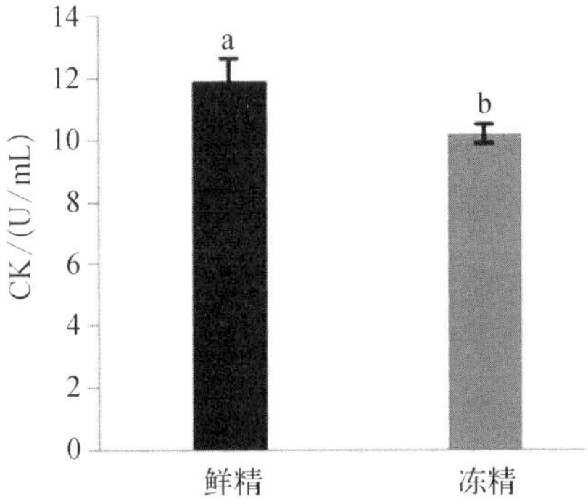

图 4-43　冷冻保存对大黄鱼精子 CK
　　　　 活力的影响

图中不同字母表示差异显著($P<0.05$)

（2）对精子 LDH 和 SDH 活性的影响

冷冻前大黄鱼鲜精中 LDH 平均活力为（7 806.44±110.11）U/L,经冷冻保存后冻精的平均活力下降至（2 654.13±70.06）U/L（图 4-44）。分析表明,超低温冷冻对大黄鱼精子内 LDH 活力有显著影响（$P<0.05$）。

冷冻前大黄鱼鲜精中 SDH 平均活力为（51±2.16）U/mL,经冷冻保存后冻精的平均活力下降至（31.5±2.08）U/mL（图 4-45）。分析表明,冷冻前后大黄鱼精子内 SDH 活力有显著差异（$P<0.05$）。

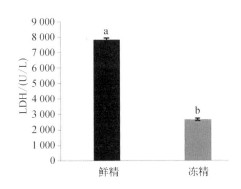

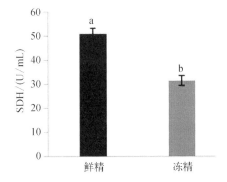

图 4-44　冷冻保存对大黄鱼精子 LDH
　　　　 活力的影响

图中不同字母表示差异显著($P<0.05$)

图 4-45　冷冻保存对大黄鱼精子 SDH 酶
　　　　 活力的影响

图中不同字母表示差异显著($P<0.05$)

（3）对精子 SOD、CAT 和 GR 活性的影响

冷冻前大黄鱼鲜精中 SOD 酶平均活力为（42.65±1.56）U/mL,经冷冻保存

后冻精的平均活力下降至(31.99±1.57)U/mL(图4-46)。分析表明,冷冻前后大黄鱼精子内 SOD 酶活力有显著差异(P<0.05)。

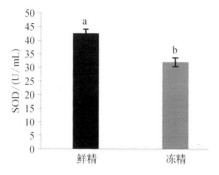

图4-46　冷冻保存对大黄鱼精子 SOD 酶
活力的影响

图中不同字母表示差异显著(P<0.05)

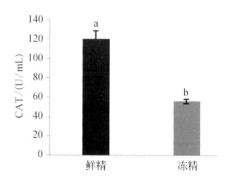

图4-47　冷冻保存对大黄鱼精子 CAT
活力的影响

图中不同字母表示差异显著(P<0.05)

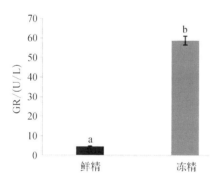

图4-48　冷冻保存对大黄鱼精子 GR
活力的影响

图中不同字母表示差异显著(P<0.05)

冷冻前大黄鱼鲜精中 CAT 的平均活力为(119.91±8.10)U/mL,冷冻保存后冻精的平均活力下降至(55.87±2.32)U/mL(图4-47)。分析表明,超低温冷冻对大黄鱼精子内 CAT 活力有显著影响(P<0.05)。

冷冻前大黄鱼鲜精中 GR 的平均活力为(4.42±0.29)U/L,超低温冷冻保存后冻精的平均活力增加至(58.93±2.26)U/L(图4-48)。分析表明,超低温冷冻对大黄鱼精子内 GR 的平均活力有显著影响(P<0.05)。

(4) 相关问题探讨

精子线粒体是维持精子正常生理功能的能量来源,SDH 是反映精子能量代谢的关键酶之一(Rao et al.,2001)。SDH 活性检测也可以用来评价冷冻前后精子线粒体功能(Piasecka et al.,2001)。ATP 酶可催化 ATP 水解生成 ADP 及无机磷的反应,这一反应放出大量能量,以供生物体进行各需能生命过程,ATP 酶活力的大小是各种细胞能量代谢及功能有无损伤的重要指标(Bilgeri et al.,1987)。CK 通常存在于动物的肌肉以及脑等组织的细胞质和线粒体中,是一个与细胞内能量运转和 ATP 再生有直接关系的重要激酶(Seraydrarian et al., 1976)。LDH 是一种糖酵解酶,精子中 LDH 主要集中于中后部的线粒体鞘上,通过呼吸作用给精子提供能量(Afromeev et al., 1999)。Babiak 等(2001)对虹鳟精子的研究表明,超低温冷冻后虹鳟精子中 ATP 酶和 LDH 的活力均下降,表明超低温冷冻对精子体内酶活性和精子的活力造成一定影响。林金杏等(2007)发现经超低温冷冻保存后野牦牛精子内 LDH 的活性下降。经过冷冻保存后,大黄鱼精子中总 ATP 酶、CK、SDH 和 LDH 的活性都显著低于鲜精,其中总 ATP 酶的活性下降最为明显。这些与能量相关的几种重要酶活性的下降,表明大黄鱼精子经过冷冻保存后能量代谢水平减弱,精子的细胞结构和功能受到一定程度的破坏。因此,与能量代谢相关的重要酶活性的高低从某种程度上可以反映出精子质量的好坏,这些酶活性的高低也可以作为精子质量评价的重要参考指标。

SOD、CAT 等作为抗氧化剂中的主要酶类,具有清除氧自由基、保护细胞免受氧化损伤的作用,抗氧化酶活力的变化在一定程度上能反映生物体或细胞在不同环境条件下的生理状况,可作为衡量其是否受到外界环境胁迫或损伤的一个重要生理指标。Marta 等(2005)研究表明,经 5℃低温保存后随保存时间的延长,马精子中 SOD 酶和 CAT 酶的活性均下降。黄晓荣等(2009)研究也表明长鳍篮子鱼(*Siganus canaliculatus*)精子经过超低温冷冻后,SOD 和 CAT 酶活性显著下降,GR 活性显著升高。对大黄鱼精子的研究表明,经超低温冷冻后大黄鱼精子内 SOD、CAT 酶的活性均显著低于鲜精,表明超低温冷冻对精子细胞生活的内环境和细胞的正常功能产生了较大影响,在冷冻中形成了大量活性氧自由基,而抗氧化酶活性的下降不足以清除这些有害自由基,导致对精子细胞造成损伤,这也可能引起冷冻保存后精子活力的下降。另外,经过超低温冷冻保存后大黄鱼精子内 GR 活力显著上升,GR 在缓解因冷胁迫所产生的活性氧危害具有重要的功能,某些植物在冷强化时 GR 活力增加,玉米、西红柿抗冷基因具有较高的 GR 活力(Leipner et al., 1999)。丁燏等(2006)对南极衣藻的研究表明,在一定温度范围内,随温度的降低,GR 的活性逐渐增加。与大黄鱼精子研究结果有相似之处,有关超低温冷冻引起精子内 GR 活性增加的原因还有待更进一步研究。

4.8　褐牙鲆

褐牙鲆(*Paralichthys olivaceus*,图 4 - 49)又名比目鱼、片口,属鲽形目

(Pleuronectiformes),牙鲆科(Paralichthyidae),分布于长江口近海水域。褐牙鲆属暖温性底层凶猛鱼类,常栖息于泥沙、沙石或岩礁底质的沿岸水域,具潜伏习性。其产卵期为3~6月,南部海域较早,北部较晚。可达13龄。体长一般25~30 cm,大者可达80 cm。肉食性鱼类,主要捕食大型甲壳类、贝类、头足类和鱼类。

褐牙鲆是我国重要的海洋鱼类之一,历史上天然年产量曾达到2 000 t,近年来由于捕捞强度过大,资源已呈现衰退趋势。目前已经成为重要的海水养殖对象。

图4-49　褐牙鲆

4.8.1　精子生物学特性

（1）盐度对精子活力的影响

不同盐度梯度的人工海水以Backhaus等的配方为基础,经调整NaCl的含量配制而成。盐度范围为5~60,共12个梯度,分别用不同浓度的人工海水激活精子并镜检其活力。褐牙鲆精子的激活与盐度有关,随盐度的增加,精子的活力先上升后下降(图4-50)。当盐度高于60时,精子不能被激活。盐度在5~30的范围内,精子的活力随盐度的增加逐渐上升,其中盐度35时,

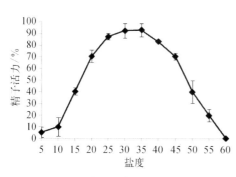

图4-50　盐度与褐牙鲆精子活力间的关系

精子的活力最高,平均可达到(93.33±5.67)%;此后随着盐度的继续增加,精子的活力逐渐下降,当盐度增加至55时,精子的平均活力下降到20%。

（2）pH对精子活力的影响

不同pH的海水用浓度为1 mol/L的NaOH溶液和1 mol/L HCl溶液调节盐度31的人工海水配制而成,pH范围为4.0~12.0,共12个梯度。分别用不同pH的人工海水激活精子,结果如下图所示。褐牙鲆精子在较广的酸碱度范围中(pH 4~12)都可以存活,并且精子活力随着pH的升高先上升后下降(图4-51)。在pH 4~8的范围内,精子的活力随pH的增加逐渐升高,pH=4时精子的平均活力为47.89%;pH=8时,精子的活力最高,平均达到(89±3.33)%。此后随着pH的继续增加,精子的活力逐渐下降,当pH增加至12时,精子的平均活力仍可达到60%。

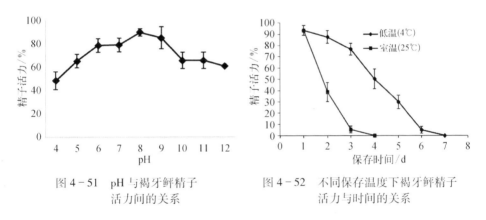

图4-51　pH与褐牙鲆精子　　　图4-52　不同保存温度下褐牙鲆精子
　　　　　活力间的关系　　　　　　　　　　　活力与时间的关系

（3）保存温度对精子活力和存活时间的影响

将褐牙鲆的精子分别放置在室温(25℃)和低温(4℃)中,每隔一段时间分别从低温和室温下取出精子,用盐度31的海水激活,观察精子活力情况。由图4-52可见,在低温状态下,0~3 d内精子活力变化不大,但从4 d开始精子活力下降速度很快(以保存时间每延长1 d精子活力下降20%递减);在3~6 d精子活力有一个明显快速下降过程(精子活力从80%下降到5%),7 d后精子完全失去活力。而在室温状态下,精子活力也随着时间的延长而逐渐降低,但活力下降速度明显比低温下快,室温状态下活力的快速下降过程发生在1~3 d之间,4 d时精子完全无活力。

在室温与低温状态下,精子存活时间随着保存时间的延长都逐渐缩短(图

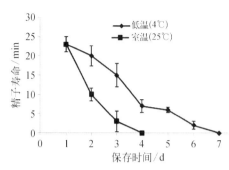

图4-53 不同保存温度下褐牙鲆精子存活时间与时间的关系

4-53)。低温下精子存活时间下降速率低于室温状态下的精子。室温下精子可以存活4 d,低温下精子存活时间为7 d。

(4)相关问题探讨

除了精子本身的成熟度外,精子的活力是决定精子受精能力的主要因素,也是判断精子质量的重要指标之一(林丹军等,2006)。褐牙鲆精子在盐度为5到60的海水中均有活力,当海水盐度为35,精子活力最好。褐牙鲆精子对pH也具有较强的适应性,在pH 4~12的海水中,精子的活力都较好,最适宜的pH为8.0。这与检测到的褐牙鲆生活环境中的盐度(35)pH(7.90±0.26)非常相近。从中可以看出,褐牙鲆精子的生理特性与其生活环境是相适应的。

温度对精子的作用主要通过低温使精子消耗的ATP减少而延长精子运动时间(Billard et al.,1992)。褐牙鲆精子的短期保存试验也表明,低温下精子能保存较长的时间。褐牙鲆精子激活后,在适宜的盐度和pH范围内,精子存活时间可达23 min(25℃)。这与大黄鱼22 min(林丹军等,2006)、厦门文昌鱼(*Branchiostoma belcheri*)21 min(方永强等,1990)、斜带石斑鱼(*Epinephellhs coioides*)27 min(赵会宏等,2003)等海水鱼精子的存活时间相近。

4.8.2 精子超低温冷冻保存

(1)几种稀释液配方的筛选

精子冷冻保护液由稀释液和抗冻剂组成,稀释液以NaCl、NaHCO₃、KCl为主添加其他成分(见表4-20)。抗冻剂有DMSO、EG、Gly、PG。精子冷冻保护液在实验前配制,存于冰箱中(4℃)中备用。用0.2 mL的塑料离心管保存精子,冷冻保护液与精液按1∶1迅速混匀,将装有混合液的离心管置于液氮面上-20℃处平衡1 min后迅速投入液氮中保存。冻精采用水浴(38~40℃)快速解冻,解冻后用砂滤海水(pH 8.0,盐度35)激活精子,统计精子活力情况。

表 4 - 20　超低温冷冻保存稀释液

编　号	化 学 成 分	pH
S1	NaCl、NaH₂PO₄、KCl	7.0
S2	NaCl、KHCO₃、CaCl₂、MgSO₄、	7.5
S3	NaCl、NaHCO₃、KCl、CaCl₂、MgCl₂	8.0
S4	NaCl、NaHCO₃、KCl、CaCl₂、MgCl₂	8.5

（2）稀释液与解冻后精子活力间的关系

以 S1、S2、S3、S4 和 16%DMSO 作为冷冻保护液对褐牙鲆精子进行超低温冷冻保存时,解冻后精子的活力如图 4 - 54 所示:只有以 S3+16%DMSO 作为冷冻保护液时,解冻后精子的活力可以达到最高,为(90±3.89)%。此外,当以 S3作为稀释液所获得的冻后活力明显比以 S1、S2、S4 为稀释液时所获得活力要高。

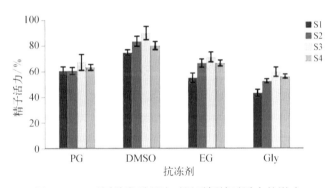

图 4 - 54　不同种类稀释液对褐牙鲆精子活力的影响

（3）抗冻剂浓度对精子活力和存活时间的影响

冷冻保护液中抗冻剂的浓度与解冻后的精子活力和精子存活时间密切相关。从图 4 - 55 可以看出,解冻后精子的活力随抗冻剂浓度的增加先上升后下降,其中 DMSO、EG、Gly 三种抗冻剂在浓度为 16%时可以获得最好的冻后活力,而 PG 则在 12%时获得最好的冻后活力。活力最好的则是以 16%DMSO 为抗冻剂时所获得冻后活力,达(90±3.89)%。

解冻后精子的存活时间和冷冻保护液中抗冻剂的浓度密切相关。从图 4 - 56 可以看出,抗冻剂在冷冻保护液中的比例达到 24%之前,褐牙鲆精子解冻后的存活时间随着抗冻剂浓度的升高而延长,其中 DMSO 浓度为 24%时精子解冻

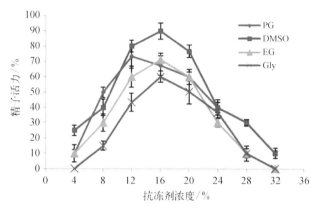

图 4-55　抗冻剂浓度对褐牙鲆精子活力的影响

后存活时间可达(23.67±0.89)min。而当抗冻剂的浓度超过 24%,解冻后精子的存活时间大幅度下降,当抗冻剂浓度达 32%,以 EG 和 Gly 为抗冻剂的冻后精子活力和存活时间降为 0,而以 DMSO 和 PG 为抗冻剂的冻后精子活力也急剧下降到 10 min 以下。

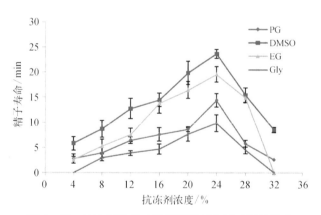

图 4-56　抗冻剂浓度对褐牙鲆精子存活时间的影响

(4) 相关问题探讨

褐牙鲆精子研究中共涉及 4 种稀释液,是根据文献中所涉及的不同种类海水鱼稀释液及褐牙鲆精浆成分改进而来。其中,S1、S2、S3、S4 4 种稀释液的盐度相近,均为 10。此外,S1、S2、S3、S4 4 种稀释液的差别在于其中 K^+ 的浓度,分别为 8 mmol/L、16 mmol/L、24 mmol/L 和 32 mmol/L。只有 K^+ 浓度达到 24 mmol/L 时,冻后的精子活力较好。精浆中 K^+ 浓度为(27±3)mmol/L,即稀释液中 K^+ 浓度与精浆相近的时候可以取得最佳的保存效果。这也说明稀释液中 K$^+$ 能起到抑制精子活力的作用,Scheuring(1925)首次观察到虹鳟精子在高浓度的 K$^+$ 离子溶液中活力被抑制,Benau 等(1980)发现通过稀释或透析方法降低精浆中的 K$^+$ 浓度可以使大麻哈鱼精子激活,Billard 等(1995)发现稀释液中 K$^+$ 浓度大于精浆中的 K$^+$ 浓度可以抑制大麻哈鱼精子活力,刘鹏等(2007)的研究也发现 K$^+$ 可以抑制西伯利亚鲟精子的活力。由此可见,稀释液中添加高浓度的 K$^+$ 可以达到抑制精子新陈代谢,提高冻后精子活力的目的。

对褐牙鲆精子的研究表明,最佳的抗冻效果由 DMSO 获得。分析发现,DMSO 由于其有较佳的渗透能力被作为主要的抗冻剂之一,但由于其对细胞的毒性较大,因此其一般用于快速冷冻过程,这样可以减小其对细胞毒害作用。而 Gly 虽然对细胞的毒性较小,但其渗透性较差,多用于慢速冷冻过程(Chao et al.,1986),这也可能是在褐牙鲆精子的超低温冷冻保存中,运用快速降温方法后,用 Gly 保存的褐牙鲆精子解冻后活力较差的原因。抗冻剂的浓度与冻后精子的活力和存活时间密切相关,研究表明 20% 的 Gly 作为大黄鱼精子超低温冷冻保存的抗冻剂比使用 10% 的 DMSO 效果好,解冻后精子的成活率高(林丹军等,2006)。虹鳟以 10% 的 DMSO 作抗冻剂(Baynes et al.,1987),冷冻锦鲤精液时 DMSO 浓度则高达 65%(Palmer et al.,1993)。以上研究表明,不同鱼类的精子在抗冻剂的种类和浓度选择上各不相同,即使同为海水鱼类或者同为淡水鱼类,不同种鱼的精子,其抗冻剂种类和浓度也不尽相同。而在对褐牙鲆精子的研究中也可以看出,冻后精子的活力和存活时间与 DMSO 的浓度密切相关,当 DMSO 的浓度为 16% 时,冻后精子才能获得最大的活力;但当 DMSO 的浓度达到 24% 时,则能获得最长的冻后存活时间。

4.8.3　运用 CASA 评判冷冻前后精子质量

(1)精子激活及参数设定

在室温下,将 5 μL 稀释后的精液(1∶100)与 45 μL 人工海水或过滤海水在干净载玻片上充分混匀。在混匀后 0.5 min、4 min 和 10 min,通过安装显微镜(BX51,200×)并与计算机连接的高敏感的数码摄像机(CCD,DP71)进行记录,每次曝光时间为 20 ms,连续自动曝光 30 次。精子运动的轨迹用配套的自动分析软件(Image - Pro Plus5.1)进行分析。目标精子头部的运动轨迹呈现在计算机的显示屏上,并以平面图形记录于软件中。所有数据以 Excel 文件输出、处理,并计算出精子运动的百分数、速度和距离。对于每个样本,分析 50~100 个精子。

按照 Lahnsteiner 等(1998)的方法,把精子运动分为 4 种方式:运动速度小于 5 μm/s 的视为不运动;不规则运动,速度在 5~30 μm/s 之间为左右摆动运动;呈曲线形运动,速度在 30~70 μm/s 之间的为曲线运动;以接近直线方式前进,运动速度大于 70 μm/s 的为直线运动。

精子的运动参数分为以下几种:

MOT:样品精液中运动精子占精子总数的百分率(%);

VCL:精子头部实际行走的轨迹路径速度(μm/s);

VSL:精子头部呈直线移位的前向运动速度(μm/s);

VAP:精子沿轨迹曲线行走的平均速度(μm/s);

LIN:精子实际的运动路线的曲折程度(%),LIN=VSL/VCL×100。

(2)超低温冷冻前后精子运动参数的比较

鲜精和冻精被激活后,随着运动时间的延长,精子的运动状态逐渐发生变化。表 4-21 列出了激活后不同时间内精子各运动参数的变化。所有实验中,鲜精与冻精的运动精子占总精子数的百分率(MOT)、平均曲线运动速度(VCL)、平均直线运动速度(VSL)、平均路径运动速度(VAP)和精子运动路线的曲折程度(LIN)相比,都有显著差异($P<0.05$),其中激活 0.5 min 时,鲜精和冻精的 MOT 值差异不显著($P>0.05$)。

表 4-21 褐牙鲆鲜精与冻精运动参数比较(Mean±SD,$n=5$)

激活时间/min		活力/%	平均曲线运动速度/(μm/s)	平均直线运动速度/(μm/s)	平均路径运动速度/(μm/s)	精子运动路线的曲折程度/%
0.5	鲜精	87.74±5.47[a]	56.41±24.43[a]	51.28±26.38[a]	55.94±13.88[a]	83.73±16.27[a]
	冻精	84±3.67[a]	53.23±21.38[b]	49.62±27.58[b]	52.91±19.97[b]	76.31±19.81[b]
4	鲜精	71.58±6.19[a]	41.67±21.87[a]	42.58±16.59[a]	39.89±15.71[a]	40.47±17.88[a]
	冻精	59.37±5.21[b]	36.57±18.54[b]	35.11±18.79[b]	35.88±11.71[b]	37.54±19.31[b]
10	鲜精	50.88±11.23[a]	19.67±8.19[a]	17.42±6.61[a]	20.17±7.51[a]	10.57±4.31[a]
	冻精	39.27±8.97[b]	15.41±6.34[b]	13.54±4.59[b]	15.27±3.67[b]	7.43±3.72[b]

注:相同激活时间下同列中不同字母表示差异显著($P<0.05$)

(3)鲜精与冻精运动状态的变化

鲜精分别激活 0.5 min、4 min、10 min 后,不同运动状态精子的数目变化如

图 4－57 所示。鲜精在激活 0.5 min 时,呈直线运动的精子数占(24.49±3.87)%;呈曲线运动的精子数占(48.53±4.55)%;呈左右摆动型运动的精子数占(24.72±2.86)%;而运动速度小于 5 μm/s 视为不运动的精子,其所占比例为(2.27±1.22)%。当激活后的时间延续到 4 min 和 10 min 时,向前直线运动的精子数分别下降到 9.82% 和 2.16%,而不运动的精子数则分别上升到 5.57% 和9.02%。

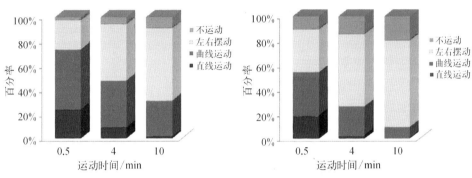

图 4－57　褐牙鲆鲜精激活后,不同运动形式精子的百分率变化

图 4－58　褐牙鲆冻精激活后,不同运动形式精子的百分率变化

冻精激活 0.5 min、4 min 和 10 min 后,不同运动状态精子的数目变化如图4－58 所示。冻精在激活 0.5 min 时,呈直线运动的精子数占(18.58±1.33)%;呈曲线运动的精子数占(35.67±3)%;呈左右摆动型运动的精子数占(35.24±2.67)%;而运动速度小于 5 μm/s 视为不运动的精子,其所占比例为(10.51±1.33)%。当激活后的时间延续到 4 min 和 10 min 时,向前直线运动的精子数分别下降到 2.57% 和 0.41%,而不运动的精子数则分别上升到 14.43% 和 19.69%。

通常精子运动轨迹的变化是一个连续的动态的过程,没有绝对的界限(图 4－59)。几种运动方式的划分也是人为分类的。一个激活后 0.5 min 向前直线运动的精子,延续到 4 min 或 10 min 后可能变成曲线运动、左右摆动或不运动。事实上,为了更好地分析鲜精和冻精的运动状态,常把精子

图 4－59　褐牙鲆鲜精激活 0.5 min时精子运动轨迹

运动轨迹和运动速度结合起来,综合判断精子的运动情况。一般精子运动速度越快,其运动轨迹越直;运动速度越慢,其运动轨迹越弯曲(图4-60,图4-61)。

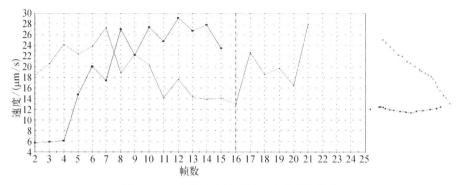

图4-60 直线运动精子的运动速度与轨迹

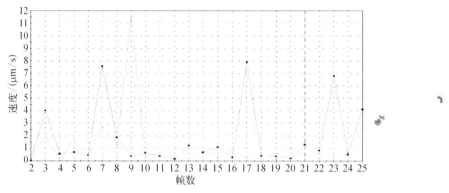

图4-61 摆动精子的运动速度与轨迹

(4)相关问题探讨

计算机辅助精子分析系统(CASA)是在包括显微摄影、显微图像分析和荧光显微技术等多项技术和设备的基础上发展起来的新技术(Boyer et al.,1989)。运用这项技术检测鱼类精子活力始于对鲑精子的研究(Billard et al.,1992)。目前已在青岛文昌鱼(*Branchiostoma japonicum*)(胡家会等,2006)、中华鲟(柳凌等,2007)等精子活力检测中得到应用。采用CASA技术对冷冻前后褐牙鲆精子运动性能进行了检测,结果发现鲜精和冻精随激活时间的延长活力均逐渐下降,除了在激活最初的0.5 min鲜精与冻精活力间无显著差异外,其他激活时间两者间均有显著差异。此外,随激活时间的延长,鲜精与冻精的VCL、VSL、VAP和LIN都呈逐渐下降的趋势,在不同的激活时间下两者间都有显著性差异,表明激活时间的长短对褐牙鲆精子运动性能有显著影响,在开展褐牙鲆人工繁殖及授精实验中精子激活时间最好集中在 30 s 以内。

随着激活时间的延长,褐牙鲆精子的 VCL 和 VSL 发生了很大变化。这一结果与对黄鳍连尾鮰(*Noturus flavipinnis*)(Kime et al.,2001)、鲤(Ravinder et al.,1997)和湖鲟(*A. fulvescens*)(Ciereszko et al.,1996)精子的研究结果相似。另一个与精子运动速度有关的参数是精子的 VAP,一些学者认为它在鱼类精子分析中不重要,原因是鱼类精子总是在一个方向上做平滑的曲线运动,但另一些学者则认为 VAP 和 VCL 同样重要。在研究花狼鱼(*Anarhichas minor*)和三刺鱼(*Gasterosteus aculeatus*)时发现,由于这些鱼的精子要在胶体渗透压很高的激活液中运动,激活液所产生的阻力迫使精子的运动轨迹呈飘逸状。因此,VAP 和VCL 产生了很大差异(Elofsson et al.,2003;Kime et al.,2002)。柳凌等(2007)认为,鱼类精子的 VAP 和 VCL 是否有差异主要取决于精子的体积和形状、精子的运动速度、精子的运动方式以及精子在激活液中所受到的阻力。精子在运动过程中所受的阻力很大,迫使精子做不规则的飘逸运动。对褐牙鲆精子的研究表明,褐牙鲆精子的 VAP 和 VCL 的差异不显著,可能是因为褐牙鲆精子的体积小,精浆渗透压低,对精子运动的阻力小。此外,由于褐牙鲆精子的密度较高,激活后的精子相互之间容易发生碰撞(这一点,从激活 0.5 min 时鲜精和冻精MOT 差异不显著可以看出),不容易形成长的平滑的运动曲线,因而造成 VAP和 VCL 之间的差异不显著。

4.9　鮸

鮸(*Miichthys miiuy*,图 4-62)又名米鱼、鳘鱼,属鲈形目(Perciformes),石首鱼科(Sciaenidae),主要分布于长江口水域。鮸为暖温性底层鱼类,常栖息于泥沙底质海区,或近岸礁石、岛屿附近,或河口水域,有昼沉夜浮的垂直移动习性。一般 3 龄可达性成熟,存活时间可达 12~13 龄。常见个体体重 1.5~2.5 kg,体长 45~55 cm。肉食性鱼类,食量大,主要以鱼虾为食。

鮸为长江口常见鱼类,集群性较差,群体数量不多,长江口资源产量相对稳定,但捕捞个体有小型化趋势,20 世纪 90 年代以来,沿海地区开展人工育苗和养殖试验,已取得一定成效,有望成为优良的养殖对象。

图 4-62 鮸

4.9.1 精子生物学特性

（1）盐度对精子活力的影响

在过滤海水（盐度 27）中加入去离子水或海水晶配制盐度为 5.0~40.0 的溶液，共 8 个梯度。在水温 26~28℃、pH 8.0~8.3 的条件下，用不同盐度的溶液分别激活精子，盐度对鮸精子活力的影响见表 4-22。盐度为 5 和 10 时，不能激活精子；盐度 15~40 范围内均能激活精子；盐度 20~30 范围内，精子激活率达 80% 以上，运动时间和存活时间较长，其中盐度 25 时，精子活力最高，运动时间及存活时间最长。

表 4-22　盐度对鮸精子活力的影响（引自王伟等,2010）

盐　度	激活率/%	运动时间/min	存活时间/min
5	0	0	0
10	0	0	0
15	79.33±2.52	8.53±0.15	8.97±0.21
20	85.33±2.08	8.30±0.20	8.80±0.20
25	91.00±2.65	8.67±0.25	9.47±0.35
30	86.00±2.65	6.77±0.15	7.20±0.20
35	80.33±2.52	4.27±0.55	4.73±0.42
40	75.33±1.53	2.07±0.11	3.57±0.21

（2）pH 对精子活力的影响

用 1 mol/L NaOH 或 HCl 溶液调节过滤海水的 pH，配制 pH 为 3.0~10.0 的溶液，共 13 个梯度。在水温 26~28℃、盐度 27 条件下，用不同 pH 的溶液分别激活精子,pH 对鲌精子活力的影响见表 4-23。pH 3.0 时,不能激活精子;pH 4.0~10.0 范围内,均能激活精子;pH 5.5~9.0 范围内,精子活力达 80% 以上,运动时间和存活时间较长;pH 7.5 时,精子活力最高,运动时间和存活时间也最长。

表 4-23　pH 对鲌精子活力的影响(引自王伟等,2010)

pH	激活率/%	运动时间/min	存活时间/min
3.0	0	0	0
4.0	58.99±6.61	6.13±0.22	7.54±0.18
5.0	76.67±1.53	7.58±0.16	9.53±0.28
5.5	85.33±2.75	7.59±0.28	9.65±0.28
6.0	86.07±0.25	7.72±0.16	9.66±0.22
6.5	90.39±1.10	8.27±0.14	9.74±0.20
7.0	91.99±1.55	8.32±0.11	10.28±0.19
7.5	92.35±1.07	8.65±0.15	10.38±0.19
8.0	85.49±1.55	8.38±0.27	10.07±0.43
8.5	83.98±1.58	6.75±0.24	7.63±0.08
9.0	83.64±1.44	5.33±1.44	6.25±0.15
9.5	73.58±1.50	4.70±1.50	5.34±0.14
10.0	66.09±2.73	4.46±0.20	4.74±0.21

(3) NaCl、KCl、CaCl$_2$ 溶液对精子活力的影响

用去离子水配制浓度为(100~1 000) mmol/L 的 NaCl、KCl 及 CaCl$_2$ 溶液,分别用这些溶液激活精子,不同浓度的 NaCl、KCl、CaCl$_2$ 溶液对鲌精子活力和运动时间的影响见表 4-24。从表可知,100 mmol/L 的 3 种溶液都不能激活鲌精子,随着浓度的增加,精子的活力和运动时间均先上升后下降,900 mmol/L 和 1 000 mmol/L 的 CaCl$_2$ 不能激活精子。NaCl、KCl、CaCl$_2$ 这 3 种溶液对鲌精子激活与运动的适宜浓度分别为 400~500 mmol/L、500~600 mmol/L 和 300~400 mmol/L。

表 4-24　不同浓度的 NaCl、KCl、CaCl$_2$ 溶液对鲌精子
活力的影响(引自王伟等,2010)

浓度/(mmol/L)	激活率/%			运动时间/min		
	KCl	NaCl	CaCl$_2$	KCl	NaCl	CaCl$_2$
100	0	0	0	0	0	0
200	0	36.82±5.67	72.25±3.12	0	2.59±0.37	5.84±1.24

（续表）

浓度/	激活率/%			运动时间/min		
（mmol/L）	KCl	NaCl	CaCl$_2$	KCl	NaCl	CaCl$_2$
300	52.76±5.31	50.15±4.59	89.02±1.27	4.87±1.07	4.65±1.32	7.38±1.05
400	73.38±2.43	90.62±3.25	82.26±2.44	6.05±0.29	7.52±1.58	6.83±0.56
500	88.63±1.53	81.66±2.77	68.51±3.18	7.28±0.24	6.73±1.17	5.69±0.32
600	81.33±2.54	70.10±3.46	45.54±3.25	6.84±1.18	5.63±1.25	4.51±1.62
700	62.72±2.75	53.84±3.84	30.81±5.54	5.22±1.73	4.78±0.56	2.55±1.34
800	46.37±5.32	29.39±5.38	14.87±3.69	4.83±1.83	2.23±0.74	1.43±0.61
900	32.26±4.33	14.64±3.22	0	2.38±0.43	1.36±0.10	0
1 000	15.08±4.59	9.54±3.59	0	1.39±0.16	0.86±0.16	0

（4）不同浓度的葡萄糖溶液对精子活力的影响

用去离子水配制浓度为（100～1 000）mmol/L 的 Glu，用不同浓度的 Glu 激活精子，结果见表 4 - 25。由表可知，300 mmol/L 以下的 Glu 不能激活精子，随着 Glu 浓度的增加，精子的活力和运动时间均先上升后下降，当 Glu 浓度为 800 mmol/L 时，精子的活力最高，平均为（89.34±1.56）%，精子的运动时间也最长，平均为（7.90±0.35）min。

表 4 - 25　不同浓度的 Glu 溶液对鮸精子活力的影响（引自王伟等，2010）

Glu/（mmol/L）	激活率/%	运动时间/min	存活时间/min
100	0	0	0
200	0	0	0
300	0	0	0
400	38.45±3.22	3.24±1.36	5.29±1.42
500	49.37±3.75	4.62±0.22	7.26±1.39
600	62.86±4.63	5.46±1.16	8.39±1.12
700	77.61±2.31	6.69±0.73	9.23±0.34
800	89.34±1.56	7.38±1.38	9.33±0.64
900	84.52±2.30	7.38±1.38	9.33±0.64
1 000	78.67±3.51	6.82±1.77	8.35±0.28

（5）人工海水对精子活力的影响

参照 Morisawa 等（1983）的配方配制人工海水（ASW），用与 ASW 中相同摩尔数的 MgCl$_2$、NaCl 及 NaCl 依次替换 ASW 中的 CaCl$_2$、MgSO$_4$ 及 NaHCO$_3$ 配制 Ca^{2+} - freeASW、Mg^{2+} - freeASW 及 HCO$_3^-$ - freeASW。分别用这些溶液激活精子，ASW、HCO$_3^-$ - freeASW、Mg^{2+} - freeASW、Ca^{2+} - freeASW 对鮸精子活力的影响见表

4-26。由表可见,鲵精子在缺少 HCO_3^-、Mg^{2+}、Ca^{2+} 等离子的人工海水中的活力与在 ASW 中的活力无显著差异,但运动时间和存活时间有所缩短。

表 4-26　人工海水对鲵精子活力的影响(引自王伟等,2010)

人工海水	激活率/%	运动时间/min	存活时间/min
ASW	91.23±0.27	8.13±1.26	10.18±1.28
HCO_3^--freeASW	90.45±1.36	6.89±1.74	8.74±0.54
Mg^{2+}-freeASW	89.88±0.49	6.76±0.39	8.52±0.50
Ca^{2+}-freeASW	88.13±2.25	6.64±1.54	8.27±1.27

(6) 相关问题探讨

鲵精子激活与运动的适宜盐度为 20~30,在此盐度范围内精子活力大于 80%,运动时间及存活时间较长。大黄鱼精子激活与运动的适宜盐度为 20~35,在此盐度下,精子活力达 90% 以上,精子存活时间超过 10 min(林丹军等,2002)。日本黄姑鱼(*Nibea japonica*)精子在盐度为 30~35 时活力达(88.33±2.89)%、存活时间达(229.33±17.16)s(闫文罡等,2008)。由此可见,同属石首鱼科的 3 种鱼精子的适盐性存在差异。鲵生活的适宜盐度为 20~30,这与精子活动的适宜盐度相同。

鲵精子激活与运动的适宜 pH 为 5.5~9.0,在此 pH 范围内精子活力达 80% 以上,运动时间及存活时间较长,其中 pH 在 6.5~7.5 范围内时精子活力达 85% 以上。大黄鱼精子在 pH 6.6~8.5 时,精子活力在 90% 以上,存活时间 12.5 min 以上(林丹军等,2002)。日本黄姑鱼精子在 pH 7.5~8.5 时,精子活力达 90%(闫文罡等,2008)。3 种鱼精子激活与运动的适宜 pH 有所不同,这可能与它们栖息与繁殖环境条件不同相关。

鲵精子在单一 K^+、Na^+、Ca^{2+} 离子浓度分别为 500 mmol/L、400 mmol/L、300 mmol/L 时,精子活力分别达(88.63±1.53)%、(90.62±3.25)%、(89.02±1.27)%,且运动时间均较长;鲵精子在缺少 Ca^{2+} 或 Mg^{2+} 或 HCO_3^- 的人工海水中的活力与在 ASW 中相似,但运动时间和存活时间有所缩短。大黄鱼精子在缺少 Ca^{2+} 或 Mg^{2+} 或 HCO_3^- 的人工海水中活力达 90%,但运动时间和存活时间大幅缩短(朱冬发等,2005)。可见离子对鲵和大黄鱼精子活力的影响作用有一定差异。Detweiler 等(1998)研究发现,鲵精子在无 Ca^{2+} 情况下活力很高,这可能是不同种鱼类精子激活所需的离子条件不同。

体外受精的鱼类的精子具有利用细胞外小分子单糖补偿自身能量消耗的能力,鱼类精子对单糖的吸收利用能力因鱼的种类不同而异(严安生等,1995)。鮸精子在400~1 000 mmol/L 的 Glu 溶液中均有一定比例被激活,在 Glu 浓度为800 mmol/L 时,精子活力最高达(89.34±1.56)%,运动时间最长达(7.90±0.35)min。大黄鱼精子在 Glu 浓度为500 mmol/L 时,精子活力最高达90%,运动时间最长达7.33 min。Glu 对鮸和大黄鱼精子活力的影响作用存在差异。

4.9.2 精子超低温冷冻保存

(1)精子冷冻及解冻方法

以 Cortland 溶液(NaCl 7.25 g/L,KCl 0.38 g/L,CaCl$_2$ 0.18 g/L,NaHCO$_3$ 1.00 g/L,MgSO$_4$·7H$_2$O 0.23 g/L,NaH$_2$PO$_4$·2H$_2$O 0.41 g/L,C$_6$H$_{12}$O$_6$ 1.00 g/L,pH=7.0)为稀释液,以 Gly、DMSO、EG 及 PG 为抗冻剂,两者以一定比例混合配制成不同浓度的冷冻保护液,置于冰箱(4℃)预冷,再将鲜精与冷冻保护液按1:3 比例混合成精液—保护液混合物(混合物中抗冻剂的最终含量为5%、10%、15%、20%、25%和30% 6 个梯度),于4℃平衡 10~15 min。然后将精液—保护液混合物分装入体积为 0.5 mL 的细管中(每只管装 0.4 mL),采用二步降温法(放在离液氮面一定距离处,几分钟后投入液氮中保存)冷冻保存。

(2)冻精与鲜精活力的比较

精子冻存 15 d 后,将装有精子的细管从液氮中快速取出,放入 40℃热水浴中解冻,精子的激活溶液为盐度 27 的过滤海水,并与鲜精的活力进行比较,结果见表 4-27。

表 4-27 鮸鲜精与冻精活力的比较(引自王伟等,2010)

组　别	激活率/%	运动时间/min	存活时间/min
对照	89.23±1.54	8.52±1.40	10.79±0.63
G1	72.55±5.26	7.05±2.11	9.38±1.66
G2	86.38±1.63	8.24±1.37	10.21±0.42
G3	83.62±2.66	7.94±2.13	9.88±1.27
G4	70.44±5.43	6.86±3.28	8.49±1.75
G5	57.25±3.30	5.59±5.31	7.59±2.40
G6	42.68±3.09	3.27±0.32	5.33±0.37
D1	81.59±2.94	7.73±0.26	9.63±0.15
D2	85.32±1.03	8.11±1.42	9.99±0.83

（续表）

组　别	激活率/%	运动时间/min	存活时间/min
D3	82. 25±2. 77	7. 82±1. 75	9. 65±0. 28
D4	77. 29±3. 01	7. 19±1. 66	9. 02±1. 77
D5	63. 42±3. 85	6. 17±1. 34	8. 32±0. 24
D6	52. 61±1. 22	5. 27±0. 20	7. 11±0. 29
E1	70. 15±5. 36	6. 73±2. 88	8. 26±1. 16
E2	84. 35±3. 29	8. 06±1. 20	9. 46±0. 88
E3	73. 60±4. 19	7. 20±0. 76	9. 23±0. 32
E4	66. 49±4. 37	6. 59±1. 63	8. 94±0. 82
E5	54. 11±4. 82	5. 34±1. 81	7. 78±1. 29
E6	34. 26±5. 77	3. 02±1. 26	5. 10±1. 43
P1	71. 48±3. 98	6. 92±1. 44	8. 39±0. 66
P2	82. 22±3. 51	7. 85±1. 22	9. 56±0. 45
P3	85. 77±1. 26	8. 01±0. 63	9. 85±0. 37
P4	83. 10±2. 63	7. 92±1. 35	9. 65±0. 86
P5	70. 88±5. 90	6. 69±1. 49	8. 22±0. 52
P6	59. 63±3. 44	5. 77±0. 80	7. 72±1. 73

注：对照为鲜精；G1：5%Gly；G2：10%Gly；G3：15%Gly；G4：20%Gly；G5：25%Gly；G6：30%Gly；D、E、P 分别代表 DMSO、EG、PG，浓度与 Gly 相同。

由表可见，抗冻剂 Gly 浓度为 10% 和 15% 时，冷冻保存的鲩精子效果较好，冻精解冻后活力与鲜精相比差异不显著。但抗冻剂 Gly 浓度为 5%、20%、25% 和 30% 时，冷冻保存鲩精子的效果下降，冻精活力与鲜精相比差异显著（$P<0.05$），Gly 浓度越高，冻精活力越低。

抗冻剂 DMSO 浓度为 5%、10% 和 15% 时，冷冻保存的鲩精子效果较好，冻精活力与鲜精活力差异不显著。但 DMSO 浓度为 20%、25% 和 30% 时，冷冻保存精子的效果明显下降，冻精活力与鲜精相比差异显著（$P<0.05$），DMSO 浓度越高，冻精活力下降越明显。

抗冻剂 EG 浓度为 10% 时，冷冻保存鲩精子的效果较好，冻精活力与鲜精活力差异不显著。当 EG 浓度为 5%、15%、20%、25% 和 30% 时，冷冻保存精子的效果明显下降，冻精活力与鲜精活力差异显著（$P<0.05$），EG 浓度越高，冻精活力下降越明显。

抗冻剂 PG 浓度为 10%、15%、20% 时，冷冻保存鲩精子的效果较好，冻精活力与鲜精差异不显著。但 PG 浓度为 5%、25% 和 30% 时，冷冻保存精子的效果明显下降,冻精活力与鲜精活力差异显著($P<0.05$),PG 浓度越高,冻精活力下降越明显。

（3）相关问题探讨

对鮸冻精及鲜精活力的比较研究发现,以 Cortland 溶液为稀释液,10%～15%Gly、5%～15%DMSO、10%EG 及 10%～20%PG 为抗冻剂,超低温冷冻保存鮸精子的效果较好,冻精活力与鲜精接近,其中,以 10%Gly 为抗冻剂冷冻保存的效果最佳,冻精活力、运动时间及存活时间分别达（86.38±1.63）%、（8.24±1.37）%及（10.21±0.42）min,与鲜精的活力、运动时间及存活时间相近。

抗冻剂在鱼类精子超低温冷冻中的作用极为关键。研究表明,DMSO 是鮸精子超低温冷冻较好的抗冻剂,其适宜的浓度为 5%～15%,最适浓度为 10%。Gly 也是鱼类精子冷冻保存中使用较多的抗冻剂。洪万树等（1996）研究表明,15%Gly 作为抗冻剂冷冻保存中国花鲈精子效果较好,精子活力达 73%以上。在大黄鱼精液的冷冻保存中,Gly 具有较好的抗冻保护作用,冻精活力达 87.4%（林丹军等,2002）。10%～15%的 Gly 是鮸精子超低温冷冻较适宜的抗冻剂,其中,10%Gly 抗冻效果最佳。除 DMSO 和 Gly 外,EG 和 PG 由于其对细胞膜的通透性强且毒性较低,也常被用来作为精子超低温保存的抗冻剂。据报道,以 12%PG 作为抗冻剂冷冻真鲷精子,冻精解冻后活力达到 84.8%,冷冻保存效果较好（刘清华,2005）。以 10%EG 和 10%～20%的 PG 作为抗冻剂,冷冻保存鮸精子效果较好。

4.10　半滑舌鳎

半滑舌鳎(Cynoglossus semilaevis)又名细鳞、箬鳎,属鲽形目(Pleuronectiformes)、舌鳎科(Cynoglossidae),分布于长江口的东滩、北支、南支以及近海水域。半滑舌鳎为近海广盐性底栖鱼类,喜栖息于泥沙底质水域,不喜集群,对温度和盐度等环境适应性较强。其体型较大,一般长 20～50 cm,大者体长可达 80 cm,体重 2.7 kg,主要摄食底栖无脊椎动物。

半滑舌鳎为大中型鳎,天然资源较少,现已发展形成一定规模的养殖业。

图 4 - 63　半滑舌鳎

4.10.1　精子生物学特性

半滑舌鳎精液中精子密度为$(5.28\pm0.23)\times10^{10}$ 个/cm^3,室温 20℃时,精子活力为(80.90 ± 6.96)%,经人工海水激活后可以存活(7.5 ± 0.58)min(吴莹莹等,2007)。半滑舌鳎精子头部呈钝顶锥体形,无顶体,上窄下宽。精子头部主要结构为细胞核和位于核隐窝中的中心粒复合体,细胞质很少。中片包括线粒体和袖套两部分,线粒体 5~6 个,呈单层排列,围成一环状。袖套很浅,位于线粒体下方。精子尾部鞭毛细长,起始于袖套腔中,鞭毛内主要结构是轴丝,具有典型的"9+2"型微管结构,鞭毛两端有侧鳍。

4.10.2　精子超低温冷冻保存

（1）适宜抗冻剂的选择

先配制精子稀释液 MPRS（60. 35 mmol/L NaCl, 1. 8 mmol/L NaH$_2$PO$_4$, 3. 00 mmol/L NaHCO$_3$, 5. 23 mmol/L KCl, 1. 13 mmol/L CaCl$_2$·2H$_2$O, 1. 13 mmol/L MgCl$_2$·6H$_2$O, 55. 55 mmol/L D - glucose），再利用 MPRS 分别配制 2. 8 mmol/L DMSO、Gly 和 PG,分别以 1:1 的比例稀释精液,利用三步法将稀释的精液在液氮中冷冻,冷冻 24 h 后将精子在 37℃水浴中解冻,用 23℃海水激活精子并观察精子活力和存活时间。

3 种抗冻剂对半滑舌鳎精子的冷冻保存效果见图 4 - 64。分别利用 Gly、PG 和 DMSO 3 种抗冻剂冷冻保存后,精子活力分别为(30.00 ± 10.00)%、(25.00 ± 12.91)%和(46.67 ± 5.77)%,鲜精活力为(55.00 ± 0.12)%,精子在 DMSO 中的活力明显高于其他两种抗冻剂,且与鲜精无显著差异（$P>0.05$）。精子在 3 种抗冻剂中的存活时间分别为(84.00 ± 13.45)s、(49.33 ± 11.15)s 和$(57.33\pm$

7.51)s,鲜精的存活时间为(90.00±7.40)s,精子在 Gly 中的存活时间明显比其他两种长,与鲜精无显著差异($P>0.05$)。因此,DMSO 可有效地保护精子活力,Gly 则对延长精子存活时间有一定作用。

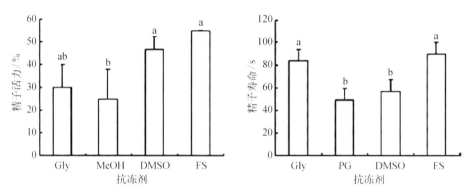

图4-64　半滑舌鳎精子在不同抗冻剂中的活力(左)和存活时间(右)(引自田永胜等,2009)

图中不同字母表示差异显著($P<0.05$)

(2) 精子稀释比例选择

利用冷冻保护液 A(MPRS+2.8 mmol/L DMSO)将精子以 1∶0.5、1∶1、1∶1.5 和 1∶2 的比例稀释,只有在 1∶1 的稀释比中精子的活力可被冷冻保护液完全抑制,在其他 3 种比例中都不能被完全抑制(图4-65)。精子在 4 种比例的稀释液中冷冻保存后的精子活力分别为(67.50±3.54)%、(82.50±3.54)%、(80.00±7.07)%和(47.50±3.54)%,其中以 1∶1 和 1∶1.5 稀释液冷冻的精子活力明显高于其他稀释比($P<0.05$)。

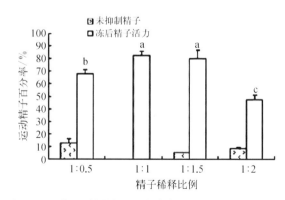

图4-65　半滑舌鳎精子在冷冻保护液 A 中以不同比例
稀释后冻前冻后活力(引自田永胜等,2009)

图中不同字母表示差异显著($P<0.05$)

（3）精子在不同冷冻保护液中平衡及冻前活力

半滑舌鳎精子在冷冻保护液 A 和 B（TS－2+2.8 mmol/L DMSO）中平衡 5 min 后的快速运动时间、存活时间和活力如图 4－66 所示。鲜精、在 A 和 B 中平衡后精子分别用海水激活后的快速运动时间分别为（24.68±2.88）s、（37.75±6.45）s 和（24.67±5.69）s；精子的存活时间分别为（48.50±13.99）s、（145.00±78.98）s 和（105.00±15.59）s，精子活力分别为（50.00±10.00）%、（38.75±6.29）% 和（31.67±10.40）%，其中鲜精活力最高，半滑舌鳎精子较适合在稀释液 A 中冷冻保存。

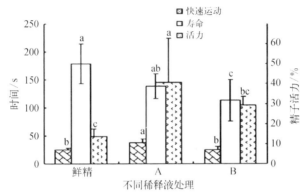

图 4－66　半滑舌鳎精子在不同冷冻保护液中的冻前活力比较（引自田永胜等,2009）

图中不同字母表示差异显著（$P<0.05$）

（4）精子在不同冷冻保护液中冷冻保存及解冻后活力

分别利用冷冻保护液 A 和 B 冷冻保存半滑舌鳎精液,冷冻保存 24 h,解冻后其精子快速运动时间分别为（33.3±6.75）s 和（38.00±6.45）s,二者间无显著差异（$P>0.05$）;冷冻后精子存活时间分别为（79.70±10.99）s 和（98.00±13.51）s,相互间有显著差异（$P<0.05$）;冷冻后精子活力分别为（45.00±4.71）% 和（53.00±6.69）%,相互间有显著差异（$P<0.05$）。利用冷冻保护液 A 保存半滑舌鳎精子的效果比冷冻保护液 B 好（图 4－67）。

（5）冷冻精子受精率和孵化率比较

利用冷冻保存的半滑舌鳎精子与鲜卵授精,其受精率和孵化率分别为（55.00±5.00）% 和（35.00±13.23）%,利用鲜精进行授精后受精率和孵化率分别为（77.67±12.67）% 和（65.00±5.00）%,二者的受精率无显著差异（$P>0.05$）,但孵化率有显著差异（$P<0.05$）（图 4－68）。

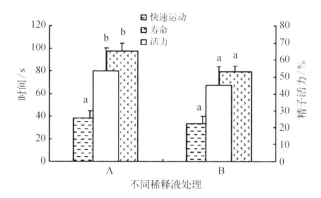

图4-67 半滑舌鳎精子在不同冷冻保护液中冻后活力的比
较(引自田永胜等,2009)

图中不同字母表示差异显著($P<0.05$)

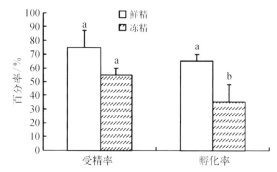

图4-68 半滑舌鳎鲜精与冻精的受精率与孵化率
(引自田永胜等,2009)

图中不同字母表示差异显著($P<0.05$)

（6）相关问题探讨

抗冻剂在精子的冷冻中具有保护精子细胞免受冰晶损伤和调节精子渗透压的作用。在中国花鲈、大菱鲆和大西洋鲟(*Acipenser sturio*)等鱼类精子的冷冻保存中对6种抗冻剂 DMSO、PG、EG、Gly、MeOH 和 DMF 的冷冻效果进行了研究,结果表明 DMSO 较适合于这几种鱼类精子的冷冻保存(Ji et al.，2004;Chen et al.，2004;Kopeika et al.，2000)。对 Gly、PG 和 DMSO 冷冻保存半滑舌鳎精子的效果进行比较,发现采用 DMSO 冷冻保存精子后活力较高,表明 DMSO 也适用于半滑舌鳎精子的超低温冷冻保存,DMSO 作为抗冻剂保存鱼类精子具有一定的广泛性。

冷冻保护液与精液的稀释比例对精子的脱水平衡和冷冻存在着明显的影响。大西洋精子以 1∶1 的比例稀释后解冻后精子活力为 10%~15%（Kopeika et al.，2000）。利用 MPRS+2.8 mmol/L DMSO 以 1∶（0.5~2）的不同比例稀释半滑舌鳎精液，发现 1∶1 和 1∶1.5 的比例稀释精子后冷冻保存的精子活力较高，但 1∶1 的比例稀释可完全抑制精子的运动，其他比例在冷冻前不能完全抑制精子的运动，所以选用 1∶1 比例稀释半滑舌鳎精子后冷冻保存效果较好。不同鱼类精液的浓度不同，采用的稀释液成分和浓度也不同，冷冻前对精液的稀释比例进行筛选，这对提高精子的冷冻成活率具有重要作用。

精子的活力、存活时间和受精能力是评价精子质量的主要指标，精子冷冻保存前后其相应指标会发生一定的变化。Ergun 等（2004）利用 3 种冷冻保护液对鲤精子进行冷冻保存，并对其活力、存活时间和受精能力进行了研究，以 DMA 冷冻保护液保存的精子其最高受精率为 25.9%。Tian 等（2008）对圆斑星鲽（*Verasper variegatus*）精子在不同盐度和不同温度下精子活力和存活时间进行了研究，找到了冷冻精子适宜的条件。采用 2 种冷冻保护液 MPRS+2.8 mmol/L DMSO 和 TS－2+2.8 mmol/L DMSO 冷冻保存半滑舌鳎精子，发现采用 MPRS+2.8 mmol/L DMSO 作为冷冻保护液表现出较好的保存效果，但冷冻后精子与鲜精比较，其活力、存活时间、受精率和孵化率都有所下降。这与牙鲆（Zhang et al.，2003）、中国花鲈（Ji et al.，2004）和圆斑星鲽（Liu et al.，2006）等鱼类精子的研究结果基本相似。这可能是因为精子在冷冻和解冻过程中细胞膜受到损伤，从而降低了精子的活力。

4.11　日本黄姑鱼

日本黄姑鱼（*Nibea japonica*）又名黄婆鸡、黄姑、铜罗鱼等，属鲈形目（Perciformes），石首鱼科（Sciaenidae），主要分布于我国南海和东海以及日本南部。日本黄姑鱼属近海中下层鱼类，喜栖息于泥沙底海域，具明显的季节洄游习性，具有发声能力。其初始成熟年龄为 1 龄，2 龄基本达到成熟，主要摄食小型鱼类、虾类和双壳类等底栖生物。

日本黄姑鱼沿海各渔场以春夏两季为旺汛，具有一定天然产量。目前已成为一种重要的海水养殖对象。

4.11.1 精子生物学特性

（1）盐度对精子活性的影响

不同盐度梯度的人工海水以 Backhaus 等的配方为基础，经调整 NaCl 的含量配制而成。盐度范围为 5~60，共 12 个梯度。用不同浓度的人工海水激活精子并镜检其活力，日本黄姑鱼精子的激活与盐度有关，随盐度的增加，精子的活力先上升后下降（图 4-69）。当盐度低于 5 和高于 60 时，精子不能被激活。盐度在 5~30 的范围内，精子的活力随盐度的增加逐渐上升，其中盐度 30 时，精子的活力最高，平均可达到 90%；此后随着盐度的继续增加，精子的活力逐渐下降，当盐度增加至 55 时，精子的平均活力下降到 30%。

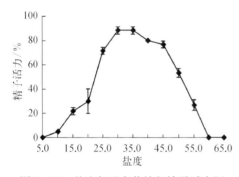

图 4-69　盐度与日本黄姑鱼精子活力间
　　　　　 的关系

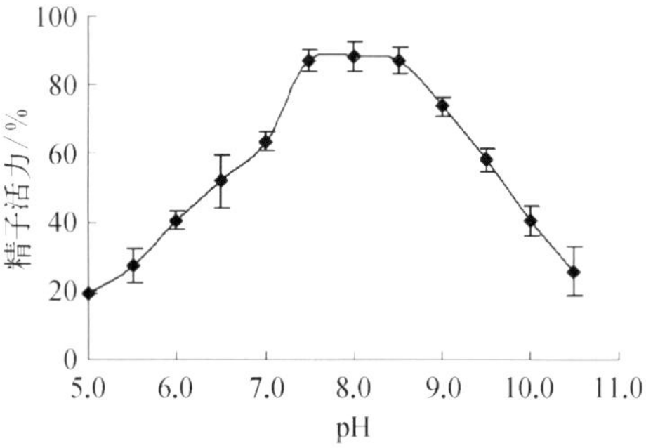

图 4-70　pH 与日本黄姑鱼精子活力间的
　　　　　 关系

（2）pH 对精子活性的影响

不同 pH 海水用浓度为 1 mol/L 的 NaOH 溶液和 1 mol/L HCl 的溶液调节盐度 31 人工海水获得。pH 范围为 4.5~10.0，共 12 个梯度。用不同 pH 的溶液分别激活精子，观察精子活力情况。日本黄姑鱼精子在较广的酸碱度范围中（pH 5.0~10.5）都可以存活，精子活力随着 pH 的升高先上升后下降（图 4-70）。在 pH 5.0~7.5 的范围内，精子的活力随 pH 的增加逐渐升高，pH 5.0 时精子的平均活力为 20%；在 pH 7.5~8.5 范围内，精子的活力最高，平均达到 90%，此后随着 pH 的继续增加，精子的活力逐渐下降，当 pH 增加至 10.5 时，精子的平均活力仍可达到 25.67%。

（3）保存温度对精子活力和存活时间的影响

将黄姑鱼精子分别放置在室温（25℃）和低温（4℃）下，每隔一段时间取出精子,用盐度 31 的海水激活,观察精子活力和存活时间。从图 4-71 可以看出,在室温状态下 0~4 h 内精子活力变化不大,但从 4 h 以后精子活力下降速度很快(以保存时间每延长 4 h 精子活力下降 10% 递减);在 16~20 h 精子活力有一个明显快速下降过程(精子活力从 40% 下降到 3%),24 h 时精子完全失去活力。而在低温状态下,精子活力也随着时间的延长而逐渐降低,但活力下降速度明显比室温下慢,低温状态下活力的快速下降过程发生在 32~36 h 之间,36 h 时精子完全没有活力。

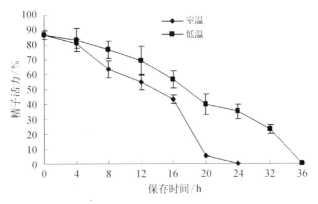

图 4-71　不同保存温度下日本黄姑鱼精子活力与时间的关系

在室温与低温状态下,精子存活时间随着保存时间的延长都逐渐缩短(图 4-72)。在相同的保存时间内,低温下精子的平均存活时间都高于室温状态下的存活时间。前 8 h 内,室温状态和低温状态下精子的存活时间相差不大,8 h 后,室温状态下精子存活时间下降的速度明显快于低温状态下的精子。

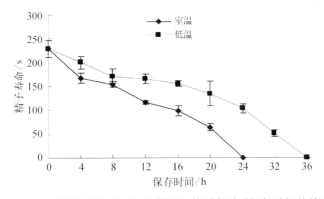

图 4-72　不同保存温度下日本黄姑鱼精子存活时间与时间的关系

（4）相关问题探讨

在鱼类的繁殖中精子的质量至关重要。除了精子本身的成熟度外,精子的活力是决定精子受精能力的主要因素,也是判断精子质量的重要指标之一（林丹军等,2006）。精子离体后,被其所处的水环境所激活,其中影响较大的环境因子有盐度和 pH。日本黄姑鱼精子在盐度为 5 到 60 的海水中均有活力,当海水盐度范围为 30~35,精子活力最好。日本黄姑鱼精子对 pH 也具有较强的适应性,在 pH 6.0~10.0 的海水中,精子的活力都较好,最适宜的 pH 范围为7.5~8.5。这与检测到的日本黄姑鱼生活环境中的盐度（31）、pH（7.5）非常相近。从中可以看出,日本黄姑鱼精子的生理特性与其生活环境是相适应的。

温度对精子的作用主要通过低温使精子消耗的 ATP 减少而延长精子运动时间（Billard et al., 1992）。日本黄姑鱼精子的短期保存试验也表明,低温下精子能保存较长的时间。日本黄姑鱼精子激活后,在适宜的盐度和 pH 范围内,精子存活时间可达（229.33±17.16）s（25℃）。与大黄鱼 22 min（林丹军等,2006）、文昌鱼 21 min（方永强等,1990）、斜带石斑鱼 27 min（赵会宏等,2003）等海水鱼类相比,日本黄姑鱼精子的存活时间相对较短,具体原因还需要进一步研究。

4.11.2 精子超低温冷冻保存

（1）精子稀释液配方和抗冻剂

精子冷冻保护液由稀释液和抗冻剂组成,稀释液以 NaCl、NaHCO$_3$、KCl 为主添加其他成分（表 4-28）。抗冻剂有 DMSO、MeOH、EG、Gly、PG。精子冷冻保护液在实验前配制,存于冰箱中（4℃）中备用。

表 4-28　日本黄姑鱼精子超低温冷冻保护液组成

配方编号	化 学 成 分	pH
A	NaCl、NaH$_2$PO$_4$、KCl	7.5
B	NaCl、NaH$_2$PO$_4$、NaHCO$_3$、KCl、CaCl$_2$、MgCl$_2$、Glucose	7.5
C	NaCl、KHCO$_3$、CaCl$_2$、MgSO$_4$、Glucose	7.7
D	NaCl、NaHCO$_3$、KCl、CaCl$_2$、MgCl$_2$	8.1
E	NaCl、NaHCO$_3$、KCl、CaCl$_2$、MgCl$_2$	8.5
F	NaCl、NaHCO$_3$、KCl、CaCl$_2$、MgCl$_2$	8.5

（2）稀释液与解冻后精子活力间的关系

以 DMSO 为抗冻剂，以 A+20%DMSO、B+20%DMSO、D+20%DMSO 作为冷冻保护液对日本黄姑鱼精子进行超低温冷冻保存，用 0.2 mL 的塑料离心管保存精子。在每管中加入 1:1 的精液并迅速混匀，将装有混合液的离心管置于液氮面上−20℃ 处平衡 1 min 后迅速投入液氮中保存。冻精的解冻采用水浴（38~40℃）快速解冻法。解冻后，用砂滤海水（pH 为 7.50，盐度为 31）激活精子，在显微镜下观察精子活力。解冻后精子的活力分别为（35±5）%、（35±5）% 和（33±7.64）%；而当以 EG 为抗冻剂，以 D+20%EG 为冷冻保护液时，解冻后精子的活力可以提高到（46.67±5.78）%，比以 D+20%DMSO 保存精子活力提高 13%（图 4−73）。

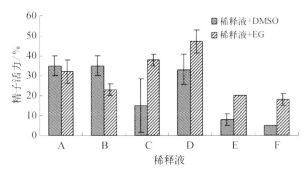

图 4−73　不同种类稀释液对日本黄姑鱼精子活力的影响

（3）抗冻剂与解冻后精子活力间的关系

以 D 液为稀释液，加入不同的抗冻剂 DMSO、MeOH、EG、Gly、PG 组成冷冻保护液保存日本黄姑鱼精子，样品经液氮保存 24 h 后解冻，结果见图 4−74。

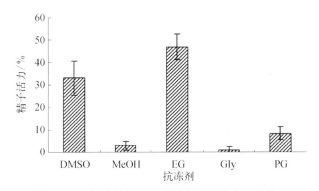

图 4−74　抗冻剂与日本黄姑鱼精子活力间的关系

以 EG 和 DMSO 作为抗冻剂时,解冻后精子活力远比以 MeOH、Gly 和 PG 作为抗冻剂时高。EG 抗冻保护效果好于 DMSO。

（4）乙二醇浓度与解冻后精子活力间关系

解冻后精子的活力与冷冻保护液中 EG 的浓度有关(图 4 - 75)。当 EG 浓度低于 5% 的时候,解冻后精子没有活力;EG 浓度在 5%~20% 的范围内,解冻后精子活力随 EG 浓度的增加逐渐上升,EG 浓度达到 20% 时,解冻后精子的活力最高,为(46.67±5.78)%。当浓度超过 20% 时,解冻后精子的活力随着 EG 浓度的升高逐渐下降,EG 浓度超过 35% 时,解冻后的精子完全失去活力。

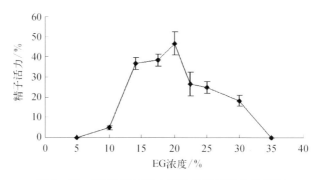

图 4 - 75　EG 浓度与日本黄姑鱼精子活力的关系

（5）相关问题探讨

A、B、C、D 4 种稀释液的差别在于其中 K^+ 的浓度,分别为 0.08%、0.04%、0.16%、0.24%。只有 K^+ 浓度达到 0.24% 时,冻后的精子活力较好。这说明稀释液中 K^+ 能起到抑制精子活力的作用,这与 Tanimoto 等(1988)报道的 K^+ 能抑制鲑鳟鱼类精子的活动是一致的。Scheuring(1925)首次观察到虹鳟精子在高浓度的 K^+ 离子溶液中活力被抑制,Benau 等(1980)发现通过稀释或透析方法降低精浆中的 K^+ 浓度可以使大麻哈鱼精子激活,Billard 等(1995)也发现稀释液中 K^+ 浓度大于精浆中的 K^+ 浓度可以抑制大麻哈鱼精子活力,但是等渗的 NaCl 却可以激活精子。由此可见,稀释液中添加高浓度的 K^+ 可以达到抑制精子新陈代谢,提高冻后精子活力的目的。

抗冻剂的浓度与冻后精子的活力也密切相关,研究表明 20% 的 Gly 作为大黄鱼精子超低温冷冻保存的抗冻剂比使用 10% 的 DMSO 效果好,解冻后精子的成活率高(林丹军等,2006)。太平洋鲱、太平洋鳕(*Gadus macrocephalus*)和黑鲷分别使用 12.5%、33.8% 和 17.0% 的 Gly 作为抗冻剂(Gwo et al.,1991),虹鳟以 10% 的 DMSO 作抗冻剂(Baynes et al.,1987)。以上研究表明不同鱼类的精子,在抗冻剂的种类和浓度选择上各不相同,即使同为海水或者同为淡水鱼类,不同种鱼的精子,其抗冻剂种类和浓度也不尽相同。对日本黄姑鱼精子的研究表明,冻后精子的活力与 EG 的浓度密切相关,只有当 EG 的浓度为 20% 时,冻后精子才能获得最大的活力。

4.11.3　超低温冷冻对精子活性的影响

(1)超低温冷冻对精子酶活性的影响

将鲜精和冻精样本分别在 3 000 r/min、4℃ 条件下离心 15 min,分别吸取精浆待检;向余下的精子中加入 0.9% 的生理盐水洗涤,混匀,同样条件下离心,重复洗涤 2 次,最后加入与吸取精浆等量的生理盐水,混匀,置于 −20℃ 冷冻保存至少 3 h。临检测前取出,待其自然融化后,将融化后的样品在 3 000 r/min、4℃ 条件下离心 15 min,取上清液用于精子中酶活性检测。总 ATP 酶、CK、SDH、LDH、SOD、CAT 和 GSH−Px 均采用相应的试剂盒检测,结果如图 4−76 所示。经过超低温冷冻保存后,日本黄姑鱼精浆中总 ATP 酶、CK、SDH、LDH、SOD、CAT 和 GSH−Px 的活性都显著升高,精子中酶活性则显著降低。相反地,经过超低温冷冻后,日本黄姑鱼精浆中 GR 的活性显著下降,而精子中酶活性则显著升高。

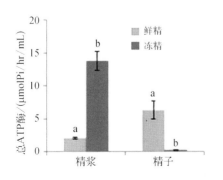
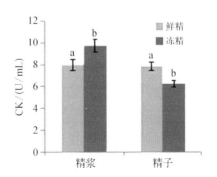

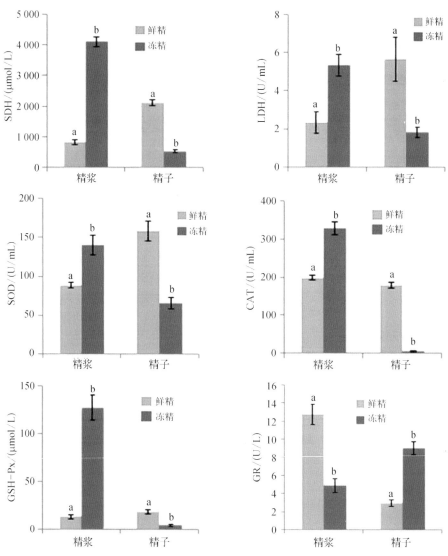

图 4-76　超低温冷冻对精浆和日本黄姑鱼精子酶活性的影响

图中不同字母表示差异显著($P<0.05$)

（2）超低温冷冻对精子运动性能的影响

在室温下，将 5 μL 稀释后的鲜精和冻精（1∶100）与 45 μL 过滤海水在干净载玻片上充分混匀。在混匀后 0 min 和 5 min 参照 Linhart 等（1999）的方法用 CASA 系统记录精子运动轨迹和速度等参数。即通过安装显微镜（BX51,200×）并与计算机连接的高敏感的数码摄像机（CCD,DP71）进行记录，每次曝光时间

为 20 ms,连续自动曝光 30 次。精子运动的轨迹用配套的自动分析软件
(Image‐Pro Plus 5.1)进行分析。目标精子头部的运动轨迹呈现在计算机的显
示屏上,并以平面图形记录于软件中。所有数据以 Excel 文件输出、处理,并计
算出精子运动的百分数、速度和距离。对于每个样本,分析 50~100 个精子,研
究结果见表 4‐29。在激活 0 min 时,超低温冷冻后的精子活性降低了 15%,但
活动的这些精子中其活性和鲜精保持一致。激活 5 min 后,鲜精的活性下降了
20.4%,同时,鲜精和冻精的直线运动速度、直线性都有所下降,且鲜精和冻精
间有显著差异。

表 4‐29　日本黄姑鱼鲜精和冻精在激活 0 min 和 5 min 后的运动性能

精 子 种 类	鲜 精	冻 精
精子活力(%)		
0 min	89.3 ± 3.5^{a}	55.6 ± 4.8^{b}
5 min	80.2 ± 4.6^{a}	46.8 ± 6.3^{b}
曲线运动速度(μm/s)		
0 min	372.5 ± 24.6^{a}	215.7 ± 18.3^{b}
5 min	283.8 ± 19.7^{a}	128.2 ± 12.6^{b}
直线运动速度(μm/s)		
0 min	184.2 ± 20.8^{a}	105.7 ± 16.2^{b}
5 min	125.3 ± 19.5^{a}	63.8 ± 13.4^{b}
直线性(%)		
0 min	56.4 ± 17.8^{a}	30.8 ± 9.2^{b}
5 min	32.6 ± 12.1^{a}	11.9 ± 7.2^{b}

注:同种类同列中不同字母表示差异显著($P<0.05$)。

(3)相关问题探讨

经过超低温冷冻后,日本黄姑鱼精浆中总 ATP 酶、LDH、SDH 和 CK 的活性
都显著升高,精子中的活性则显著降低。这表明超低温冷冻可能对精子细胞膜
和线粒体造成损伤,精子中的酶向精浆中溢出,导致精浆中酶活性升高而精子
中酶活性降低。Babiak 等(2001)报道经过超低温冷冻后,虹鳟精子中 ATP 酶
活性显著下降。Chen 等(2004)研究表明,家蚕精子经过超低温冷冻后,精浆中
LDH 的活性显著升高,精子中的酶活性则显著下降。Afromeev 等(1999)报道虹
鳟精子经过超低温冷冻后,LDH 和 CK 的酶活性都显著下降,这些结果都与日
本黄姑鱼精子研究结果相似。

经过超低温冷冻后,精浆中 SOD、CAT 和 GSH‐Px 的活性都显著升高,精

子中酶的活性则显著下降。Sreejith 等（2006）研究报道，牛精子经过超低温冷冻后 SOD 活性显著下降，这日本黄姑鱼精子结果相似。经过超低温冷冻后，精浆中 GR 活性显著升高，精子活性则显著下降，这与以上几种酶活性的变化规律完全相反。

黄晓荣等（2008，2009）研究报道，经过超低温冷冻后，日本鳗鲡和长鳍篮子鱼精子中 GR 均显著上升。一些植物如西红柿和土豆经过冷刺激后，GR 的活性也显著升高（Lenzi et al.，2002）。因此一些学者认为，GR 可能与抗寒性能有一定相关性，其具体机制还有待进一步研究。

运动性能是评价精子质量的重要指标（Horton et al.，1976）。超低温冷冻导致湖鲥精子活性下降，但对其他运动参数无显著影响（Ciereszko et al.，1996）。用 12%~21%DMSO 保存真鲷精子，激活 10 s 后精子的活性和游泳速度都无显著改变，但激活 30 s 后冻精的总活性显著低于鲜精（Qing et al.，2007）。胡子鲇精子在 4℃ 保存 2 d 和在 −196℃ 保存 10 h 后，精子活性、VSL 和 VCL 都显著低于鲜精。经过超低温冷冻后，日本黄姑鱼冻精的运动性能与鲜精有显著差异，表明超低温冷冻对精子产生了影响，不同鱼类的精子对超低温的耐受性也不尽相同。

4.12　瓦氏黄颡鱼

瓦氏黄颡鱼（*Pelteobagrus vachelli*）又名江黄颡鱼、硬角黄腊丁，属鲇形目（Siluriformes），鲿科（Bagridae），广泛分布于长江干流及附属水体。瓦氏黄颡鱼属底栖鱼类，喜栖于江河缓流或静水湖泊中，尤以江河为多。其繁殖季节为 5~6 月，最大个体体重可达 1 kg 左右，体长 36 cm，主要摄食昆虫幼虫及小虾。

瓦氏黄颡鱼为中小型鱼类，分布较广，天然产量较大，为长江中下游优质淡水鱼类之一。目前天然资源量已呈下降趋势，有一定规模的人工养殖。

4.12.1　精子生物学特性

（1）盐度与精子活力的关系

以 Motisawa 等（赵会宏等，2003）的配方为基础，调整 NaCl 的浓度范围，配制成不同盐度梯度的盐水,盐度范围为 5.8~8.0。分别用不同盐度的 NaCl 激活精子,结果如图 4-77 所示。当盐度大于 6.8 时,瓦氏黄颡鱼精子活力明显受到抑制;随着盐度的降低,精子活力逐渐升高。当盐度为 5.8 时,精子活力最高,可达 90% 以上;盐度 6.8 为抑制精子活力的最低盐度。

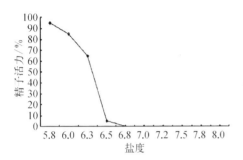

图 4-77　盐度与瓦氏黄颡鱼精子活力间
　　　　的关系(引自汪亚媛等,2014)

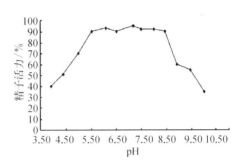

图 4-78　pH 与瓦氏黄颡鱼精子活力间
　　　　的关系(引自汪亚媛等,2014)

（2）pH 与精子活力的关系

不同 pH 的生理盐水(盐度为 6.0)用 1 mol/L 的 NaOH 溶液和 1 mol/L 的 HCl 溶液调节,pH 范围为 3.93~10.01,共 13 个梯度。用不同 pH 溶液激活精子后,结果如图 4-78 所示。精子对 pH 的适应范围较广,在 pH 为 3.93~10.01 的盐水中都有一定的活力,精子快速运动时间和存活时间都较长;当盐水的 pH 为 5.53~8.44 时,精子活力都在 90% 以上,此时精子快速运动时间和存活时间达到 3 min 和 4 min。由此可知,瓦氏黄颡鱼精子适宜的 pH 范围为 5.53~8.44,精子在偏酸性和高碱性的环境中活力较差,在中性和弱碱性的环境中活力较好。

（3）相关问题探讨

精子离体后处于水环境中,其中影响的主要因子是盐度和 pH。瓦氏黄颡鱼精子在盐度为 5.8~6.8 的盐水里均有活力,当盐度为 5.8 时,精子活力最好,精子快速运动时间和存活时间都较长,分别为 4 min 和 5 min。瓦氏黄颡鱼精子对 pH 也具有较强的适应性,在 5.53~8.44 的生理盐水中,精子的活力达 90% 以上,精子快速运动时间和存活时间都较长,达到 3 min 和 4 min。研究结果表明,瓦氏黄颡鱼精子的生理特性与它生活在淡水的环境是相适应的。

4.12.2　精子超低温冷冻保存

（1）精子冷冻保护液的制备

冷冻保护液由稀释液和抗冻剂两部分组成，采用 4 种精子稀释基础液配方
（表 4 - 30）和 2 种抗冻剂进行组合，配制精子冷冻保护液。

表 4 - 30　4 种精子稀释基础液配方（引自汪亚媛等，2014）

试　剂	A 液	B 液	C 液	D 液
NaCl/（g/L）	7.8	7.5	7.0	5.85
KCl/（g/L）	0.2	0.2	1.0	3.727
CaCl$_2$/（g/L）	0.21	0.16	—	—
NaHCO$_3$/（g/L）	0.021	0.2	—	—
MgSO$_4$/（g/L）	—	—	—	2.464 7
C$_6$H$_{12}$O$_6$/（g/L）	—	—	15	—
KHCO$_3$/（g/L）	—	—	—	2
pH	7.53	8.33	6.5	7.3

（2）不同配方精子冷冻保护液的保存效果

不同配方精子冷冻保护液保存瓦氏黄颡鱼精子效果见表 4 - 31。由表可
见，用不同浓度梯度的 MeOH 和 DMSO 作为抗冻剂保存瓦氏黄颡鱼精子，解冻
后精子活力差异显著，其中以 A 液作为稀释液、10% MeOH 作为抗冻剂获得最
好的活力，解冻后精子活力为（74.7±1.2）%；以 C 液作为稀释液、12% 的
DMSO 作为抗冻剂冻后精子活力最差，解冻后精子活力为（4.3±0.3）%。不
论以何种溶液作为稀释液，DMSO 作为抗冻剂保存瓦氏黄颡鱼精子的效果与
MeOH 之间存在显著差异，即 DMSO 保存效果差，不适宜作为瓦氏黄颡鱼精子
保存的抗冻剂。

表 4 - 31　不同配方精子冷冻保护液保存效果（引自汪亚媛等，2014）

冷冻保护液	MeOH			DMSO		
	8	10	12	8	10	12
A	60.3±3.3	81.7±0.9	74.7±1.2	8.0±0.0	5.0±0.0	4.7±0.7
B	71.3±2.3	66.0±2.0	50.0±1.2	5.7±0.7	10.1±1.2	11.0±1.5
C	32.3±0.3	27.3±2.3	47.3±3.2	6.3±0.9	5.0±0.0	4.3±0.3
D	43.7±0.7	14.3±0.7	12.3±1.5	5.7±2.0	4.3±0.7	5.0±0.0

注：数据表示为平均值±标准误，表中同列上标字母相同表示差异不显著（$P>0.05$），不同字母表示
差异显著（$P<0.05$）。

（3）人工授精结果

用新鲜精液和经过超低温保存后的精液进行人工授精对比实验，在胚胎发育至原肠中期时计算受精卵数，结果见图 4-79。在最佳保存条件下（以 A 液作为稀释液、10%MeOH 作为抗冻剂）短期保存瓦氏黄颡鱼精液，用于人工繁殖时其效果与新鲜精液的效果无显著差异（$P>0.05$），此时新鲜精液与解冻后的精液的受精率分别为（91±0.8）% 和（88.4±2.1）%，孵化率分别为（82±1.6）% 和（74±0.8）%。

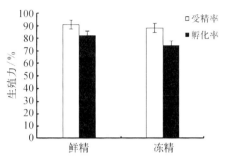

图 4-79　冷冻保存精液与鲜精受精率和孵化率比较（引自汪亚媛等，2014）

（4）相关问题探讨

超低温冷冻保存技术广泛应用于鱼类精子的保存研究中，主要是利用超低温（-196℃）能抑制精子细胞能量的消耗（Pan et al.，2008；廖馨等，2006；Schulz et al.，2002）和精子内相关酶活性的变化（黄晓荣等，2008，2012），从而达到长期保存的目的。在冷冻处理过程中，精子细胞胞内及细胞间极易产生冰晶而损伤精子的膜结构，引起细胞膜、细胞核膜等膜结构破裂，线粒体移位或丢失、细胞和偏离等功能性损坏（于海涛等，2007），因此在精液中添加精子冷冻保存剂可以尽可能减少精子的物理损伤。在研究鱼类精子的冷冻保存中发现冷冻保护剂的选择具有物种特异性，个体间还存在显著差异。DMSO、MeOH、EG、Gly、PG 等是目前常用的抗冻剂，但同时有些抗冻剂对精子细胞具有毒性，如 DMSO（陈松林等，1987）。从筛选的研究结果看出，用稀释液 A 液和浓度 10%MeOH 组合的冷冻保护液保存瓦氏黄颡鱼精子，解冻后精子活力最好，达到（81.7±0.9）%。同时发现，不论以何种溶液作为稀释液，以 DMSO 作为冷冻保护液解冻后精子活力明显低于 MeOH，均在 11% 以下，说明 DMSO 不适宜作为瓦氏黄颡鱼精子超低温冷冻保存的抗冻剂。

利用稀释液 A 液和浓度 10%MeOH 作为冷冻保护液，解冻后精子活力为（81.7±0.9）%，受精率为（88.4±2.1）%、孵化率为（74±0.8）%，与鲜精活力 95%、受精率（91.0±0.8）%、孵化率（82.0±1.6）% 无显著差异，表明采用此配方可以作为瓦氏黄颡鱼精子超低温冷冻保存的最佳选择，可为该属鱼类种质保存提供参考依据。

4.13　黄颡鱼

黄颡鱼(*Pelteobagrus fulvidraco*,图4-80)又名央丝、黄腊丁,属鲇形目(Siluriformes),鲿科(Bagridae),是一种广布性鱼类,在长江干、支流和河口区及附属水体均有分布。黄颡鱼生活于江河、湖泊静水和缓流水体底层,昼伏夜出,对环境适应力强,耐低溶氧。其繁殖期为5月中旬至7月中旬,夜间产卵,常见个体100 g左右,一般雄鱼大于雌鱼,最大个体体重可达500~750 g,体长30 cm,杂食性鱼类,主要摄食底栖动物。

黄颡鱼为常见小型鱼类,在江河、湖泊中产量较大,为淡水养殖鱼类之一。

图4-80　黄颡鱼

4.13.1　精子生物学特性

黄颡鱼的精子由头部、中段和鞭毛(尾部)三部分组成。精子头部主要结构是细胞核,细胞核前端没有顶体,后端有植入窝,植入窝呈井状,从核后端往核前端陷入核中央。细胞核中染色质呈颗粒状,细胞核中可见核泡(尤永隆等,1996)。精子中段位于细胞核的后端,中段的主要结构是中心粒复合体和袖套。中心粒复合体位于植入窝中,它由三个结构组成:近端中心粒、基体(远端中心粒)和中心粒间体。近端中心粒由9组三联微管组成,基体由外周的9组三联微管和中央腔中的2条微管构成,中心粒间体介于近端中心粒和基体之间,将两者隔开。袖套接在细胞核的后端,呈圆筒状,袖套腔中分布着线粒体,还有少量囊泡。黄颡鱼精子鞭毛细长,其起始端位于袖套腔中,鞭毛的中央结构是轴丝,轴丝具有典型的"9+2"型微管结构,鞭毛上有 2 排侧鳍,侧鳍呈波纹状。

4.13.2　精子超低温冷冻保存

（1）不同稀释液与抗冻剂对精子冷冻保存的影响

采用 3 种稀释液、6 种抗冻剂的 2 种浓度,配制成 36 种不同的冷冻保护液,这些冷冻保护液对黄颡鱼精子冷冻保存的影响结果见表 4 - 32。

表 4 - 32　抗冻剂与稀释液组合对黄颡鱼冻精活力的影响(引自夏良萍等,2013)

抗冻剂种类	抗冻剂浓度/%	稀 释 液	精子活力/%
MeOH	5	D - 17	21.43±5.56
	5	HBSS	27.15±4.88
	5	CCSE2	36.43±2.44
	10	D - 17	26.43±3.78
	10	HBSS	31.43±3.78
	10	CCSE2	42.86±2.67
Gly	5	D - 17	1.00±0.00
	5	HBSS	2.14±1.95
	5	CCSE2	15.71±5.35
	10	D - 17	1.57±1.51
	10	HBSS	2.71±2.14
	10	CCSE2	12.86±2.67
DMSO	5	D - 17	15.00±7.07
	5	HBSS	26.43±3.78
	5	CCSE2	27.86±6.36
	10	D - 17	16.43±7.48
	10	HBSS	28.57±3.78
	10	CCSE2	31.43±6.27
EG	5	D - 17	13.57±6.27
	5	HBSS	17.86±4.88
	5	CCSE2	20.71±9.76
	10	D - 17	20.00±4.08
	10	HBSS	22.14±4.88
	10	CCSE2	29.29±6.07
PG	5	D - 17	12.14±8.09
	5	HBSS	16.43±5.56

抗冻剂种类	抗冻剂浓度/%	稀 释 液	精子活力/%
	5	CCSE2	17.14±7.56
	10	D-17	17.86±8.59
	10	HBSS	22.14±5.67
	10	CCSE2	23.57±8.02
EM（乙二醇甲醚）	5	D-17	15.71±4.50
	5	HBSS	15.71±6.07
	5	CCSE2	29.29±6.73
	10	D-17	15.71±5.35
	10	HBSS	15.71±7.87
	10	CCSE2	35.71±6.73

当 MeOH 为 10%时,冻精的活力达到最高;当 CCSE2 作为稀释液时,冻精的活力较好。10%MeOH－CCSE2 组合时,冻精活力达到最高。利用该最佳组合,进一步比较了 7 种 MeOH 不同浓度对黄颡鱼精子冷冻的影响,结果见图 4－81。当 MeOH 浓度在 5% ~ 7.5%时,冻精活力较低;当 MeOH 浓度在 10% ~ 12.5%时,冻精活力最高;此后随着 MeOH 浓度的升高,冻精活力逐渐下降。

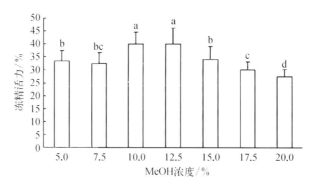

图 4－81　不同浓度 MeOH 对黄颡鱼精子冻精活力的
影响（引自夏良萍等,2013）

图中不同字母表示差异显著（$P<0.05$）

（2）平衡时间对精子冷冻保存的影响

4℃下不同平衡时间对黄颡鱼解冻后精子活力的影响结果见图 4－82。在 0~ 30 min 内随平衡时间的增加,冻精活力逐渐增强,当平衡时间为 30 min 时,冻精活力达到最高,为 46.67%。此后随着平衡时间的增加,冻精的活力逐渐减弱。

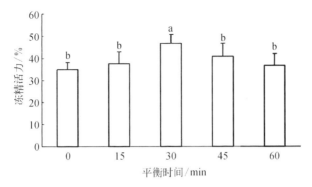

图 4 - 82　平衡时间对黄颡鱼冻精活力的影响(引自夏良萍等,2013)

图中不同字母表示差异显著($P<0.05$)

（3）熏蒸高度对精子冷冻保存的影响

熏蒸高度对黄颡鱼精子冷冻保存的影响结果如图 4 - 83 所示。10%MeOH 的冻精活力比 10%EM 高;当熏蒸高度为 7 cm 时,2 种抗冻剂的冻精活力都达到最高,分别为 44.17% 和 36.67%。

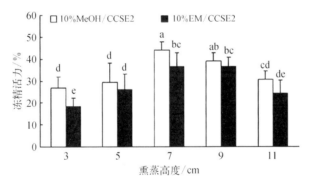

图 4 - 83　熏蒸高度对黄颡鱼冻精活力的影响(引自夏良萍等,2013)

图中不同字母表示差异显著($P<0.05$)

（4）稀释液 pH 对精子冷冻保存的影响

稀释液 CCSE2 不同 pH 对黄颡鱼精子冷冻保存的影响结果见图 4 - 84。在 pH 为 5.0 时,冻精活力最弱,为 23%;在 pH 为 6.0 和 7.0 时,冻精活力较强,分别为 45% 和 47%;当 pH 为 8 时,冻精活力降至 40% 左右。

（5）糖类对精子冷冻保存的影响

不同糖类对黄颡鱼精子冷冻保存的影响结果如图 4 - 85 所示。2 种浓度的

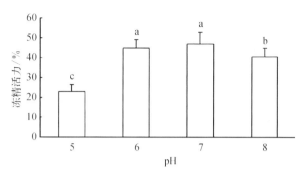

图 4 - 84　不同 pH 对黄颡鱼冻精活力的影响(引自夏良萍等,2013)

图中不同字母表示差异显著(*P*<0.05)

稀释液中以 0.1 mol/L 保存精子效果较好,5 种糖类中添加麦芽糖的冻精活力较好,在 0.1 mol/L 的浓度中冻精活力最高,可达 50%以上。

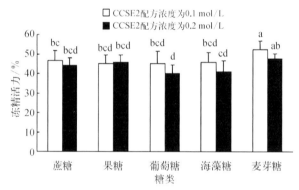

图 4 - 85　糖类对黄颡鱼冻精活力的影响(引自夏良萍等,2013)

图中不同字母表示差异显著(*P*<0.05)

(6) 相关问题探讨

精子在冷冻前必须先稀释于冷冻保护液中,保护液的适合与否直接影响到保存结果。黄颡鱼精子保存中选择了最常用的 3 种稀释液 D - 17、HBSS、CCSE2,这 3 种稀释液成分简单,都由无机盐和糖类组成,但渗透压不同。D - 17 的渗透压为 397 mOsm/kg,属于高渗透压(陈松林,2007),HBSS 渗透压为 320 mOsm/kg,属于等渗(Huang et al. , 2009),CCSE2 的渗透压为 325 mOsm/kg (Irawan et al. , 2010)。高渗的 D - 17 成功冷冻保存了鲤等多种淡水鱼类精子,接近等渗的 HBSS 已经成功保存了黑玛丽(*Mollienesia latipinna*)(Huang et al. , 2009)、绿色剑尾鱼(*Xiphophorus hellerii*)(Huang et al. , 2004)等多种淡水鱼类,有广泛的适用性。对黄颡鱼精子冷冻保存的结果表明,略低渗的 CCSE2 效果最佳。

不同种类的鱼精子的生理特性具有很大差异,确定适宜的抗冻剂种类和浓度非常重要。DMSO 因其高渗透性和易与精子膜上磷脂层发生相互作用而被广泛应用于多种鱼类精子冷冻(采克俊等,2012)。用 10%MeOH 作为抗冻剂冷冻保存黄颡鱼精子效果最佳,EM 的效果仅次于 MeOH。冷冻前,为了让渗透性抗冻剂渗入精子内起到保护作用,一般需在 4℃平衡一段时间。低温有利于减轻抗冻剂对精子的毒性,也有利于精子对冷冻环境的适应,一般鱼类精子的平衡时间控制在 10~60 min(陈松林,2007)。30 min 为黄颡鱼精子的最佳平衡时间,说明适当的平衡对精子冷冻非常重要。

慢速熏蒸慢速降温,有利于鱼类精子对低温的适应,能够在冻结前充分脱水,是目前鱼类精子冷冻的主要降温方式。如果降温速率太慢,精子会长时间处于高渗溶液中,导致细胞收缩,出现溶质损伤。筛选最佳降温速率对提高冷冻保存效果至关重要。在液氮面上 7 cm 高度处熏蒸降温,黄颡鱼冻精活力最高,表明液氮熏蒸慢速降温是鱼类精子冷冻保存的有效方法。

关于糖类对精子冷冻的报道较多,特别是 Tre 对精子有保护作用。在稀释液 CCSE2 配方的基础上,研究了 5 种糖类对黄颡鱼精子冷冻保存的影响,发现麦芽糖对冻精活力有较好的保护效果,而 Tre 对冻精无明显保护作用。这可能是不同糖类对精子冷冻的保护作用有物种差异。稀释液 CCSE2 的不同 pH 对黄颡鱼精子冷冻保存的结果表明,pH 为 6 和 7 时,冻精活力较好,其中 pH 为 7 时,冻精活力最高。

4.14　脊尾白虾

脊尾白虾(*Exopalaemon carinicauda*)属十足目(Decapoda),长臂虾科(Palaemonidae),为近岸广盐、广温、广布种,一般生活在近岸的浅海中。脊尾白虾为一种中型虾,体长 5~9 cm,对环境的适应性强,水温 2~35℃范围内均能成活,盐度 3~30 范围内均能适应,在咸淡水中生长最快。脊尾白虾在冬天低温时有钻洞冬眠的习性,喜好群居。食性杂而广,小鱼、小虾、豆饼、有机碎屑、颗粒饲料等都可以投喂。脊尾白虾繁殖能力很强,雌虾可以连续产卵,2 次以上繁殖后自然死亡。

脊尾白虾是我国近海重要经济虾类,尤以黄海和渤海产量较多,每年 4~10 月都可捕获,近年已开始进行人工养殖,也是海水养殖的主要品种。

4.14.1 精子生物学特性

脊尾白虾精子在盐度 20~25 范围内存活率较高,存活率接近 90%,盐度过高或过低都对精子存活率影响较大,盐度 40 时精子存活率最低。随保存时间的延长,精子的存活率逐渐下降(浦蕴惠,2013)。

脊尾白虾精子在 pH 为 8 时存活率最高,存活率最高可达 90% 左右,pH 为 5 时精子存活率最低,存活率最高约为 65%。随保存时间的延长,精子存活率逐渐下降,保存 4 d 后,pH 8 中精子存活率降至 40%,pH 5 中精子存活率降至最低,约为 10%(浦蕴惠,2013)。

4.14.2 精子超低温冷冻保存

(1) 不同稀释液对精子低温保存的影响

将雄性脊尾白虾解剖后,取出精巢置于研钵中,加入少量无 Ca^{2+} 人工海水,研磨后,用 200 目筛绢网过滤去除组织碎片,1 000 r/min 离心 5 min,取得白色精子沉淀于 4℃ 保存备用。采用 7 种稀释液制备成 10^6 个/mL 的精子悬浮液,稀释液的配方见表 4-33。

表 4-33 稀释液成分(引自浦蕴惠等,2013)

稀 释 液	化学成分及含量
I (Ringer's)	NaCl 7. 8 g,KCl 0. 2 g,CaCl$_2$ 0. 21 g,NaHCO$_3$ 0. 021 g
II	NaCl 7. 5 g,KCl 0. 2 g,CaCl$_2$ 0. 16 g,NaHCO$_3$ 0. 021 g
III	NaCl 8 g,KCl 1. 0 g,Glu 15 g
IV	NaCl 21. 63 g,NaOH 0. 19 g,KCl 1. 12 g,MgSO$_4$·7H$_2$O 4. 93 g,H$_3$BO$_3$ 0. 53 g
V	NaCl 25. 0 g,Na$_2$SO$_4$ 3. 9 g,KCl 0. 37 g,MgCl$_2$·6H$_2$O 10. 7 g,NaHCO$_3$ 0. 23 g
VI	NaCl 25. 0 g,KCl 0. 6 g,CaCl$_2$ 0. 25 g,MgCl$_2$ 0. 35 g,NaHCO$_3$ 0. 2 g
VII	NaCl 8. 7 g,KCl 7. 2 g,CaCl$_2$ 0. 23 g,MgCl$_2$ 0. 1 g,NaHCO$_3$ 1. 0 g,NaH$_2$PO$_4$ 0. 3 g,Glu 1 g

将精子悬浮液放置于 4℃ 保存,分别于 0 d、1 d、2 d、3 d、4 d 测定精子存活率

及顶体酶活力。分别从各实验组取 1 滴精子悬浮于干净载玻片上,涂片,用 2% 曙红 B 染色液(天然海水配制)染色 3～4 min,显微镜观察,死精子染成红色,活精子不着色或部分轻微着色,每次随机计数 200 个精子,分 4 个随机计数点,每个点约计 50 个精子,统计精子存活率。不同稀释液对低温保存后精子存活率的影响见表 4－34。

表 4－34　不同稀释液对低温保存的脊尾白虾精子存活率的影响(引自浦蕴惠等,2013)

组　别	存活率/%					
	初始	4℃平衡 30 min	冷冻 1 d	冷冻 2 d	冷冻 3 d	冷冻 4 d
I	93.18±0.46	89.63±0.62	82.85±0.18	80.53±1.17	73.69±0.60	71.50±0.57
II	93.18±0.46	82.11±1.12	67.77±0.86	63.98±0.84	56.61±0.73	53.70±1.00
III	93.18±0.46	87.74±0.70	68.76±0.42	64.77±0.80	61.60±0.68	55.88±0.69
IV	93.18±0.46	87.16±0.69	71.61±0.88	67.29±1.06	63.78±1.00	56.39±1.16
V	93.18±0.46	88.95±0.40	78.66±0.60	77.54±1.23	66.79±1.03	61.44±0.93
VI	93.18±0.46	88.42±0.69	76.83±0.39	75.31±0.57	64.08±0.11	59.05±1.03
VII	93.18±0.46	76.86±1.63	65.83±0.49	62.95±1.15	53.01±0.80	51.47±0.69

精子初始存活率为 93.18%,随着处理时间的延长,各组精子存活率均出现差异。4℃下保存 30 min 后,除稀释液 II 和稀释液 VII 外,其余稀释液精子存活率均在 85% 以上,其中稀释液 I 的存活率最高,达到 89.63%,稀释液 VII 最低,为 76.86%,1 d、2 d 后各组存活率持续下降,趋势大体相同,稀释液 I 均为最高,其次为稀释液 V、VI,稀释液 VII 最低。4 d 后稀释液 I 下存活率最高,达到 71.50%。从降幅来看,稀释液 I 最小,其次为稀释液 V、VI,稀释液 VII 降幅最大,高达 41.71%。

脊尾白虾精子顶体酶活性计算方法参考 Kennedy(1989),不同稀释液对低温保存后精子顶体酶活力的影响见图 4－86。随着处理时间的延长,低温保存后的精子顶体酶活力逐渐下降。4℃平衡 30 min 后,稀释液 I 保存下的精子顶体酶活力最高,其次为稀释液 V、VI,稀释液 VII 保存下精子的顶体酶

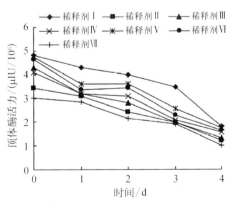

图 4－86　不同稀释液对脊尾白虾精子顶体酶活力的影响(引自浦蕴惠等,2013)

活力最低。低温保存 4 d 后,稀释液 I 保存下顶体酶活力最高,为 1.803 μIU/
10^6,对照组最低。

（2）不同稀释液对精子超低温冷冻保存存活率的影响

在上述 7 种稀释液中每组添加 10% DMSO 作为抗冻剂,对照组不添加抗冻
剂,以低温保存下最佳稀释液作为对照组的稀释液,分别于 0 d、1 d、2 d 测定精
子存活率及顶体酶活力。

如表 4－35 所示,精子初始存活率为 92.54%,随着处理时间的延长,各组
精子存活率出现差异。4℃ 平衡后,除对照组外,其余各组稀释液的精子存活率
均在 85% 以上,其中稀释液 I 的存活率最高,达到 90.23%,稀释液Ⅶ最低,为
86.53%,1 d 后各组存活率持续下降,稀释液 I 下的存活率仍为最高。2 d 后,
稀释液 I 下精子存活率最高,达到 83.50%,对照组最低,降至 55.66%。从降幅
来看,稀释液 I 最小,其次为稀释液Ⅵ和Ⅴ,稀释液Ⅶ降幅最大,达 18.63%。各
组的保存效果均比 4℃ 的保存效果好。

表 4－35　不同稀释液对脊尾白虾精子存活率的影响(引自浦蕴惠等,2013)

组　别	存活率/%				总降幅/%
	初　始	4℃ 平衡后	冷冻 1 d	冷冻 2 d	
对照组	92.54±0.53	83.23±4.38	73.45±2.92	55.66±3.20	36.88
I	92.54±0.53	90.23±1.39	87.52±1.62	83.50±1.08	9.04
Ⅱ	92.54±0.53	87.37±1.49	86.52±1.84	75.68±4.54	16.86
Ⅲ	92.54±0.53	87.61±2.76	85.07±1.55	76.74±2.51	15.80
Ⅳ	92.54±0.53	88.09±1.93	85.37±4.48	76.90±1.72	15.64
Ⅴ	92.54±0.53	89.16±2.60	83.05±4.86	77.13±2.98	15.41
Ⅵ	92.54±0.53	88.44±1.46	81.89±1.87	77.71±0.93	14.83
Ⅶ	92.54±0.53	86.53±1.35	79.40±2.65	73.91±1.69	18.63

不同稀释液对精子超低温保存顶体酶活力的影响见图 4－87。随着处理时
间的延长,精子的顶体酶活力逐渐下降。4℃ 平衡 30 min 后,稀释液 I 保存下的
精子顶体酶活力最高,为 3.76 μIU/10^6,其次为稀释液 Ⅴ、Ⅵ,除对照组外,稀释
液Ⅶ保存下的精子顶体酶活力最低。保存 2 d 后,稀释剂 I 保存下的活力仍然
最高,为 2.507 μIU/10^6,对照组最低,仅为 0.919 μIU/10^6。

（3）不同抗冻剂对精子超低温保存的影响

采用筛选出的最适稀释液,以 DMSO 和 Gly 作为抗冻剂,设置 10 个组合:

实验组 Ⅰ ~ Ⅳ 分别含 Gly (*V/V*) 5%、
10%、15%、20%；实验组 Ⅴ ~ Ⅷ 分别
含 DMSO (*V/V*) 5%、10%、15%、20%；
实验组 Ⅸ 分别含 DMSO 和 Gly 各
10%；实验组 Ⅹ 分别含 DMSO 和 Gly
各 20%。对照组不添加抗冻剂，各组
精子与冷冻保护液混合后放置于 4℃
冰箱平衡 30 min 后，然后将样品投入
液氮中保存。解冻时，从液氮罐中取
出样品后迅速放入 40℃ 水浴中解冻。

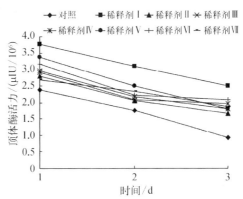

图 4 - 87　不同稀释液对脊尾白虾精子顶体酶
活力的影响 (引自浦蕴惠等, 2013)

不同抗冻剂对精子超低温保存后精子存活率的影响见表 4 - 36。

表 4 - 36　不同抗冻剂对脊尾白虾精子存活率的影响 (引自浦蕴惠等, 2013)

组　别	存活率/%				总降幅 /%
	初　始	平衡后	冷冻 1 d	冷冻 2 d	
对照组	92.36±0.72	83.14±0.87	54.10±0.44	42.84±0.63	49.52
Ⅰ	92.36±0.72	86.63±0.85	59.97±1.71	56.40±1.22	35.96
Ⅱ	92.36±0.72	86.29±1.17	78.01±1.41	73.84±0.61	18.52
Ⅲ	92.36±0.72	89.51±0.67	78.29±1.57	74.59±0.90	17.77
Ⅳ	92.36±0.72	85.78±2.05	74.71±1.63	71.08±1.19	21.28
Ⅴ	92.36±0.72	86.59±0.30	80.56±0.82	76.45±1.45	15.91
Ⅵ	92.36±0.72	87.93±0.68	81.18±2.93	77.81±0.66	14.55
Ⅶ	92.36±0.72	89.78±0.78	85.11±0.78	81.32±2.01	11.04
Ⅷ	92.36±0.72	87.49±1.59	77.81±1.22	71.42±0.79	20.94
Ⅸ	92.36±0.72	86.55±1.01	80.23±1.03	76.33±0.52	16.03
Ⅹ	92.36±0.72	83.49±0.43	62.23±1.39	57.97±2.18	34.39

　　精子初始存活率为 92.36%，平衡后各组精子的存活率均有不同幅度的下
降，对照组下降最明显。超低温保存 1 d 后，对照组存活率最低，实验组 Ⅶ 的精
子存活率最高，达到 85.11%。其次为实验组 Ⅵ 和实验组 Ⅴ。保存 2 d 后，精子
存活率明显下降，但仍以实验组 Ⅶ 的存活率最高，可达 81.32%，其次为实验组
Ⅵ 和实验组 Ⅴ，对照组仅为 42.84%。随着 Gly 体积分数的增加，精子存活率也
逐渐增加，但 Gly 浓度达到 20% 时，精子存活率却有所下降，同样随着 DMSO 的
体积分数从 5% 增加到 15%，存活率也随之升高，15% 时达到最高。10% Gly 和
10% DMSO 的实验组 Ⅹ 精子的存活率较其他实验组都低。

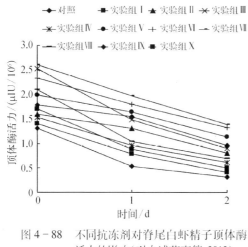

图 4-88 不同抗冻剂对脊尾白虾精子顶体酶活力的影响(引自浦蕴惠等,2013)

不同抗冻剂对超低温保存后精子顶体酶活力的影响结果见图 4-88。平衡 30 min 后,各组精子顶体酶活力出现了明显差异,实验组 Ⅶ 的顶体酶活力最高,其次是实验组 Ⅲ 和实验组 Ⅵ。1 d 后,各组精子顶体酶活力均下降,但仍以实验组 Ⅶ 的顶体酶活力最高,其次是实验组 Ⅵ 和实验组 Ⅴ,对照组精子顶体酶活力最低。2 d 后变化趋势与 1 d 后相同,实验组 Ⅶ 的顶体酶活力降为 $1.385\ \mu\mathrm{IU}/10^6$。

(4) 相关问题探讨

观察精子运动方式是评价无脊椎动物精子活力的方法。十足目甲壳动物精子没有鞭毛(席贻龙等,1997),精子不能运动,所以运动方式不能用于对其精子的评价。目前已有的精子活力评价方法有生物染色、低渗外吐实验、精卵相互作用、生化分析及精子顶体酶活力(Bhavanishankar et al.,1997;Wang et al.,1995;Anchordoguy et al.,1988)。采用生物染色和顶体酶活力两种方法来评价脊尾白虾精子体外保存的效果。生物染色法是依靠生物体的代谢作用,将色素迅速排到细胞外。采用 2% 曙红 B 染色液对脊尾白虾精子染色后,死精子染成红色,活精子不着色或部分轻微着色。精子顶体酶是精子顶体部特有的胰蛋白酶,在顶体反应、精子和卵子透明带的结合及穿透中起重要作用。采用顶体酶活力作为指标更能准确和更客观地评价精子的活力,但操作中成本较高。生物染色的成本低,但计数工作量大,主观性强。采用这两种方法分别评价了脊尾白虾精子的活性,结果表明运用这 2 种方法得出的结果大体相同,表明这 2 种方法均可适用于脊尾白虾精子活力的评价。

稀释的天然或人工海水已被广泛地用于十足目甲壳动物精子冷冻的研究中(Bray et al.,1998;柯亚夫等,1996)。根据脊尾白虾生物学特性筛选出 7 种稀释液,再根据预实验得出的适宜 pH 和渗透压修改而成。Na^+、K^+、Ca^{2+}、Mg^{2+} 是精浆的重要成分,也是构成精浆渗透压的主要离子,适量的 K^+ 有延长精子存活时间的作用(鲁大椿等,1992)。Ca^{2+}对精子活动的影响与K^+、Na^+和Glu完全不同,Ca^{2+}浓度过高会对精子活力产生抑制作用(苏德学等,2004)。

陈东华等(2007)研究发现稀释液Ⅴ是中华绒螯蟹精子短期体外保存的理想保护液。对脊尾白虾精子研究表明,7种稀释液中保存效果以Ringer's(稀释液Ⅰ)的效果最佳,其次为稀释液Ⅴ和Ⅵ,这3组稀释液中都含有NaCl、KCl、$NaHCO_3$这3种成分,但各组含量不同,这可能导致保存效果的差异性。稀释液Ⅶ的保存效果最差,可能是K^+的浓度过高,抑制了精子的活力。哺乳动物和鱼类精子保存的研究发现,适量添加Glu等糖类物质,能有效维持低水平的精子代谢,增强精子活力,延长精子的存活时间(苏德学等,2004)。添加了Glu的稀释液Ⅲ和Ⅶ的保存脊尾白虾精子效果并不理想,这可能是因为脊尾白虾为十足目甲壳动物,精子无鞭毛,不能运动,对Glu这类能源物质的需求不高。

Chow等(1985)研究发现,10%的甘油对罗氏沼虾精荚的冷冻保存效果最佳,解冻后能成功授精。陈松林等(1992)用6%的DMSO作为抗冻剂低温保存鲢、鳙等鲤科鱼类的精子时效果最佳。柯亚夫等(1996)采用含有10%DMSO和5%~10%Gly的冷冻保护液冷冻保存中国对虾(*Fenneropenaeus chinensis*)的精子,存活率在60%以上,解冻后人工授精,受精率达到59%。不同甲壳动物的抗冻剂是不一样的,DMSO和Gly是最常用的两种抗冻剂,章龙珍等(1994)研究发现DMSO对淡水鱼类精子渗透压有调节作用,DMSO能渗透到精子里面提高精子渗透压,精子渗透压随DMSO平衡时间和DMSO浓度增加而升高,渗透压升高后冰点降低,使得精子在结冰前得以快速通过危险温区(0~60℃)。陈松林等(1987)研究也发现DMSO是通过渗入到细胞内、提高胞内渗透压而起到抗冻保护作用。DMSO的保存效果优于Gly,虽然Gly的渗透力弱,能降低原生质冰点到-35℃。与Gly相比,DMSO渗透力强,亲水性好,能与电解质螯合从而降低细胞内电解质的浓度,进而使细胞内保持水分,使原生质冰点降低到-40℃,故保存效果优于Gly。随着DMSO、Gly体积分数的增加,保存效果也越来越好,保存效果最佳的是15%DMSO,但当体积分数达到20%时,保存效果下降,这可能是因为体积分数达到一定数值时,抗冻剂浓度过高产生了毒副作用。

4.15　青虾

青虾(*Macrobrachium nipponense*)又名河虾,日本沼虾,属十足目(Decapoda),

长臂虾科(Palaemonidae),是一种纯淡水虾,几乎在全国各地都有分布。青虾营底栖生活,喜欢栖息在水草丛生的缓流处,最适生长水温 18～30℃,水温下降到4℃进入越冬期。不耐低氧环境,耗氧率和窒息点比一般鱼类高,具有广盐性,可生活于淡水和低盐度河口水域。青虾繁殖季节在每年 4～8 月,当年即可达性成熟产卵,每尾亲虾每个繁殖季节可产卵 2～3 次,产卵多在夜间进行。青虾属杂食性动物,幼虾阶段以浮游生物为食,自然水域中的成虾主要食料是各种底栖小型无脊椎动物、丝状藻类、有机碎屑、植物碎片等,人工养殖则以商品饲料喂养为主。

青虾是我国淡水水域中分布广、食性杂、生长快、繁殖力强的经济虾类,以往多为野生,现已经成为我国著名的淡水养殖虾类。

4.15.1 精子生物学特性

青虾精子由单一棘突(spike)和主体部(main body)组成,缺少鞭毛,外形呈图钉样。精子全长 18～20 μm,主体部前端中央部分略向内凹,表面具有小孔和指状突起。精子的主体部由精核(sperm nucleus)、细胞质带(cytoplasmic band)、帽状体(cap-shaped body)组成(邱高峰等,1996)。精核为非浓缩型,核质疏松,核膜不完整。精核的结构较为特殊,可划分为泡状带和膜状带两个部分。青虾精子的细胞质趋于退化,主要集中在主体部基部的内面,不完全包围精核。细胞质的电子密度略低于精核,质地均一,未发现有任何细胞器结构。帽状体呈帽状,表面上具有约 20 根辐射状纤丝,纤丝上具横纹。精子棘突结构较简单,由许多纤丝和外包的细胞质膜组成,棘突内的纤丝上也具有横纹,棘突内未见微管、微丝等亚显微结构。棘突基部较粗,无顶体复合体和中心粒的构造。

4.15.2 精子超低温冷冻保存

(1) 冷冻保护液对精子活力影响

取成熟青虾双侧输精管于研钵中,加入稀释液,稀释液成分见表 4-37。在冰上研磨至输精管完全破裂,用筛网过滤后将输精管碎片去除,血球计数板计数精子浓度后用相应的稀释液稀释至 5×10^5 个/mL。

表 4-37 稀释液成分(引自廖馨等,2008)

稀 释 液	配 方
Ringer's	NaCl 7.8 g/L,KCl 0.2 g/L,CaCl$_2$ 0.21 g/L,NaHCO$_3$ 0.021 g/L
Kuro kura extender	NaCl 7.5 g/L,KCl 0.2 g/L,CaCl$_2$ 0.16 g/L,NaHCO$_3$ 0.02 g/L
D-20	NaCl 8.0 g/L,KCl 1.0 g/L,Glu 15 g/L

选取 8%DMSO、12.5%Gly 和 10%MeOH 作为抗冻剂,空白对照中直接加稀释液,不添加抗冻剂。将稀释的精液混匀后分装于 2 mL 的冻存管中,每管 200 μL,在冻存管中分别滴加等量的三种抗冻保护剂 16%DMSO、25%Gly 和 20%MeOH 至浓度为 8%DMSO、12.5%Gly 和 10%MeOH,边加边混匀,迅速将冻存管置于纱布袋中,先在 4℃平衡 30 min,然后在 -20℃平衡 15 min,最后在 -80℃平衡 15 min 后投入液氮中保存。分别于第 1 天、第 7 天、第 14 天、第 28 天取出不同条件下的冷冻精子,在液氮面上静置 5 min 后,将冻存管浸入 55℃水浴中解冻 10~15 s 至半融状态。

精子活力检测采用台盼兰染色法(管卫兵等,2003),取 20 μL 解冻精子与 0.1%的台盼兰溶液按 1:10 混合(管卫兵等,2002),10 min 后用血球计数板显微镜观察计数,结果见表 4-38。

表 4-38 不同冷冻保护液对青虾精子活力影响(引自廖馨等,2008)

时 间	抗冻剂	Ringer's	Kuro kura extender	D-20
第 1 天	8%DMSO	62%	58%	60%
	12.5%Gly	70%	68%	68%
	10%MeOH	60%	62%	60%
	稀释液	10%	7%	7%
第 7 天	8%DMSO	60%	35%	54%
	12.5%Gly	47%	38%	44%
	10%MeOH	20%	12%	18%
	稀释液	0%	0%	0%
第 14 天	8%DMSO	58%	35%	50%
	12.5%Gly	27%	20%	28%
	10%MeOH	4%	10%	0%
	稀释液	0%	0%	0%
第 28 天	8%DMSO	58%	30%	45%
	12.5%Gly	16%	12%	18%
	10%MeOH	0%	1%	0%
	稀释液	0%	0%	0%

精子保存 1 d 后,三种稀释液和三种抗冻剂的不同组合下,精子的存活率都在 58%～70% 之间,对照组只有极少量精子存活。随着时间的延长,第 1 天到第 7 天的时间内,精子存活率均逐渐下降,7 d 以后精子的活力则基本稳定。

（2）不同稀释液对精子活力的影响

分别以三种稀释液和 8% DMSO 组合后形成冷冻保护液,研究了精子在不同保存时间下的活力变化,结果见图 4-89。

用 Ringer's 稀释的精子活力基本维持在 60% 左右,且随着保存时间的延长,青虾精子活力基本稳定。用 D-20 和 Kuro kura extender 稀释后的精子经超低温冷冻后活力较低,且随着保存时间的延长,精子的活力均呈缓慢下降的趋势。由此可见,Ringer's 是青虾精子超低温冷冻保存的最适稀释液。

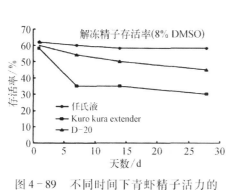

图 4-89　不同时间下青虾精子活力的变化（引自廖馨等,2008）

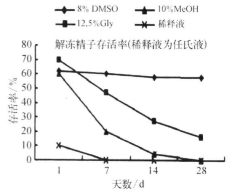

图 4-90　不同抗冻剂对青虾精子活力的影响（引自廖馨等,2008）

（3）不同抗冻剂对精子活力的影响

以 Ringer's 作为稀释液,分别配制 8% DMSO、10% MeOH 和 12.5% Gly 作为抗冻液,研究了这 3 种抗冻剂和不添加抗冻剂的稀释液对青虾精子活力的影响,结果如图 4-90。

12.5% 的 Gly 作为抗冻剂在短时间内保存精子后活力相对较高,随着保存时间的延长,8% DMSO 作为抗冻剂精子的活力稳定在 60% 左右,12.5% Gly、10% MeOH 和无抗冻剂的稀释液组精子活力均逐渐下降,其中无抗冻剂组精子活力最低。

（4）相关问题探讨

关于十足目甲壳类动物精子超低温冷冻保存的研究较少,且主要集中在海水甲壳类精子的冷冻保存,如对中国对虾、拟穴青蟹(*Scylla paramamosain*)等海水甲壳类的研究中,都采用与海水等渗的稀释液(Vuthiphandchai et al. , 2007;管卫兵等,2002;柯亚夫等,1996),淡水甲壳类动物精子的冷冻保存还未见报道。参照淡水鱼类精子冷冻保存过程中效果较好的稀释液(Ringer's、Kuro kura、D‑20)和抗冻剂(DMSO、Gly、MeOH),对不同浓度的稀释液和抗冻剂进行了筛选研究,结果证实淡水鱼类精子冷冻保存所采用的稀释液和抗冻剂也适用于青虾精子的超低温保存。通过比较冷冻后青虾精子活力,确定 Ringer's 是青虾精子保存的最佳稀释液,8%DMSO 是最合适的抗冻剂。

Anchordoguy 等(1988)对锐脊单肢虾(*Sicyonia ingentis*)精子冷冻保存时发现,1℃/min 冷冻精子具有最高的存活率。Bhavanishankar 等(1997)也证实,青蟹精子冷冻保存时,采用慢速冷冻比快速冷冻效果好,前者冻后精子活力更高。柯亚夫等(1996)的研究表明,经液氮超低温冷冻保存后的中国对虾精子解冻复苏时速度越快,解冻后精子活力越高。采用分步冷冻法冷冻,慢冻速融,青虾精子超低温冷冻保存一段时间后,采用 Ringer's 作为稀释液和 8%DMSO 作为抗冻剂,冻后精子的活力能维持在 60%左右。这一结果与柯亚夫等(1996)保存的中国对虾精子活力相近,高于海水甲壳动物精子的活力(Bhavanishankar et al. , 1997)。

此外,由于十足目甲壳类动物没有鞭毛,不能运动,不能采用鱼类精子运动评价方法,因此采用传统的生物染色法——台盼兰染色法进行评价。如果精子细胞膜完整,则不能被台盼兰染色;精子细胞膜不完整或破裂后,台盼兰染料进入细胞,细胞变蓝,即为坏死。运动此方法对反映精子细胞膜的完整性、区别冷冻复苏后的坏死细胞有一定帮助。

4.16　中华绒螯蟹

中华绒螯蟹(*Eriocheir sinensis*)又名河蟹、毛蟹、大闸蟹等,属节肢动物门,十足目(Decapoda),方蟹科(Grapsidae),主要分布在我国、亚洲北部和朝鲜西部,长江口是中华绒螯蟹最大天然产卵厂。中华绒螯蟹营穴居生活,一般隐伏在石砾间、水草丛中或底泥中,昼伏夜出,杂食性动物,动物性食物有鱼、虾、螺、蚌、蚯蚓及水生昆虫等,植物性食物有金鱼藻、菹草、伊乐藻、眼子菜、苦草等。中华绒螯蟹一生大约蜕 20 次壳,其中蟹苗阶段 5 次、仔蟹阶段 5 次、蟹种阶段 5 次、成蟹阶段 5 次。中华绒螯蟹栖息于湖泊河流,但在河口半咸水水域抱卵繁殖。一般而言,长江口区适宜中华绒螯蟹交配产卵的环境条件为:温度 8 ~ 12℃,盐度 15 ~ 25,时间在 12 月至次年 3 月。

1970 ~ 2003 年长江口亲蟹资源量年间变幅较大,总体呈衰减趋势,其中 1997 ~ 2003 年,长江口中华绒螯蟹资源趋于枯竭,每年捕捞量不足 1 t。2004 年以来,长江口每年开展亲蟹的增殖放流工作,中华绒螯蟹资源量总体呈上升趋势。据统计,2010 年以来,长江口年均资源量达 100 t 以上,支撑了我国中华绒螯蟹养殖产业健康可持续发展。

4.16.1　精子生物学特性

中华绒螯蟹精子为无鞭毛精子,呈不规则扁球形,前端为光滑圆面,圆面四周有一凹陷的沟环(ditch ring),沟环中常见 2 ~ 3 个以上的乳头状小突起,位置不规则,有的精子甚至无此突起。沟环后的精子表面凹凸不平,并伸出约 20 条辐射臂,精子直径约 4.5 μm(堵南山等,1987)。

精子内部结构由顶体(acrosome)、核环(nuclear cup)和辐射臂(radial arm)三部分构成,精子外被一层细胞质膜。顶体主要分为顶体管(acrosomal tubule)、头帽(apical cap)和顶体囊(acrosomal vesicle)等部分,位于精子中央,基本为一球形结构,前端略扁平,形成精子前端的圆面。顶体管包括中央管(central canal)和由该管底部向顶体表层包裹而电子密度较低的延伸部分,中央管呈纺锤形,中段略粗,前后段较细,后端伸展到顶体后端。在中央管前方有一电子密度极高而呈圆盘状的特化结构,称为头帽,头帽的中央向前突起呈圆锥状,突起的后壁则内凹。顶体内有一层电子密度极低的顶体膜(acrosomal membrane),这层膜由头帽前开始,一直向后到达中央管的基部,形成加厚环(thickenen ring)。由头帽和顶体膜围成的部分称顶体囊,中央管即居于囊的中央。顶体囊内含卵膜溶素(egg membrane lysins)等物质,囊内组分并不均一。

精子的胞核呈大的杯状,故称核杯,除沟环之前部分外,核杯包裹在顶体的外周。核杯内染色质呈细网状均匀分布,近核杯口缘处常有电子密度较低的囊状物。囊内有时出现电子密度高的晶粒,无嵴存在。

由成熟精子的核杯外侧发出的细长放射状突起,称为辐射臂。每条辐射臂长约 3 μm,辐射臂与核环间完全相通,无隔膜,核物质伸入辐射臂内。臂内还含有大量丝状物质,外周被有延伸的核膜和质膜。

4.16.2　精子超低温冷冻保存

（1）不同冷冻保护液对精子存活率的影响

取成熟雄性中华绒螯蟹输精管,置于灭菌无 Ca^{2+} 人工海水(盐度 20,调节 pH 至 7.4),刺破输精管,挤出精荚,自然沉淀,弃上清,重复洗涤 3 次,获得精荚,采用胰蛋白酶消化法获得游离精子(马强等,2006),调节精子密度至(3~4)×10^8 个/mL。

以 DMSO 和 Gly 作为抗冻剂,分别设置 10 个不同的抗冻剂浓度和组合,实验 1~4 组分别含 DMSO(V/V)5%、10%、12.5%、15%,实验 5~8 组分别含 Gly(V/V)5%、10%、12.5%、15%,实验 9 组分别含 DMSO 和 Gly 各 10%(V/V),实验 10 组分别含 DMSO 和 Gly 各 5%(V/V)。设置 3 个对照组:对照 1 组为新鲜精子,不经冷冻保存;对照 2 组为未添加抗冻剂的新鲜精子,直接冷冻;对照 3 组为未经胰蛋白酶处理的新鲜精荚,直接加入 10%Gly(V/V)冷冻保存。

将精子样品置于细胞冻存管中,4℃下分别滴加冷冻保护液至所需浓度,平衡 30 min 后检测各样品精子存活率。采用液氮两步降温法,先在离液氮面 5 cm 处预冷 20 min,再在液氮表面预冷 5 min 后迅速放入液氮中冷冻保存。取出冷冻样品放入 55℃水浴中解冻 10~15 s,$Ca^{2+}-FASW$ 洗涤 2 次去除抗冻保护剂,然后用 $Ca^{2+}-FASW$ 将样品稀释至(3~4)×10^7 个/mL,4℃下备用待测。采用伊红染色法检测精子存活率,染色终浓度为 0.5%,染色时间 10 min,计算死亡精子数,将所有发生形变和类似顶体反应的精子作为死亡精子统计。选取部分实验组,采用 SCGE 法检测冷冻过程对精子 DNA 的损伤(徐西长等,2005)。

不同冷冻保护液对中华绒螯蟹精子存活率影响结果见表 4-39。在加入冷冻保护液平衡 30 min 后,各组精子存活率均出现不同程度的下降。实验 5 组(5%Gly 组)精子存活率的降幅最小,仅为 0.93%,实验 4 组(15%DMSO 组)降幅最大,达到 17.42%。在单纯添加 DMSO 的实验组中(1~4 组),随添加量的增加,精子存活率的降幅不断增大。在单纯添加 Gly 的实验组(5~8 组)中,精子存活率的总体降幅相对较小。实验 9、10 组为同时添加 Gly 和 DMSO 的实验组，其降幅仅接近 DMSO 浓度最低组。对照 1 组和对照 2 组未添加任何冷冻保护液，精子存活率无变化。

表 4-39　不同冷冻保护液对中华绒螯蟹精子存活率的影响（引自陈东华等，2008）

组别	DMSO /%	Gly /%	初始 存活率/%	平衡后 存活率/%	降幅 /%	冷冻后 存活率/%	总降幅 /%
1	5	0	95.59±1.83	90.87±1.91	4.94	53.10±4.9	44.45
2	10	0	95.59±1.83	89.96±6.57	5.89	47.64±5.66	50.20
3	12.5	0	95.59±1.83	83.62±2.73	12.52	31.53±2.52	67.05
4	15	0	95.59±1.83	78.94±4.31	17.42	3.50±0.78	96.34
5	0	5	95.59±1.83	94.97±2.15	0.93	37.32±4.66	60.98
6	0	10	95.59±1.83	92.67±3.75	3.05	46.71±5.67	51.15
7	0	12.5	95.59±1.83	91.76±1.75	4.01	62.6±2.47	34.51
8	0	15	95.59±1.83	91.01±2.76	4.79	43.7±5.12	54.28
9	10	10	95.59±1.83	91.11±3.19	4.69	15.0±1.57	84.31
10	5	5	95.59±1.83	90.87±2.97	4.94	6.78±0.58	92.99
对照 1	0	0	95.59±1.83	95.59±1.83	0.00	95.52±1.53	0.0
对照 2	0	0	95.59±1.83	95.42±2.60	0.18	4.07±0.73	95.82
对照 3	—	10	95.59±1.83	—	—	80.14±3.40	16.16

从同一添加浓度、不同冷冻保护液之间的比较发现，在 5% 添加量的情况下，DMSO（1 组）的精子存活率降幅小于 Gly（5 组），至 10% 时两者相近（2 组和 6 组），至 12.5% 时 Gly（7 组）的降幅明显小于 DMSO（3 组），当达到 15% 时，DMSO（4 组）的降幅达到了 95.57%，而 Gly（8 组）也达到了 51.98%。从同一抗冻剂、不同添加浓度间的比较发现，随着 DMSO 添加量的增加，精子存活率的降幅呈快速增高的趋势；Gly 则表现出先下降后升高的趋势，其中实验 7 组的降幅最小。

（2）不同冷冻保护液对精子 DNA 损伤的影响

选取对照 1 组、10% Gly、10% DMSO、5% Gly + 5% DMSO、10% Gly + 10% DMSO 各组，采用 SCGE 方法检测各组精子冷冻保存后的 DNA 损伤程度，结果见表 4-40。从表可见，对照 1 组的 4 项指标均显著低于其他各实验组，在所选择的 4 个实验组中，10% DMSO 实验组的拖尾长度达到 237.84，其损伤程度最大，而 10% Gly 组各项指标均低于其他实验组，表明其对精子的保存效果相对较好。

表 4-40　中华绒螯蟹精子冷冻前后 DNA 损伤的彗星分析(引自陈东华等,2008)

组　别	L-tail	Tail-DNA	TM	OTM
对照 1	21.35±11.33	4.03±2.51	0.64±0.25	1.48±0.31
10%Gly	130.23±48.68	8.41±4.39	3.75±2.07	3.89±1.99
10%DMSO	237.84±86.05	16.09±3.61	9.45±3.66	7.51±2.47
5%Gly+5%DMSO	148.07±42.51	11.53±1.99	8.92±4.76	6.67±2.65
10%Gly+10%DMSO	193.03±71.63	14.08±2.88	9.88±5.79	7.21±4.43

(3)第一次预冷时间对精子存活率的影响

不同预冷时间对中华绒螯蟹冷冻后存活率的影响见表 4-41。随着预冷时间的延长,精子存活率呈现递增的趋势,其中以实验 1 组存活率最低,仅为(5.90±2.47)%,实验 5 组存活率最高,达 49.38%,但与实验 4 组差异不显著。

表 4-41　不同预冷时间对中华绒螯蟹精子存活率的影响(引自陈东华等,2008)

组　别	1	2	3	4	5
预冷时间(min)	5	10	20	30	40
存活率(%)	5.90±0.47	33.09±3.83	44.17±2.20	48.73±1.56	49.38±0.54

(4)第一次预冷时间对精子 DNA 损伤的影响

不同预冷时间对中华绒螯蟹精子冷冻后 DNA 损伤的结果见表 4-42。从拖尾长度来分析,随着预冷时间的延长,其拖尾长度呈现下降的趋势,其中实验 1 组 L-tail 值达到 87.36,显著高于其他各组;实验 2 组和实验 3 组较为接近,分别为 42.91 和 47.36,两者间无显著差异;实验 4 组和 5 组分别为 16.93 和 17.18,两者间也无显著差异,但显著低于其他各实验组。

表 4-42　不同预冷时间下中华绒螯蟹精子 DNA 分析(引自陈东华等,2008)

组　别	L-tail	Tail DNA	TM	OTM
1	87.36±10.49	7.97±0.99	3.31±0.46	1.83±0.24
2	42.91±4.76	6.96±0.76	1.28±0.13	1.89±0.19
3	47.36±3.49	5.97±0.69	1.31±0.26	1.83±0.14
4	16.93±2.25	5.97±0.48	0.18±0.02	0.79±0.08
5	17.18±1.63	4.73±0.35	1.11±0.18	1.58±0.19

(5)相关问题探讨

Gly 和 DMSO 是许多水生无脊椎动物精子良好的抗冻剂(Bhavanishankar et

al. ,1997；Chow et al. , 1985)。Chow 等(1985)用 10%的 Gly 成功保存了罗氏沼虾的精荚,柯亚夫等(1996)用含有 10%DMSO 和 5%~10%Gly 保存中国对虾的精子,存活率达到 60%,受精率达到 59%。然而,研究证实,抗冻剂对精子也有一定的损伤作用,浓度过高的 Gly 可使精子膜起皱而引起精子死亡(Watson,2000)。DMSO 虽具有渗透性强的特点,但对细胞的毒性作用十分显著(华泽钊等,1994)。对中华绒螯蟹精子的研究表明,加入冷冻保护液平衡 30 min 后,Gly 和 DMSO 混合组对精子的损伤作用明显高于甘油组,且随着 DMSO 浓度的增加,对精子的损伤程度也逐渐增强。因此,DMSO 只适合低浓度下使用,这与 Anchordoguy 等(1988)对锐脊单肢虾精子冷冻保存的研究结果相似。

从冷冻后精子的存活率分析,以 12.5%的 Gly 保存效果最佳,冷冻后存活率可达 62.6%,其次为 5%DMSO 组。Bhavanishankar 等(1997)对拟穴青蟹精子的研究中也表明,Gly 的冷冻保存效果明显优于 DMSO。已有研究表明,不同抗冻剂按一定比例混合,其冷冻保存效果更占优势(华泽钊等,1994)。对中华绒螯蟹精子的研究发现,5%Gly+5%DMSO 及 10%Gly+10%DMSO 实验组精子的存活率为(15.0±5.57)%和(6.7±5.8)%,明显低于 12.5%Gly 作为抗冻剂的实验组,对抗冻剂的最佳组合还需进行深入研究。

Chow 等(1985)对罗氏沼虾精荚长期冷冻保存的研究发现,精荚冷冻前需置于液氮表面预冷 5~10 min。Anchordoguy 等(1988)在研究中也发现,锐脊单肢虾精子在-30℃中预冷后可获得理想的存活率。Bhavanishankar 等(1997)对拟穴青蟹精子的研究表明,拟穴青蟹精子分别在-30℃和-50℃中预冷后放入液氮的存活率无显著差异。中华绒螯蟹精子在液氮面预冷时间少于 20 min 时,精子冷冻损伤明显;大于 40 min 时损伤明显降低,但与 30 min 间无显著差异。SCGE 检测同样发现,预冷时间少于 30 min 时,中华绒螯蟹精子 DNA 损伤明显,因此,预冷时间对中华绒螯蟹精子冷冻后存活率有重要影响。

通常认为,冷冻条件下精子的 DNA 较为稳定,其完整性不易被破坏。Steele 等(2000)对冷冻保存的人精液标本进行了 SCGE 分析,结果未显示冷冻对精子遗传物质的影响。徐西长等(2005)对真鲷精子超低温冷冻保存研究中发现,用 30%DMSO 冷冻保存精子后,精子 DNA 损伤状况与鲜精差异明显。对中华绒螯蟹精子研究发现,加入冷冻保护液的精子与鲜精相比,其 DNA 已出现不同程度的损伤,经过超低温冷冻后精子损伤程度更大,其中 10%DMSO 保存的精子

DNA 损伤最为明显。因此,在评价甲壳动物精子冷冻保存效果时,不仅要关注精子存活率,同时更应该关注冷冻对精子 DNA 的损伤。

4.17　三疣梭子蟹

三疣梭子蟹(*Portunus trituberculatus*)又名梭子蟹、白蟹、海蟹、盖鱼等,属十足目(Decapoda),梭子蟹科(Portunidae),主要分布在日本、朝鲜、马来群岛及我国辽宁、河北、天津、山东、江苏、浙江、福建等海域。三疣梭子蟹喜在泥沙底部穴居,其适宜盐度为 16~35,水温为 4~34℃,水质要求清新、高溶氧,有自切步足现象,步足切断后能再生。三疣梭子蟹属杂食性动物,喜欢摄食贝肉、鲜杂鱼等,也摄食海生动物尸体及腐烂的水生植物。存活时间为 2 龄,雌蟹产卵孵化结束后即死亡,雄蟹可经过 2~3 天交配后死亡,交配时间为 7~10 月,盛期为9~10 月。

三疣梭子蟹是我国沿海的重要经济蟹类,也是我国重要的出口畅销品之一,经济价值显著。

4.17.1　精子生物学特性

三疣梭子蟹精子属于无鞭毛精子,其形状为圆球形或近圆球形,前端有一半球形光滑结构,即为精子的顶体帽,顶体帽与核之间有一沟环,核上具外突的辐射臂。精子内部结构主要由顶体、膜复合体、核环和辐射臂等组成(李太武,1995)。

精子顶体呈圆球形,由顶体帽、亚帽带、顶体管和顶体囊等组成。在顶体最前端有一电子密度大的帽形结构盖在顶体中央管前端,即为顶体帽。顶体帽的下方,顶体中央管前端外侧有一环形电子致密结构,即为亚帽带。顶体管有顶体中央管和顶体管外周部分两部分组成。顶体中央管呈瓶形,位于顶体中央,管腔内含有细纤维状物质。在顶体中央管的基部具有一个典型的中心粒,为"9+0"结构,即周围为 9 个二联体,无中央微管。顶体管外周部分是指膜状复合体与顶体囊之间的结构。顶体囊由三个部分构成,靠近中央管前二分之一处外侧为一环形电子密度高的结构,即为顶体囊丝状层。靠近顶体囊边缘有 3~5 层高电子密度结构,即为顶体囊片层结构。在丝状层和片层结构之间是顶体囊中间层。

精子膜复合体为顶体和核之间的杯形膜状结构,它是由边缘的囊泡和四层膜构成。囊泡位于杯口处,内有 2~3 个线粒体。膜状复合体是顶体管的外膜,内包顶体外接触核质。成熟精子的核呈杯状包裹着顶体,故称核杯,核包围着除顶体帽外的大部分顶体。靠近质膜的两层核膜大部分同质膜相融合而形成一高密度电子不透明的界膜。

精子辐射臂由核杯外突形成,辐射臂约有 10 条,基部较粗,末端逐渐变细。臂中物质即为核质的延续,但纤丝状物质不呈网结状,而与臂长轴平行分布,且远比核杯内密集。

4.17.2 精子常温及低温保存

（1）常温下精子顶体反应率的变化

从三疣梭子蟹的纳精囊中取出白色的精子团,在无 Ca^{2+} 人工海水 $Ca^{2+}FASW$ 中轻轻搅拌使分散的精子释放出来,研磨后在 1 000 r/min 下离心 10 min,弃上清液,用无 Ca^{2+} 人工海水或天然海水（NSW）将白色精子沉淀稀释到 $1×10^6$ 个/mL 备用。采用诱导顶体反应法评价精子活力（朱冬发等,2004）。

将精子（NSW 为基础液）置于 25℃（常温）下保存,在 4 h、8 h、12 h、16 h、20 h、24 h、28 h、40 h、52 h 和 72 h 取样,加入离子载体 A23187 诱导顶体反应,对照组不加 A23187。将精子（$Ca^{2+}FASW$ 为基础液）置于 25℃ 保存,在 8 h、16 h、24 h、32 h、40 h、48 h、56 h、68 h、80 h、92 h、116 h 和 236 h 取样,1 000 r/min 下离心 10 min,取白色精子沉淀,加入 A23187 诱导顶体反应,对照组用 $Ca^{2+}FASW$ 稀释,不加 A23187。

常温下精子存活率的变化如图 4 - 91。由图可知,常温下对照组精子顶体反应率随保存时间的延长逐渐增加,保存时间为 18 h 时,顶体反应率达 100%。添加离子载体组的精子在不同保存时间下顶体反应率均达到 94% 以上。

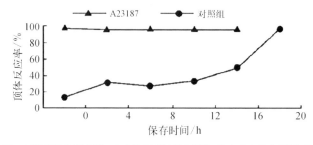

图 4 - 91　25℃ NSW 保存的三疣梭子蟹精子顶体反应率（引自周帅等,2007）

以 Ca^{2+} FASW 作为基础液在常温下保存精子,随保存时间的延长,精子的顶体反应率先上升后下降,保存 24 h 时,顶体反应率达到最高,为 35%,随后逐渐降低。随着保存时间的延长,添加离子载体组的精子顶体反应率呈缓慢下降的趋势(图 4-92)。

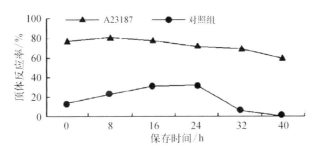

图 4-92　25℃ Ca^{2+} FASW 保存的三疣梭子蟹精子顶体反应率的变化(引自周帅等,2007)

(2) 低温下精子顶体反应率的变化

精子在低温(4℃)的保存和取样方法同常温。以 NSW 为基础液在低温下保存精子,随着保存时间的延长,对照组精子顶体反应率逐渐增加,当保存时间为 72 h 时,顶体反应率高达 90% 左右;诱导组精子顶体反应率在保存过程中始终维持在 93.57% 以上(图 4-93)。

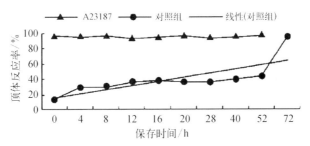

图 4-93　4℃ NSW 保存的三疣梭子蟹精子顶体反应率的变化(引自周帅等,2007)

以 Ca^{2+} FASW 作为基础液在低温下保存精子,随着保存时间的延长,对照组精子的顶体反应率基本维持在 10% 左右,保存时间为 236 h 时,精子的顶体反应率为 0。随保存时间的延长,添加离子载体的诱导组精子顶体反应率呈逐渐下降的趋势,当保存时间为 236 h 时,精子顶体反应率下降到 30% 左右(图 4-94)。

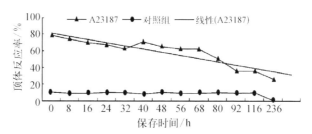

图 4-94　4℃ Ca^{2+} FASW 保存的三疣梭子蟹精子顶体反应率的变化(引自周帅等,2007)

（3）相关问题探讨

在以 NSW 为基础液的常、低温保存研究中,对照组精子的顶体反应率均达到 90% 以上,诱导组精子顶体反应率始终保持在 90% 以上。以 Ca^{2+} FASW 为基础液,将精子保存在 4℃,诱导组顶体反应率 80 h 内在 49% 以上,到第 236 h 时,反应率保持在 25% 以上。保存温度为 25℃ 时,诱导组精子顶体反应率保持在 59% 以上。比较而言,采用 Ca^{2+} FASW 作为稀释液保存精子的时间更长,在 Ca^{2+} FASW 中,对照组精子顶体反应率相对较为稳定。

不同月份中华绒螯蟹精子被 NSW 诱导的顶体反应率差异很大,但始终比不含 Ca^{2+} 的 NaCl 诱导率高。12 月份采集的精子顶体反应率 1 h 内从 20% 左右上升到 40% 左右(堵南山等,1987),与中华绒螯蟹精子研究结果相似。Griffin 等(1990)也证实了溶液中的 Ca^{2+} 同人工海水中的精子发生顶体反应有关。三疣梭子蟹精子对温度较为敏感,在相同的基础液中,精子在 4℃ 比 25℃ 稳定,保存时间也更长。

4.17.3　精子超低温冷冻保存

（1）精子超低温冷冻保存方法

预先用 Ca^{2+} FASW 配制抗冻剂 DMSO 和 G,设置 5%、10%、15%、20%、25% 和 30% 共 6 个梯度。将 0.15 mL 精子悬液和等体积的抗冻剂混合,使抗冻剂的终体积分数为 2.5%、5%、7.5%、10%、12.5% 和 15%,对照组 A 为不添加抗冻剂的精子悬液,对照组 B 为不添加抗冻剂、含精子团的完整纳精囊。将样品转入 0.5 mL 离心管中,在生理温度(23℃)下平衡 10 min,统计精子顶体反应率。把样品放在液氮蒸汽中慢慢下降(10 min 内),最后直接投入液氮中。保存 72 h 后,在室温下解冻,在解冻后的样品中加入 0.2 mL 的 Ca^{2+} FASW,在 1 000 r/min

下离心 10 min,再将精子沉淀在 0.3 mL 的 NSW 中悬浮,加入 A23187 诱导顶体反应,对照组用 Ca^{2+}FASW 重悬浮后不加 A23187。

（2）精子超低温冷冻保存结果

三疣梭子蟹精子经过不同浓度的 DMSO 处理后,在室温下精子的顶体反应率集中在 24%~28.71% 之间,与对照组精子的顶体反应率相比无明显变化（表 4-43）。

表 4-43　室温下 DMSO 诱发的三疣梭子蟹精子顶体反应率（引自周帅等,2007）

处　理	DMSO 体积分数/%	顶体反应率/%
对照组	0	28.86
1	2.5	26.44
2	5.0	28.37
3	10.0	28.71
4	12.5	24.00
5	15.0	27.52

经过超低温冷冻后,三疣梭子蟹对照组精子的顶体反应率达到99%以上,不同浓度 DMSO 处理组精子的顶体反应率也达到98%以上（表 4-44）,低于 10%DMSO 作为抗冻剂组,精子的顶体反应率则达到100%。

表 4-44　超低温冷冻保存的三疣梭子蟹精子顶体反应率（引自周帅等,2007）

处　　理	G 体积分数/%	DMSO 体积分数/%	顶体反应率/%
对照组 A	0	0	99.83
对照组 B	0	0	100.00
1	0	2.5	99.03
2	0	5.0	100.00
3	0	7.5	100.00
4	0	10.0	100.00
5	0	12.5	99.52
6	0	15.0	98.33
7	2.5	0	98.51
8	5.0	0	99.50
9	7.5	0	98.50
10	10.0	0	99.00
11	12.5	0	99.02
12	15.0	0	99.00

（3）相关问题探讨

Fru、脯氨酸、Tre 及乙烯甘油等均可作为甲壳动物精子保存的抗冻剂,最常用的是 DMSO 和 G（柯亚夫等，1996；Chow et al.，1985）。Bhavanishankar 等（1997）研究发现，拟穴青蟹精子对 G 比对 DMSO 和乙烯甘油有更高的忍受能力，这可能是由于 G 是蟹类脂肪代谢的中间产物。单独使用 Tre 对拟穴青蟹精子的保护作用效果不佳，但和 DMSO 混合使用后，精子的存活率大大提高（Jeyalectumie et al.，1989）。

一般认为，抗冻剂因具有毒性，会降低精子的存活率，导致精子顶体反应不能全部发生（Bhavanishankar et al.，1997；柯亚夫等，1996）。管卫兵等（2002）利用体积分数为 5%DMSO 对青蟹精子在 4℃ 进行保存后，精子活力高于对照组。在平衡阶段，不同浓度 DMSO 诱导三疣梭子蟹精子顶体反应与对照组无明显差异，这与青蟹研究结果基本相似。

经过超低温冷冻保存后，中国对虾精子冷冻保存后成活率可达到 72% 左右（柯亚夫等，1996），拟穴青蟹精子冷冻保存后，A23187 诱导组反应率与对照组无明显差异（Bhavanishankar et al.，1997）。对三疣梭子蟹精子的超低温冷冻保存研究表明，不同抗冻剂中精子顶体反应率均达到 98% 以上，这可能是因为三疣梭子蟹精子对超低温的刺激更为敏感，其冷冻研究方法还需要进一步的探索。

4.18　日本蟳

日本蟳（*Charybdis japonica*）属十足目（Decapoda），梭子蟹科（Portunidae），分布于日本、马来西亚、红海及我国广东、福建、浙江等地，生活环境为海水，一般生活于低潮线、有水草或泥沙的水底或潜伏于石块下。日本蟳性腺发育为 1 年 1 个周期，繁殖期为 5～9 月，属分批产卵类型，雌雄比约为 1∶1。日本蟳常以小鱼、小虾及小型贝类动物为捕食对象，有时也摄食动物的尸体和水藻等。

日本蟳是一种重要的食用蟹，为高蛋白、高脂肪食品，含 18 种氨基酸，肉质鲜美且营养丰富，除可食用外，还具有极高的药用价值。

4.18.1　精子生物学特性

日本蟳精巢内精液 pH 为 7.0±0.2，精子平均密度为（3.47±0.42）×10^9 个/mL。日本蟳精子对碱性环境的耐受力高于酸性环境，其中 pH 8 时，精子活性最高,保存 72 h 后仍有 16.37% 的存活率。盐度 15~45 都可激活日本蟳精子,其中盐度 25 时精子的活性最高,保存 72 h 后仍有 26.45% 的存活率(许星鸿等,2010)。

日本蟳精子为非鞭毛型,呈扇形、圆球形或不规则形,直径约 2.5 μm。精子核膜内陷成圆形核杯,染色质呈细丝状或颗粒状,散布于核区,并延伸至辐射臂中。核杯内含球形或近球形顶体,顶体由头帽、顶体管和顶体囊三部分组成(许星鸿等,2010)。头帽电子密度最高,呈圆锥状突起覆盖在顶体管和顶体囊的前端。顶体管呈子弹形,其前端含有多个纵行排列的细管状结构,构成穿孔器。顶体囊呈同心圆状包裹着顶体管。少量细胞质夹在核杯和顶体之间,在核杯前端可看到线粒体及小囊泡结构,为膜复合体。中心体分布在顶体管的下方,呈圆柱状,与顶体管垂直。部分精子中可观察到胞质透明区。

4.18.2　精子超低温冷冻保存

参考鱼类、虾类、贝类等精子稀释液,针对日本蟳精子的生物学特点配制 7 种稀释液。各稀释液 pH 均为 8.0,加入 10% DMSO 和青链霉素(终浓度达到 200U/mL)。稀释液 I:无 Ca^{2+} 人工海水 1 000 mL。稀释液 II:NaCl 25.0 g,Na_2SO_4 3.9 g,KCl 0.73 g,$MgCl_2 \cdot 6H_2O$ 10.7 g,$NaHCO_3$ 0.23 g,加蒸馏水定容至 1 000 mL。稀释液 III:NaCl 25.3 g,NaH_2PO_4 0.22 g,$NaHCO_3$ 0.25 g,KCl 0.39 g,$CaCl_2$ 0.13 g,$MgCl_2 \cdot 6H_2O$ 0.23 g,Glu 10 g,加蒸馏水定容至 1 000 mL。稀释液 IV:Glu 30 g,柠檬酸钠 14 g,卵黄 200 mL,加蒸馏水定容至 1 000 mL。稀释液 V:NaCl 25.0 g,KCl 0.6 g,$CaCl_2$ 0.25 g,$MgCl_2$ 0.35 g,$NaHCO_3$ 0.2 g,加蒸馏水定容至 1 000 mL。稀释液 VI:NaCl 8.7 g,KCl 7.2 g,$CaCl_2$ 0.23 g,$MgCl_2$ 0.1 g,$NaHCO_3$ 1.0 g,NaH_2PO_4 0.38 g,Glu 1 g,加蒸馏水定容至 1 000 mL。稀释液 VII:甲液——$NaH_2PO_4 \cdot 2H_2O$ 0.06 g,KH_2PO_4 0.06 g,$MgSO_4 \cdot 7H_2O$ 0.2 g,Glu 1 g,NaCl 8.0 g,加蒸馏水定容至 750 mL;乙液——$CaCl_2$ 0.14 g 溶于 100 mL 蒸馏水中;丙液——$NaHCO_3$ 0.35 g 溶于 100 mL 37℃ 蒸馏水中;将乙液缓慢加入甲液,再加入丙液,加蒸馏水定容至 1 000 mL。

将获得的日本蟳白色精液沉淀置于冻存管中,分别用 7 种稀释液制备成 10^6/mL 的精子悬浮液,于冰箱 4℃ 降温平衡 30 min 后,再经 2 次预冷:第一次样品距液氮表面 5 cm,预冷 20 min;第二次样品于液氮表面预冷 5 min,然后将样品放入液氮中保存。解冻时,打开液氮罐,取出样品迅速放入 40℃ 水浴中解冻,检测各组精子存活率。

分别从各试验组取 1 滴精液悬浮于干净载玻片上,涂片,用 2% 曙红 B 染色液(天然海水配制)染色 4 min,显微镜观察。死精子染成红色,活精子不着色或部分轻微着色。每次随机计数 200 个精子,分 4 个随机计数点,每个点约计 50 个精子,统计样品的精子成活率。

(1) 不同稀释液对精子存活率的影响

不同稀释液对冷冻保存后日本蟳精子存活率的影响见表 4-45。精子初始存活率为(91.82±1.53)%,平衡 30 min 后,用稀释液 I、II、V、VI 保存精子的存活率超过 80%,其中稀释液 II 组最高,为 89.67%;用稀释液 III、IV、VII 保存精子的存活率均低于 80%,其中稀释液 IV 组精子存活率最低,仅为 70.16%。在冷冻保存 24 h 后,稀释液 II 组解冻后精子存活率最高,达 82.49%,其次为稀释液 V 和 I 组,解冻后精子存活率高于 70%,稀释液 IV 组精子存活率最低,仅为 7.25%。

表 4-45　不同稀释液对冷冻保存的日本蟳精子存活率的影响(引自许星鸿等,2010)

组　别	存活率/%			总降幅/%
	初　始	平　衡　后	冷冻 24 h	
I	91.82±1.53	84.82±1.74	74.42±1.70	17.4
II	91.82±1.53	89.67±1.19	82.49±1.24	9.33
III	91.82±1.53	72.85±3.19	20.67±3.05	71.15
IV	91.82±1.53	70.16±2.16	7.25±2.08	84.57
V	91.82±1.53	87.43±1.94	77.73±1.30	14.09
VI	91.82±1.53	80.48±2.62	62.78±3.39	29.04
VII	91.82±1.53	75.72±1.51	31.44±2.69	60.38

(2) 不同抗冻剂对精子存活率的影响

在筛选出的最适稀释液中,以 DMSO 和 Gly 作为抗冻剂,设置 10 个组合:试验 1~4 组分别含 DMSO(V/V)5%、10%、15%、20%;试验 5~8 组分别含 Gly(V/V)5%、10%、15%、20%;试验 9 组分别含 DMSO 和 Gly 各 10%;试验 10 组分别含 DMSO 和 Gly 各 20%,对照组不加抗冻剂。各试验组冷冻和解冻方法同上。

不同抗冻剂对冷冻保存日本蟳精子存活率的影响见表 4-46。对照组冷冻 24 h 后精子存活率仅为 10.92%,保存 1 年后精子全部死亡。各试验组中,以试验3组(15%DMSO)的精子存活率最高,冷冻24 h后精子存活率达83.76%,保存1年后仍可达到73.81%。其次是试验2组和1组,保存1年后的精子存活率分别为60.78%和39.43%。添加Gly保护剂的各试验组精子存活率均较低。DMSO体积分数为5%~15%,随着添加量的增加,精子存活率升高,但当DMSO体积分数达到20%时,精子存活率明显下降。添加Gly各组变化趋势与之相似。

表4-46　不同抗冻液对冷冻保存的日本蟳精子存活率的影响(引自许星鸿等,2010)

组　别	存活率/%				总降幅/%
	初　始	平衡后	冷冻24 h后	冷冻1年后	
对照组	91.57±1.36	86.54±1.14	10.92±1.84	0	100
1	91.57±1.36	87.69±1.21	50.73±4.02	39.43±4.98	52.14
2	91.57±1.36	88.97±2.24	79.28±2.48	60.78±2.92	30.79
3	91.57±1.36	90.22±0.74	83.76±1.75	73.81±2.44	17.76
4	91.57±1.36	79.93±1.84	25.49±4.67	12.36±2.17	79.21
5	91.57±1.36	86.71±1.37	11.16±1.34	4.64±1.31	86.93
6	91.57±1.36	88.28±0.84	29.83±2.62	13.15±2.24	78.42
7	91.57±1.36	88.83±1.61	39.66±2.58	28.14±2.63	63.43
8	91.57±1.36	78.49±1.49	20.47±3.14	9.83±1.50	81.74
9	91.57±1.36	88.25±1.98	48.15±3.30	23.97±3.20	67.60
10	91.57±1.36	83.34±1.68	13.82±1.50	3.78±1.57	87.79

(3)第一次预冷时间对精子存活率的影响

将降温平衡30 min后的样品置于液氮表面5 cm处,分别以5 min、15 min、25 min、35 min、45 min 5个时间梯度进行第一次预冷,精子冷冻与解冻方法同上。在预冷的5~25 min里,随着预冷时间的增加,精子存活率也逐渐增加(表4-47)。当预冷时间超过35 min后,精子存活率显著降低。

表4-47　不同预冷时间对日本蟳精子存活率的影响(引自许星鸿等,2010)

组　别	1	2	3	4	5
预冷时间/min	5	15	25	35	45
存活率/%	26.22[a]	40.19[b]	47.53[c]	31.28[d]	30.41[d]

注:同行中不同字母表示差异显著($P<0.05$)。

(4)相关问题探讨

配制动物精液冷冻保存稀释液所用的成分很多,主要包括盐类、糖类、脂类、蛋白质及微量添加剂等(楼允东,1996)。其中K^+、Na^+是动物血浆、精浆的重要组分和构成渗透压的主要离子,Na^+有促进精子活动的作用,为细胞保存所必需的离子,而适当的K^+浓度可延长精子的存活时间,高浓度的K^+对精子活动有明显的抑制作用(苏德学等,2004),脂类和蛋白质能在精子外形成一层保护膜,糖类是主要能源物质(楼允东,1996)。

对日本蟳精子的研究结果表明,以稀释液Ⅱ组解冻后精子存活率最高,其次是稀释液Ⅴ组和Ⅰ组,这3组均用$NaCl$、KCl等无机盐配制而成,未添加Glu、蛋黄等。对哺乳动物和鱼类精子保存的研究发现,适量添加Glu等糖类物质,能有效维持低水平的精子代谢,延长精子存活时间(苏德学等,2004)。稀释液中添加Glu、蛋黄等成分保存日本蟳精子的效果反而不佳,这可能与精子类型不同有关。哺乳动物和鱼类的精子均为鞭毛型,运动需要消耗较多的能量,日本蟳精子为非鞭毛型,不能运动,精子的代谢率相对较低,所以对糖类等能量物质需求较少。另一方面添加Glu会对稀释液的渗透压有一定的影响,使日本蟳精子调节细胞内外渗透压平衡的负担加重,造成精子活力下降。

不同种类动物精子适用的抗冻剂不同,DMSO和Gly是最常用的2种。抗冻剂可以增强膜的透性,使细胞内外溶液或电解质黏性增加,弱化水的结晶过程,达到保护细胞的目的(Watson,2000)。

Anchordoguy等(1988)研究了不同冷冻剂对锐脊单肢虾精子的冷冻效果,发现DMSO是一种比Gly、Fru、Pro、Tre更有效的冷冻剂,5%DMSO的效果最好。柯亚夫等(1996)用含有10%DMSO和5%~10%Gly的冷冻保护液保存中国对虾的精子,其存活率达到60%,受精率达到59%。陈东华等(2008)发现在中华绒螯蟹精子的超低温冷冻中,用12.5%Gly作为抗冻剂效果较好。DMSO比Gly更适于日本蟳精子的冷冻保存,且以添加5%DMSO效果最好,但当DMSO体积分数达到20%时,精子存活率则明显下降。

精子冷冻的降温速度直接影响精子的冷冻保存效果(Mazur,1977),降温速度过快,细胞内的水分来不及转送到细胞外,在细胞内形成冰晶,破坏细胞膜,导致细胞死亡;如果降温速度过慢,细胞可以充分脱水,但当培养液中的水结冰时,细胞内的水还未冻结,造成细胞内外的盐浓度不平衡,使细胞在高浓度的溶液中时间过长而形成高渗损伤。细胞的低温损伤主要发生在-60~0℃,在-60℃以下,温度可以迅速降至-196℃的超低温。因此,只要降温温度合适,使细胞安全越过这段危险温区,直接进入液氮,以达到长期保存的目的。

第5章 重要水生动物胚胎的冷冻保存

水生动物胚胎体积较大,具有双层卵膜,卵黄和水分含量较高,胚胎的这些特征导致其冷冻保存比哺乳动物胚胎保存困难。在哺乳动物胚胎冷冻保存方法的研究基础上,水生动物胚胎冷冻保存也获得成功并取得一定进展。

5.1 中华鲟

5.1.1 胚胎细胞的分离

中华鲟(*Acipenser sinensis*)胚胎发育至囊胚期、原肠期时,采取以下 2 种方法分离细胞:① 将已去膜的卵(30 粒左右)放于盛有 5 mL 生理盐水(0.9%)的离心管中,用吸管吹打,使细胞分散,低速离心收集细胞。② 将已去膜的囊胚期胚胎放入盛有分离液的小皿中,用镊子和发圈将胚盘切下来并分散成单个细胞。这 2 种方法分离细胞冷冻保存后的存活率无显著差异($P>0.05$):方法①细胞存活率为(60.1 ± 11.7)%,方法②细胞存活率为(61.5 ± 12.5)%。方法①仅需 10 min 左右,方法②需 35 min 左右,因此,方法①优于方法②。

5.1.2 胚胎冷冻保存

(1)冷冻保护液效果比较

4 种冷冻保护液分别为 CP1(12%DMSO)、CP2(10%PG)、CP3(8%DMSO+6%HES)及 CP4(7%PG+6%HES),其保存细胞的平均存活率见表 5-1。

表 5-1　4 种冷冻保护液保存中华鲟胚胎细胞存活率比较(引自余来宁等, 2007)

组　别	配　方	平均存活率/%	效果比较(显著性检验)			
			CP1	CP2	CP3	CP4
CP1	12%DMSO	47.4±4.7		−17.0**	−7.4*	−29.3**
CP2	10%PG	64.4±3.6	$P<0.01$		9.7**	−12.3**
CP3	8%DMSO+6%HES	54.7±4.7	$P<0.05$	$P<0.01$		−21.9**
CP4	7%PG+6%HES	76.7±5.7	$P<0.01$	$P<0.01$	$P<0.01$	

* 代表两者间有显著差异。
** 代表两者间有极显著差异。

冷冻保护液 CP4 对中华鲟胚胎细胞的保存效果最好, 保存细胞的平均存活率为 76.7%, 其次是 CP2(64.4%) 和 CP3(54.7%), 最差的是 CP1(47.4%), 即 CP4>CP2>CP3>CP1。从效果比较可以看出: 10%的 PG(CP2) 比 12%的 DMSO (CP1) 对中华鲟胚胎细胞的保存效果好($P<0.01$), 复合型的抗冻剂即添加 6%的 HES 可显著提高保存效果, CP3 比 CP1 保存效果(存活率) 高 7.4%($P<0.05$);CP4 比 CP2 保存效果高 12.3%($P<0.01$)。

(2) 冷冻方法比较

采用了一步法和二步法对中华鲟胚胎细胞进行冷冻保存。一步法是将细胞放入盛有 0.1 mL 冷冻保护液的冷冻管中, 置-7℃平衡 30 min 后直接投入液氮(-196℃)中保存。二步法是将细胞放入盛有 0.1 mL 冷冻保护液的冷冻管中, 置 0℃平衡 10 min, 再置-20℃平衡 30 min 后投入液氮(-196℃)中保存。研究结果表明:一步法降温冷冻保存细胞的平均存活率为(59.1±12.0)%, 二步法为(62.4±11.9)%, 采用二步法胚胎存活率略高, 但相互间无显著差异($P>0.05$), 一步法程序更为简捷和省时。

(3) 不同发育期胚胎细胞冷冻存活率比较

囊胚细胞冷冻存活率为(57.1±11.2)%, 原肠细胞冷冻存活率为(64.4±11.8)%, 原肠细胞冷冻存活率明显比囊胚细胞高($P<0.05$)。分析认为是由于原肠细胞体积比囊胚细胞小。

(4) 复苏细胞的核移植

用经液氮(-196℃)保存后复苏的囊胚细胞核和原肠细胞核作供体, 以中华鲟未受精卵作受体进行核移植实验, 分别移植 469 枚和 392 枚卵, 各获得 5 尾和 2 尾幼鱼, 核移植成功率分别为 1.1%和 0.5%。核移植卵的分裂和发育情况见表 5-2。

表 5 - 2　中华鲟胚胎细胞冷冻复苏后核移植卵的
发育存活率(引自余来宁等,2007)

供　体	受　体	移植卵数/ind	卵裂数/ind	囊胚数/ind	原肠胚数/ind	心跳胚数/ind	仔鱼数/ind
冷冻囊胚细胞核	未受精卵	469	315	201	135	79	5
冷冻原肠细胞核	未受精卵	392	227	146	91	38	2
对照	未受精卵	83	68	57	31	22	2

冷冻保存的囊胚细胞核移植卵各阶段的发育率比对照组(未冷冻的囊胚细胞)低,相互间有显著差异($P<0.05$),这说明冷冻对细胞有损伤。冷冻保存的囊胚细胞核移植卵各阶段发育率比原肠细胞明显高($P<0.05$),主要原因是由于原肠细胞核的发育全能性比囊胚细胞核差。

5.1.3　相关问题探讨

中华鲟在地球上已生存了 2 亿多年,是世界 27 种鲟鱼中最珍稀的大型洄游性鱼类。其主要生长在海洋里,只有到了性成熟期(雌性 14 年以上,雄性 8 年以上)才从海洋进入长江,上溯 2 000 ~ 3 000 km 到达长江上游至金沙江下游江段产卵繁殖。1981 年葛洲坝水利枢纽截流后,中华鲟产卵群体被阻隔在葛洲坝以下江段,洄游江段缩短了 26.5% ~ 40.4%,中华鲟原有的繁殖生态条件被改变,这是导致其资源量下降的主要原因。为此我国将中华鲟列为国家一级保护动物,并采取了建立保护区、禁止捕捞以及人工增殖放流等多项措施。截至 1998 年已在长江人工放流中华鲟 6 300 多万尾(常剑波等,1999)。尽管如此,1981 ~ 1999 年,中华鲟的幼鲟补充群体和亲鲟群体仍分别减少了 80% 和 90%(危起伟等,2005)。近年来,每年到达葛洲坝下产卵场的繁殖群体已不足 50 尾。因此,研究中华鲟胚胎细胞的冷冻保存及其克隆技术十分必要,是保存濒危物种的新途径。利用液氮(-196℃)保存后复苏的中华鲟囊胚细胞核和原肠细胞核作克隆实验,获得了成活的冷冻细胞克隆鱼,表明该途径是可行的。根据低温生物学的理论,低温能抑制生物体的生化活动,从而使生物体能在低温下长期保存。囊胚细胞和原肠细胞在液氮中长期保存的结果如何还有待进一步的验证。

冷冻损伤的"两因素假说"认为造成冷冻损伤有两个独立的因素:一是

胞内冰晶的形成,造成细胞骨架和膜结构被破坏;另一个是溶质损伤,即细胞暴露在高浓度的溶液中而遭损伤(华泽钊等,1994)。因此,针对不同的保存对象选择不同的冷冻保护液和采用不同的降温方法是冷冻保存能否成功的关键。目前鱼类精子冷冻保存主要采用 DMSO、MeOH 和 Gly 三种抗冻剂,并取得了较大的成功(柳凌等,1997)。在鱼类囊胚细胞冷冻保存研究上,也曾采用 DMSO 作为抗冻剂,对虹鳟的囊胚细胞进行了超低温(−196℃)保存,得到了 36%的成活率。以 PG 为抗冻剂,对虹鳟囊胚细胞进行超低温冷冻保存,成活率为 88%~95%(陈松林,2002;Calvi et al.,1998),表明 PG 比 DMSO 效果要好,这与中华鲟胚胎研究结果基本一致。采用非渗透性抗冻剂 HES,结果表明添加 HES 的冷冻保护液保存中华鲟细胞的成活率明显提高。HES的毒性小,能溶于水,但不能进入细胞,在过冷状态下能降低溶质浓度,从而起到保护作用,因此添加 HES 可提高冷冻保存的成活率。这种复合的细胞内外冷冻保护液正在逐步替代单一的细胞内冷冻保护剂(岑东等,1999)。

在冷冻过程中,不同的细胞要求不同的最佳降温速率。若降温速率过快,则在胞内形成冰晶使细胞受损;若降温速率过慢,则细胞收缩过剧,且细胞处在高浓度溶液中的时间过长也会引起损伤,这个过程是传热和渗透两个因素相互作用的过程(华泽钊等,1994)。因此,对不同的细胞选择不同的冷冻降温方法,使两个因素呈最好的配合对降低冷冻损伤十分重要。一般体积较大的细胞要求降温速度更慢。对于体积小的鱼类精子或人类红细胞,一般采用二步降温法先在 0℃放置 10 min,再在−20℃放置 30 min,然后直接放入液氮中保存。中华鲟的囊胚细胞比红细胞略大,采取上述二步降温法是可行的。在此基础上,对比试验了一步降温法,即细胞置于−7℃平衡 30 min 后直接投入液氮中保存。结果表明,二步法保存细胞的成活率为(62.4±11.9)%,一步法成活率为(59.1±12.0)%,一步法的成活率略低,但相互间无显著差异($P > 0.05$)。说明采用一步法冷冻降温是可行的,能简化冷冻过程。

传统的鱼类细胞核移植均以囊胚细胞作为核移植供体(严绍颐,2000;童第周等,1963)。冷冻保存了中华鲟囊胚细胞和原肠细胞并进行了核移植,结果表明原肠细胞的冷冻保存成活率(64.4±11.8)%比囊胚细胞(57.1±11.2)%高,但核移植的发育率却比囊胚细胞低得多($P < 0.05$)。这主要是由于囊胚细胞核

发育全能性较好(Yan, 1998)。随发育阶段的推移,胚胎细胞核的发育全能性越来越差,即囊胚细胞核>原肠细胞核>神经胚细胞核>体细胞核(余来宁等,1996)。因此,以保存种质资源和克隆为目的的冷冻保存选择保存囊胚细胞为好。

5.2　中国花鲈

5.2.1　胚胎程序化冷冻保存

(1) 稀释液的筛选

为筛选合适的稀释液,在配制的 8 种稀释液中处理中国花鲈胚孔封闭期胚胎 10 h,然后转移到海水中培养(室温 18~20℃)直到出膜,计算孵化率。同时用海水培养组作对照,每组胚胎 20 粒。为筛选适宜浓度的非渗透性抗冻剂,在上述筛选的稀释液中分别添加 1.0%~6.0%的 Glu 和 1.0%~8.0%的 Suc,配成新稀释液,在新稀释液中处理心跳期胚胎 8 h,计算成活率,同时用不加非渗透性抗冻剂的稀释液处理胚胎作为对照组(室温 18~20℃)。

稀释液的筛选结果见表 5-3。中国花鲈胚胎在稀释液 DS1 中培养的效果最好,孵化率为 95%,比对照组高 10%。DS3 液培养的效果比对照组稍差,孵化率为 80%。胚胎在其他 6 种稀释液的孵化率都不高于 40%。在 DS1 液的基础上添加 Glu 和 Suc 的实验结果见表 5-4。在添加 3.0%Glu 的实验组成活率为 90%,比对照组略低。随着 Glu 浓度的增加,胚胎成活率降低,当 Glu 浓度 ≥ 4.0%时,胚胎无一存活,说明添加少量的 Glu 能提高中国花鲈胚胎的成活率,但 Glu 浓度最好不要超过 3.0%。添加 1.0%~8.0%的 Suc,则对胚胎成活率无明显影响,成活率都不小于 95%。添加 Glu 和 Suc 都能提高中国花鲈的胚胎成活率,但总体而言,添加 Suc 的效果要好于 Glu。

表 5-3　中国花鲈胚胎在不同稀释液中的平均孵化率(%,$n=2$)
(引自于过才等,2004)

稀释液								
DS1	DS2	DS3	DS4	DS5	DS6	DS7	DS8	对照
95	40	80	15	10	10	5	15	85

表 5 - 4　不同浓度的 **Glu** 与 **Suc** 对中国花鲈胚胎
成活率的影响(引自于过才等,**2004**)

组　别	浓度/%	样本数/ind	成活胚胎/ind	成活率/%
Glu	1.0	20	20	100
	1.5	20	19	95
	3.0	20	18	90
	4.0	20	0	0
	5.0	20	0	0
	6.0	20	0	0
Suc	1.0	20	20	100
	2.0	20	20	100
	4.0	20	19	95
	8.0	20	19	95
对照组	/	20	19	95

(2)适宜胚胎发育阶段的筛选

用 DS1 作稀释液,配制成 10% 的 DMSO 抗冻剂,分别处理原肠中期、胚孔封闭期、肌肉效应期和出膜前期的中国花鲈胚胎 60 min,然后转入海水中培养直到出膜,计算孵化率。除原肠中期胚胎每组用 20 粒外,其余都用 10 粒。适宜胚胎发育阶段的筛选结果见表 5 - 5。肌肉效应期胚胎对抗冻剂的耐受力最强,孵化率高达 90%,最适合冷冻保存。原肠中期胚胎次之,孵化率为 70%,胚孔封闭期和出膜前期胚胎耐受力最差,孵化率均为 65%。

表 5 - 5　不同发育阶段胚胎在 **10%DMSO** 中处理 **60 min** 的
平均孵化率(**%,*n*=2**)(引自于过才等,**2004**)

项　目	原肠中期	胚孔封闭期	肌肉效应期	出膜前期
实验组	70	65	90	65
对照组	87.5	87.5	100	100

(3)平衡处理时间的确立

室温下(17.5℃)分别在抗冻剂 A_1、A_2、B_1、B_2 中处理心跳期胚胎 30 min、60 min、90 min,然后转到海水中培养,直到出膜,计算孵化率,同时用海水培养组作对照。由表 5 - 6 可知,抗冻剂 A 组和 B 组相比较,同时平衡处理 90 min 的胚胎,A 组孵化率高于 B 组。在 B 组中,抗冻剂 B_1(10%DMSO)中的胚胎孵化率高于 B_2(20%DMSO),这说明平衡时间相同,抗冻剂浓度越高,胚胎的孵化率越低。随着平衡时间的延长,各实验组胚胎的孵化率下降,为保证冷冻前胚胎有足够的成活率,胚胎在 A_1、A_2、B_1、B_2 中平衡时间不要超过 90 min。因此,对于同一种抗冻剂而言,要根据其浓度的不同,确定合适的平衡时间,以保证胚胎在冷冻前有足够的成活率。

表 5－6　中国花鲈胚胎在不同抗冻剂中平衡处理后的
孵化率(%)(引自于过才等,2004)

处理时间/min	A_1	A_2	B_1	B_2	对照组
30	100	100	100	90	/
60	90	90	80	75	/
90	80	75	70	0	100

（4）植冰与未植冰效果的比较

配制 H_1、H_2、H_3 3 种溶液作为抗冻剂,先在 50%抗冻剂中分别处理植冰组和未植冰组心跳期胚胎 30 min,再在 100%抗冻剂中分别处理 30 min,然后把处理过的胚胎装入麦管,密封,一起用下列程序降温:从初温 16℃以 2.0℃/min 的降温速率降到−12℃,在−12℃先平衡 5 min,植冰组的麦管再植冰 5 min,同时未植冰组麦管不植冰,再平衡 5 min,然后植冰组和未植冰组麦管一起以 1.5℃/min 的降温速率降到−20℃,保存 5 min。胚胎用 37℃ 水浴解冻,0.25 mol/L 蔗糖洗脱液洗脱 10 min 后转入海水中培养,计算成活率。

植冰组与未植冰组比较,在抗冻剂 H_1、H_2、H_3 中经植冰处理的胚胎,解冻后成活率分别为 80%、75% 和 41.67%,比未植冰组分别高 24.44%、17.86% 和 14.4%,由此可见,胚胎植冰的效果明显好于未植冰组(表 5－7)。

表 5－7　在不同抗冻剂中胚胎植冰效果与未植冰效果的
比较(引自于过才等,2004)

保存温度	处　理	成活率/%		
		H_1	H_2	H_3
−20℃	植冰组	80.00	75.00	41.67
−20℃	未植冰组	55.56	57.14	27.27

（5）不同洗脱方法的效果比较研究

室温下(18℃),在 A_2 抗冻剂中处理心跳期胚胎 45 min,然后用下列程序降温:从初温 16℃先以 2℃/min 的降温速率降到−7℃,在−7℃平衡 15 min,再以

1.0℃/min 的降温速率降到-11℃,在-11℃植冰 1 min,最后以 1.0℃/min 的降温速率降到-20℃。把降温至-20℃的胚胎快速取出,37℃水浴解冻,然后分别用不同方法洗脱。一步法:直接放入海水;二步法:先放入 0.25 mol/L Suc,洗脱 10 min,再放入海水;三步法:先放入 0.5 mol/L Suc,洗脱 5 min,然后放入 0.25 mol/L Suc,洗脱 5 min,再放入海水。三种不同洗脱方法的效果比较见表 5-8。用二步法洗脱解冻后的胚胎效果最好,成活率为 75%,用一步法和三步法洗脱胚胎的效果都较差,成活率均为 50%。

表 5-8　不同洗脱方法效果的比较(引自于过才等,2004)

洗脱方法	样本数/ind	成活胚胎/ind	成活率/%
一步法	16	8	50
二步法	16	12	75
三步法	10	5	50

(6) 程序降温冷冻保存

用 A_2 作抗冻剂,先在 50% 低浓度抗冻剂中平衡处理心跳期胚胎 30 min,再转到 100% 高浓度抗冻剂中平衡处理 20 min。然后把处理过的胚胎装入麦管中,每管中 10~20 粒,密封麦管,用 Planer 程序降温仪进行程序降温。降温程序如下:从初温 16℃先以 2.0℃/min 的降温速率降到-7.0℃,在-7.0℃保温 5 min,植冰 5 min,再分别以 0.4℃/min、1.0℃/min、1.2℃/min、1.5℃/min、2.0℃/min 的降温速率降到-30℃~-40℃,平衡 10 min,然后快速投入液氮中保存 30 min。在冷冻过程中,把经-30℃平衡 10 min 的胚胎取出,用 37℃水浴解冻,二步法洗脱 10 min,在液氮中保存 30 min 的胚胎也用上述方法解冻和洗脱,最后都转到海水中培养,计算成活率和孵化率。胚胎程序降温冷冻实验结果见表 5-9。1.5℃/min 的降温速率的效果最好,在-30℃保存的胚胎成活率为 8.89%,在液氮温度下保存 30 min 的 72 粒胚胎中有 3 粒成活,成果率为 4.2%。用其他降温速率进行的冷冻实验,胚胎都没有获得成活。对成活胚胎进行显微镜观察,发现胚胎卵膜局部内陷,但能看到明显的心跳。

表 5-9　冷冻保存实验结果(1.5℃/min)(引自于过才等,2004)

保存温度/℃	样本数/ind	成活胚胎/ind	成活率/%
-30	45	4	8.9
-196	72	3	4.2

（7）相关问题探讨

中国花鲈属于广盐性鱼类,通常生活在河口地区,也有直接进入半咸水、淡水湖泊生活的。中国花鲈产卵时的盐度范围较广,不仅可在近河的咸淡水交混水域产卵,也可在高盐度(3.13~3.3)海区产卵,其受精卵在盐度为 1.3~3.5 的范围内均能孵化,适应环境能力很强。在稀释液的筛选实验中,DS1 处理的胚胎孵化率超过 90%,在添加 1%~8%Suc 的 DS1 稀释液中(渗透压变化大)胚胎的耐受力也很强。

在 DS1 中添加 Glu 和 Suc 能提高胚胎的孵化率,这是由于添加 Glu 和 Suc 后使溶液的渗透压提高,比较适合中国花鲈胚胎的发育。另外,Glu 和 Suc 都是非渗透性抗冻剂,对胚胎有一定保护作用。Philippe(1991)认为 0.5 mol/L Suc 能轻微提高太平洋牡蛎(*Crassostrea gigas*)胚胎的冷冻耐受力,并能减轻冷冻损伤。中国花鲈胚胎对高浓度的 Glu 和 Suc 的耐受力不同,对高浓度的 Suc 能适应,而对高浓度的 Glu 适应力很差,这是由于 Glu 分子量比 Suc 分子量小得多,同浓度的 Suc 和 Glu,Glu 的渗透压是 Suc 的近 2 倍,超出了中国花鲈胚胎的耐受范围。另外,在研究中发现,添加 1.0%Glu 的 DS1 液(简称 DS1-1 液)比 D-15(陈松林等,1992)的效果要好,而 DS1-1 液与 D-15 的渗透压差不多,只是 DS1-1 液多了 $CaCl_2$ 的成分,可见 Ca^{2+} 对中国花鲈胚胎发育有一定影响。许多研究表明,在无钙溶液中培养胚胎会抑制卵膜的硬化(Knibb,1994)。施兆鸿(1995)研究发现,黑鲷受精卵在没有 Ca^{2+} 的海水中不能孵出仔鱼。对于淡水鱼,章龙珍等(1992)认为 Ca^{2+}、Mg^{2+} 对胚胎成活率影响不大,主要以 NaCl、KCl 为主产生的渗透压对胚胎的影响。可见,Ca^{2+} 对淡水鱼与海水鱼胚胎发育的作用是不一样的,Ca^{2+} 是海水鱼发育所必需的离子之一,因此,在配制海水鱼稀释液时,要添加一定量的 Ca^{2+}。

鱼类胚胎不同于哺乳类胚胎。哺乳类胚胎一般都用早期胚胎(大多为囊胚)进行冷冻保存(何万红等,2002)。而鱼类胚胎冷冻保存采用心跳期胚胎较多,但也有学者认为采用尾芽期及胚孔封闭期胚胎较好。Zhang 等(1995)研究了斑马鱼不同发育时期的胚胎对冷冻降温的敏感性,结果表明早期发育阶段的胚胎对冷冻最敏感,心跳期胚胎对冷冻降温的耐受力最强。Robertson 等(1988)认为拟石首鱼(*Sciaenops ocellatus*)的尾芽期胚胎对各种抗冻剂的耐受力比桑椹胚强。章龙珍等(2002)选用胚孔封闭期、肌肉效应期、胚体转动期的泥鳅胚胎进行了玻璃化冷冻保存实验,认为胚孔封闭期胚胎在冻前脱水过程中,原生质与卵黄脱水一致,可以避免卵黄过度脱水解冻后破裂。综上所述,尽管在胚胎保存时期上不同作者观点不尽相同,但大体上都认为中期胚胎(胚孔封闭期到心跳期)冷冻耐受力较强,适合冷冻保存。

胚胎冷冻前都要进行平衡处理,使细胞脱水,以防止冷冻过程中冰晶的形成,减少冰晶损伤,但要防止过度脱水而产生的溶液效应(王新庄等,1996),因此,在冻前平衡胚胎时,在抗冻剂中的处理时间应是最佳的。平衡处理时间的长短一般与抗冻剂的种类和浓度有关。由于抗冻剂都有毒性,对于同种抗冻剂而言,胚胎平衡处理时间随抗冻剂浓度的增加而缩短。胚胎在抗冻剂中处理时间越长,受到的毒害越大。在冻前平衡实验中,胚胎在低浓度抗冻剂(A_1、A_2、B_1)中的平衡处理时间在 90 min 内孵化率没有明显下降。

在冷冻过程中,溶液温度降到冰点以下而不结冰,会使溶液处于过冷状态,若溶液进一步下降到一定程度时,溶液会突然结晶而对胚胎造成机械损伤。因此,在程序冷冻保存的操作中,常采取植冰的措施,即在抗冻液冰点略低温度认为诱导抗冻液结冰,以降低整体溶液的过冷度,避免溶液突然结冰造成的机械损伤。植冰还能减少融解热释放时引起的热能变化。一些研究发现生物细胞内的成核温度在$-5\sim-15$℃范围内(华泽钊等,1994)。目前,在人类及哺乳动物的冷冻保存中,公认的适宜植冰温度为$-6.5\sim-7.0$℃,因此,此时结冰迅速彻底(李媛,1996)。Wang 等(2002)在冷冻保存鼠的卵巢时,也是在-7℃诱导植冰,中国花鲈胚胎保存也选择-7℃作为植冰点。

鱼类胚胎在冻前平衡和冷冻过程中,吸收了大量的抗冻剂,使其渗透压大为提高,如果将冷冻卵子或胚胎解冻后一步放入水中,由于渗透压相差太大,会导致细胞的溃解(陈松林等,1991)。因此,解冻胚胎后,一定要逐步稀释去除胚胎里的抗冻剂,让胚胎过渡到水中去。常用的洗脱方法主要有两种:一种是应用较高浓度的非渗透性抗冻剂,常用的是 Suc。使用 Suc 去除抗冻剂的浓度范围很大,从 $0.25\sim2.0$ mol/L。Suc 在稀释细胞内抗冻剂时,维持了细胞外液较高的渗透压,使细胞内的抗冻剂缓缓渗出,同时控制了细胞外水分渗入的速度和渗入量,减少了细胞渗透性休克现象的发生(石玉强等,2002)。另一种是抗冻剂浓度递减的梯度稀释法,即分步骤将胚胎放在抗冻剂浓度由高到低的稀释液中洗脱,最后进入不含抗冻剂的等渗液中培养。对中国花鲈胚胎采用前一种方法,结果表明,在 A₂ 抗冻剂中冷冻保存的胚胎用 0.25 mol/L 的 Suc 液二步法洗脱效果最好。

关于鱼类配子和胚胎的程序化冷冻保存方法,目前常用的有分段慢速降温和分段快速降温。分段慢速降温一般是将样品从室温慢速(2~5℃/min)降到冰点温度,然后再以极慢的速率(0.05~0.5℃/min)降至约-60℃左右,再以 1~2℃/min 降至-85℃,停留约 10 min,最后快速降温至-196℃。分段快速降温与分段慢速降温的主要差别就是从 0℃~-60℃,采用 2~5℃/min 的降温速率(陈松林,2002)。分段慢速降温在哺乳动物胚胎的冷冻保存中常用,大都获得了成功。Zhang 等(1989)在进行鲤胚胎的冷冻保存时也采用了这种降温模式,获得了液氮中保存的鲤胚胎有 25% 复活并孵出鱼苗的成功实例。张克俭等(1997)对泥鳅等 3 种淡水鱼胚胎进行的冷冻保存实验表明,分段快速降温好于分段慢速降温。Guo(1994)在研究牡蛎胚胎的冷冻保存时,认为 1.5℃/min 的降温速率效果最好。采用 1.5℃/min 的降温速率,在液氮中冷冻保存中国花鲈胚胎也获得了成活。由此可见,鱼类胚胎种类不同,降温速率也不同,因此,应根据不同的胚胎采用不同的降温速率。

5.2.2　胚胎玻璃化冷冻保存

(1) 玻璃化液及解冻温度的筛选

以毒性最小的 PG 为主因子,在 15%、20%、25%、30%(V/V)4 个浓度梯度水平上进行组合,利用 D15(陈松林等,1992)配制成 A、B、C、D 4 组 80 种不同组成、不同浓度的抗冻剂,利用麦管在液氮中冷冻 10~30 min,在 42℃ 水浴中迅速解冻,同时观察冷冻和解冻时玻璃化程度,实验重复 3 次,进行玻璃化液的初选。然后将初步筛选出的玻璃化液再次装管冷冻,并在 35~43℃ 温度范围内进行解冻实验,每升高 1℃ 进行 3 次解冻实验,观察和统计冷冻和解冻时玻璃化和反玻璃化的次数。将筛选出的 5 种玻璃化程度较好的玻璃化液,列于表 5-10。

表 5-10　玻璃化液组成及解冻温度(n=27)(引自田永胜等,2003)

代　号	组　　成	玻璃化程度/%		解冻温度/℃
		冷　冻	解　冻	
VSB16	20%PG+30%EG	96.3	55.6	38~40
VSC3	25%PG+25%MeOH	48.1	48.1	35~36

（续表）

代　号	组　成	玻璃化程度/%		解冻温度/℃
		冷　冻	解　冻	
VSD2	30%PG+20%MeOH	77.8	63.0	37～43
VSD10	30%PG+20%DMF	59.3	59.3	39～40
VSD14	30%PG+20%EG	100.0	44.4	35～37

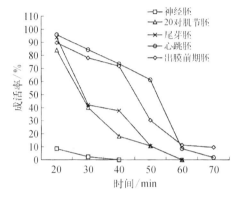

图5-1　中国花鲈各期胚胎在VSD2中平均成活率的变化（n=3）（引自田永胜等，2003）

（2）各期胚胎在 VSD2 平衡时间及适宜胚胎筛选

将中国花鲈不同时期的胚胎（包括神经期胚胎、肌节期胚胎、尾芽期胚胎、心跳期胚胎、出膜前期胚胎、出膜期胚胎）在 4℃ 下利用五步法在玻璃化梯度液中逐步平衡，即将胚胎依次置于 1/4、1/3、1/2、2/3、1 倍的 VSD2 中平衡，不经冷冻，直接利用 0.5 mol/L 的 Suc 液洗脱 10 min，逐次加入 14～17℃ 的海水培养一定时间，统计成活率。中国花鲈各期胚胎在 VSD2 平衡时间及成活率见图 5-1。神经胚在 VSD2 中的平衡时间较短，适应性较低，在其中平衡 20 min，培养成活率为 8.5%，40 min 内全部死亡。

中国花鲈 20 对肌节期胚胎在 VSD2 中五步法平衡 20 min、30 min、40 min、50 min，培养成活率分别为 83.3%、40.0%、17.9% 和 10.63%，较神经期胚胎在 VSD2 中平衡的时间长，可见其适应能力增强，相同时间内成活率也大大提高。16 对肌节期胚胎在 VSD2 中平衡 20 min 成活率 38.3%，较 20 对肌节期胚胎成活率低，胚胎发育至 20 对肌节以后其适应能力明显提高。

中国花鲈尾芽期胚胎在 VSD2 中分别五步平衡 20 min、30 min、40 min、50 min，培养成活率分别为 93.8%、42.1%、47.5% 和 10.63%。中国花鲈心跳期胚胎在 VSD2 五步平衡 20 min、30 min、40 min、50 min、60 min、70 min，培养成活率分别为 95.8%、84.1%、73.3%、61.2%、8.44% 和 1.75%，心跳期胚胎对 VSD2 的适应能力明显较尾芽期胚胎增强，处理 50 min 成活率提高 50.57%。整体平

衡时间延长 20 min。

中国花鲈出膜前期胚胎在 VSD2 中五步平衡 20 min、30 min、40 min、50 min、60 min、70 min，培养成活率分别为 89.5%、77.8%、71.6%、30.2% 和 9.5%，其整体平衡时间与心跳期胚胎相同，在 70 min 后全部死亡。中国花鲈出膜期胎在 VSD2 中只能存活 5~10 min，且成活胚胎极少。

中国花鲈胚胎在 VSD2 中随着平衡时间的延长，其成活率逐渐下降，心跳期胚胎和出膜前期胚胎在 VSD2 中适应时间最长。在中国花鲈胚胎发育过程中，不同时期胚胎对 VSD2 的适应能力不同，神经期以前胚胎对玻璃化液的适应能力最低，之后适应能力逐渐增强，至心跳期胚胎适应能力最强，出膜前期胚胎次之。可见中国花鲈心跳胚胎最适合于进行玻璃化液的处理。中国花鲈胚胎较适合的冻前平衡时间见表 5-11。

表 5-11　中国花鲈各期胚胎在 VSD2 中较适平衡时间（引自田永胜等，2003）

胚胎时期	适宜平衡时间/min	成活率/%
神经胚	<20	<8.5
20 对肌节胚	30~40	40.0~17.9
尾芽胚	30~40	42.1~37.5
心跳胚	40~50	73.3~61.2
出膜前胚	40~50	71.6~30.2

（3）不同洗脱时间对胚胎成活率的影响

利用 VSD2 五步法平衡处理 20 对肌节期胚胎 30 min，在室温下（15.5℃）直接利用 0.5 mol/L 的 Suc 2 mL 分别洗脱 5 min、10 min、15 min、20 min、25 min，逐次加入海水 2 mL 3 次，在海水中培养一定的时间，培养成活率分别为 55.7%、64.9%、70.9%、65.9% 和 29.5%，可见洗脱 15 min 的成活率最高（图 5-2）。方差分析表明：25 min 洗脱成活率与 5 min、10 min、15 min、20 min 相比，有显著差异（$P<0.05$）。洗脱时间在 5~20 min 之

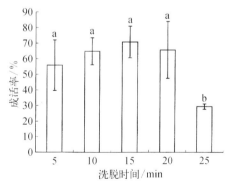

图 5-2　中国花鲈 20 对肌节期胚胎在不同洗脱时间下的成活率（引自田永胜等，2003）

图中不同字母表示差异显著（$P<0.05$）

间的成活率无显著差异($P>0.05$)。

（4）胚胎玻璃化冷冻效果

将中国花鲈肌节期胚胎、尾芽期胚胎、心跳期胚胎、出膜前期胚胎在4℃利用VSD2五步法平衡处理一定时间,将含有胚胎的玻璃化液吸入麦管,每管吸入250μL,麦管封口,置于-20℃预冷10 min,使胚胎在低温下进一步平衡,然后迅速投入液氮;冷冻一定时间后,利用38℃水浴快速解冻,0.5 mol/L Suc 2 mL洗脱3次,将培养皿加满海水培养1 h,统计完整胚胎和透明上浮胚胎数量。中国花鲈神经期胚胎在VSD2中平衡30 min,在-196℃冷冻60 min,胚胎透明率6.77%(表5-12);20对肌节期胚胎在VSD2中平衡20 min、30 min、40 min、50 min,在-196℃冷冻22 min、30 min、28 min、34 min后,胚胎完整率可达100%,胚胎进入海水培养时保持透明上浮率分别为2.1%、19.5%、13.2%、13.1%;尾芽期胚胎在VSD2中平衡30 min、40 min、50 min,在-196℃冷冻47 h、49 h、49 h,完整胚胎率分别为100%、97.98%、100%,胚胎透明率分别为5.0%、6.04%、13.6%;心跳期胚胎在VSD2中平衡30 min、40 min、50 min,在-196℃冷冻29 min、58 min、32 min,完整胚胎率分别为91.7%、84.8%和87.8%,透明率分别为11.8%、8.5%和27.9%。在VSD2中平衡30 min、40 min各有1粒胚胎成活,成活率分别为5.88%和2.13%,2粒胚胎分别在培育42 h和50 h后死亡。

表5-12　中国花鲈胚胎玻璃化冷冻结果(引自田永胜等,2003)

胚胎时期	平衡时间/min	冷冻时间/min	总样本数/ind	完整胚胎率/%	透明胚胎率/%	成活胚胎数/ind	成活率/%	成活时间/h
神经期	30	60	67		6.77			
20对肌节期	20	22	45	100	2.1			
	30	30	40	100	19.5			
	40	28	44	100	13.2			
	50	34	62	100	13.1			
尾芽期	30	2 820	60	100	5			
	40	2 940	149	97.98	6.04			
	50	2 940	162	100	13.6			
心跳期	30	29	17	91.7	11.8	1	5.88	50
	40	58	47	84.8	8.5	1	2.13	42
	50	32	41	87.8	27.9			
出膜前期	40	50	47	82.2				
	50	51	50	88.6				
	60	61	39	100				
	70	50	21	90.5		1	4.76	59

出膜前期胚胎在 VSD2 中五步平衡 40 min、50 min、60 min、70 min,在−196℃冷冻 50 min、51 min、61 min、50 min,其胚胎完整率分别为 82.2%、88.6%、100%和 90.5%。在 VSD2 中平衡 70 min 后胚胎成活 1 粒,成活率为 4.76%,培养 49 h后孵化出鱼苗。

（5）相关问题探讨

利用具有较低毒性和较强玻璃化形成能力的 PG(华泽钊等,1994)、MeOH、Gly、DMF、EG、DMSO 在不同的浓度梯度下组合,形成的 80 种浓度在 30%~60%的抗冻剂,经冷冻和解冻,对海水鱼类玻璃化液进行了较系统的选择。为尽可能地避免在解冻过程中的反玻璃化问题,对玻璃化液的解冻温度进行了研究,发现不同玻璃化液解冻时在某一温度范围内易形成玻璃化,其中 VSD2 在 37~43℃的水浴中解冻时,玻璃化率最高。使用该液在中国花鲈胚胎的玻璃化冷冻保存中获得心跳期胚胎和出膜前期胚胎的成活,成活率在 2.13%~5.88%。

关于不同时期鱼类胚胎在冷冻保存中适应能力,拟石首鱼尾芽期胚胎比桑椹胚耐受能力强(Robertson et al.,1988),草鱼原肠期以前胚胎对低温和 DMSO非常敏感,在原肠期以后,随着胚胎发育的进行,胚胎对低温和 DMSO 的耐受能力也在逐渐提高(章龙珍等,1992),斑马鱼早期胚胎对冷冻最敏感,心跳胚对冷冻降温的耐受力最强(Zhang et al.,1995)。

中国花鲈胚胎在 14~18℃的温度范围内,约需 80 h 完成胚胎发育,从受精卵开始至出膜,在不同的发育时期,胚胎对外界环境的适应能力在逐渐变化,各时期胚胎在 VSD2 中的适应能力也明显不同,这一特点直接影响着胚胎玻璃化冷冻过程和方法的选择,而且不同的鱼类及同一种鱼类不同繁殖时期的胚胎对同一种玻璃化液的适应能力也不同。从中国花鲈胚胎在 VSD2 中的存活时间和适应能力看,神经胚对玻璃化液的适应能力较差,20 对肌节期胚胎至心跳期胚胎对玻璃化的适应能力较强,都较适合于进行玻璃化处理,但心跳期胚胎最好。

选择合适的洗脱液对玻璃化液进行洗脱,洗脱时间不同,对玻璃化液的脱除程度和及时进入海水培养时间的掌握都很重要。洗脱时间太短,不利于玻璃化液的脱除,洗脱时间过长,也会出现渗透失衡,影响成活率。对 0.5 mol/L Suc在 5~25 min 内的洗脱效果进行了研究,发现洗脱 15 min 成活率最高,10~20 min 无显著差异。

利用自行筛选配制的 VSD2 对海水鱼类中国花鲈神经期胚胎、20 对肌节期胚胎、尾芽期胚胎、心跳期胚胎、出膜前期胚胎进行了玻璃化冷冻研究,取得了 2.1%~27.9%的透明胚胎,其中 3 粒胚胎成活,1 粒胚胎出膜,成活时间在 42~ 59 h。结果显示,利用 VSD2 可进行中国花鲈胚胎玻璃化的冷冻保存,在解冻时的水浴温度在 37~42℃易保持玻璃化,采用繁殖盛期的心跳期胚胎和出膜前期胚胎易于冷冻处理。

5.3 牙鲆

5.3.1 胚胎程序化冷冻保存

(1)抗冻剂筛选

1)单一抗冻剂:基础液用 NaCl(0.422 mol/L)、KCl(0.011 mol/L)、CaCl$_2$· 2H$_2$O(0.013 mol/L)、MgCl$_2$(0.024 mol/L)、NaHCO$_3$(2.26 mol/L)配制而成。用基础液配制 15%MeOH、15%PG、15%Gly、15%DMF、15%DMSO,用这些抗冻剂在室温下处理胚胎 30~60 min,用洗脱液除去抗冻剂,培养,计算胚胎成活率,对照采用基础液。MeOH 和 PG 的毒性相对其他 3 种抗冻剂的毒性小,经其处理 30 min 的胚胎成活率分别为 92.67%和 90.91%;Gly 和 DMF 对胚胎的毒性很大,在处理 60 min 时胚胎的成活率分别为 4.56%和 4.76%;除 PG 外,随时间的增加胚胎的成活率明显降低(图 5-3)。

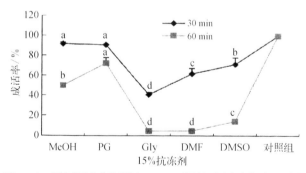

图 5-3　牙鲆尾芽期胚胎经 15%不同抗冻剂平衡处理后的
成活率(引自王春花等,2007)

图中不同字母表示差异显著($P<0.05$)

2)混合抗冻剂:用基础液配制 20% PM(20% PG + 20% MeOH)、20% FP (20%DMF+20%PG)、20%FM(20%DMF+20%MeOH)、20%SP(20%DMSO+20%

PG)、20%SM(20%DMSO+20%MeOH),用这些抗冻剂在室温下处理胚胎 50~
120 min,用洗脱液除去抗冻剂,培养,计算胚胎成活率,对照采用基础液。配制
10%、15%、20%、25%、30%、35%PM,用这些抗冻剂在室温下平衡胚胎,当有约
50%胚胎上浮时,将上浮胚胎装入麦管,以−10℃/min 的速度降至−30℃并保存
10 min,38℃水浴解冻,洗脱,培养,计算成活率。

　　PM 为 PG 和 MeOH 组合,FP 为 DMF 和 PG 组合,FM 为 DMF 和 MeOH 组合,
SP 为 DMSO 和 PG 组合,SM 为 DMSO 和 MeOH 组合。研究结果表明,抗冻剂组合
的毒性明显低于单一抗冻剂的毒性,处理 50 min 后的胚胎成活率在 78%以上;其
中 PM 组合呈现显著优势,胚胎经其处理 120 min 后,成活率为 94.03%(图 5−4)。

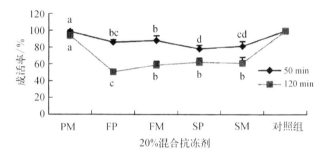

图 5−4　牙鲆尾芽期胚胎经 20%不同混合抗冻剂平衡处理后
的成活率(引自王春花等,2007)

图中不同字母表示差异显著($P<0.05$)

　　20%和 25%的 PM 冷冻效果较好,胚胎成活率在 80%以上(图 5−5)。随
PM 浓度的增加(10%~35%),胚胎成活率呈现先升后降的趋势,表明用程序降
温法冷冻胚胎所用抗冻剂浓度不需要很高。

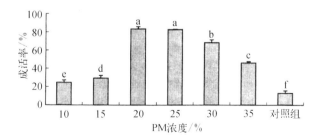

图 5−5　牙鲆尾芽期胚胎经不同浓度的 PM 抗冻剂中平衡
处理并降至−30℃成活率(引自王春花等,2007)

图中不同字母表示差异显著($P<0.05$)

（2）降温速率筛选

1）室温–植冰前的降温速率：用 20%PM 处理胚胎并装入麦管后，从室温开始分别以 1.0℃/min、2.0℃/min、3.0℃/min、4.0℃/min、5.0℃/min 降到−12℃，在此平衡 5 min，然后 38℃ 水浴解冻，洗脱，培养，计算成活率。结果表明，从室温到植冰前采用 2℃/min 的降温速率，胚胎成活率较高（94.13%），采用 1℃/min、3℃/min、4℃/min、5℃/min 的降温速率，胚胎成活率为 70%~85%（图 5−6）。

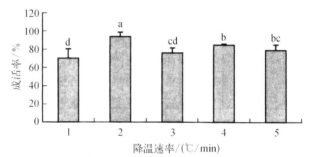

图 5−6　牙鲆尾芽期胚胎不同降温速率降至−12℃解冻后的
成活率（引自王春花等，2007）

图中不同字母表示差异显著（$P<0.05$）

2）室温–植冰后的降温速率：用 20%PM 处理胚胎并装入麦管中，从室温开始以 2℃/min 的速率降到−12℃，植冰，平衡 5 min，再分别以 2℃/min、3℃/min、4℃/min、5℃/min、6℃/min、7℃/min、8℃/min、9℃/min、10℃/min 的降温速率降至−30℃，平衡 10 min，38℃ 水浴解冻，洗脱，培养，计算成活率。结果表明，采用 8℃/min 的降温速率，胚胎成活率为 92%，冷冻效果较好；采用<5℃/min 的降温速率，胚胎成活率<35%，表明植冰后采用慢速降温是不可取的（图 5−7）。

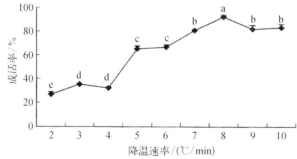

图 5−7　牙鲆胚胎植冰后采用不同的降温速率降至−30℃解
冻后的成活率（引自王春花等，2007）

图中不同字母表示差异显著（$P<0.05$）

（3）入液氮前温度筛选

用20%PM平衡处理胚胎并装入麦管,从室温以2℃/min的速率降到
−12℃,植冰,平衡5 min,继续以8℃/min的速率分别降到−30℃、−35℃、
−40℃、−45℃、−50℃、−55℃、−60℃,平衡10 min,38℃水浴解冻,洗脱,培养,计
算成活率。结果表明,在入液氮前温度≥−45℃时,胚胎成活率为82.86%~
85.91%,差异不显著;入液氮前温度≤−45℃时,成活率呈现明显的下降趋势,
差异显著。此结果说明,用20%PM处理的胚胎危险期出现在≤−45℃的某一
温度区域内,建议入液氮前温度在−45℃(图5−8)。

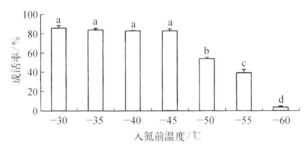

图5−8　经冷冻至不同入液氮前温度的牙鲆尾芽期胚胎成
活率(引自王春花等,2007)

图中不同字母表示差异显著(P<0.05)

（4）胚胎超低温冷冻保存

用从胚孔封闭期到出膜前期的胚胎反复进行冷冻保存实验,用20%PM和
20%PVP(20% PM+2% PVP)平衡胚胎,装入麦管,以2℃/min的速率降到
−12℃,植冰,平衡5 min,继续以8℃/min的速率分别降到−45℃,平衡2 min,快
速投入液氮中,保存1~24 h,解冻,洗脱,培养。经过反复实验,复活的胚胎时期
都是尾芽期,验证了尾芽期是对冷冻耐受力较强的时期,其中22%PMP中含有
2%PVP,验证了非渗透性抗冻剂对胚胎的冷冻保护作用。复活胚胎孵化出膜
后,从出膜第4天的仔鱼开始投喂小球藻,这些仔鱼发育相对迟缓,且生命力比
较脆弱。牙鲆胚胎的超低温冷冻保存结果如表5−13所示。

表5−13　牙鲆胚胎超低温冷冻保存结果(引自王春花等,2007)

抗冻液	胚胎时期	麦管数/ind	胚胎总数/ind	保存时间/h	畸形数/ind	成活数/ind	成活时间/d
20%PM	尾芽期	5	26	17	0	5	2~7
22%PMP	尾芽期	9	45	17	1	7	2~17

（5）相关问题探讨

抗冻剂对细胞的毒性作用主要发生在冷冻前和解冻后的处理阶段,其毒性与其种类和平衡时间等因素有关。Newton 等(1996)测定了几种渗透性抗冻剂对对虾胚胎的毒性,发现对于无节幼体和桑椹胚来说,EG 和 MeOH 毒性最低。Urbanyi 等(1997)在研究抗冻剂对鲤桑椹胚和心跳期胚胎的毒性时,发现 MeOH毒性最低。Zhang 等(1996)研究发现,抗冻剂对斑马鱼胚胎的毒性由小到大的顺序为:PG<MeOH、DMSO、2,3－丁二醇、乙酰胺<EG<Gly。测定了 5 种渗透性抗冻剂对牙鲆尾芽期胚胎的毒性,处理 30 min 的结果为:MeOH<PG<DMSO<DMF<Gly,处理 60 min 的结果为 DMF>Gly>DMSO>MeOH>PG。由此可见,不同抗冻剂对胚胎的毒性作用不同,且抗冻剂的毒性随处理时间的延长而增加,MeOH 是一种很好的渗透性抗冻剂。

用程序化冷冻保存法进行胚胎冷冻,降温速率是非常重要的影响因子。Stoss 等(1983)采用 0.3～0.35℃/min 的降温速率,在−20℃冷冻保存虹鳟和大麻哈鱼受精卵,解冻后获得 6.4%的复活率。张克俭等(1997)研究了不同降温速率对冷冻保存泥鳅胚胎的影响,表明分段快速降温优于分段慢速降温,获得在液氮中保存的复活胚胎并孵出仔鱼。章龙珍等(1994)对鲢、鳙、草鱼、团头鲂(*Megalobrama amblycephala*)和青鳉(*Oryzias latipes*)胚胎,在低温下采用慢速降温速率 0.2～0.5℃/min 降至−40℃以上温度,胚胎获得了 20%以上的成活率;以 2℃/min 降温到−40℃,再以 10℃/min 降至−196℃,胚胎获得了 90%以上的复活率。Hagedorn 等(2004)在研究斑马鱼胚胎冰晶形成温度的实验中表明慢速降温不是一个好方法。他采用牙鲆尾芽期胚胎进行速率筛选实验,结果表明,植冰以后,采用较慢的降温速率(2～4℃/min)将胚胎降温至−30℃并维持10 min,胚胎成活率仅有 20～35%,而用 8℃/min 将胚胎降温至−30℃并维持10 min,胚胎成活率为 92%,可见在植冰后采用较快速度降温的效果明显优于慢速降温,其原因之一是植冰后继续采取慢速降温会增加抗冻剂对胚胎的溶质损伤。

胚胎冷冻保存是一项系统工作,一个处理环节操作不慎,都会导致整个实验的失败。目前比较成熟的冷冻保存法有程序化冷冻保存法和玻璃化冷冻保存法。在不同鱼类胚胎的冷冻方法上,不同的作者采用了不同的冷冻保存方法。对牙鲆胚胎的程序化冷冻保存法进行了系统的研究,获得了复活胚胎并孵化出膜。在实验过程中也做了一些程序化冷冻保存法与玻璃化冷冻保存法的对比,由于玻璃化冷冻保存法不需要昂贵的冷冻降温设备,操作简易方便,受广大学者青睐(Chen et al.,2005)。但冷冻中如果出现反玻璃化,那么麦管中的胚胎就会全部破碎,无一幸免,且玻璃化冷冻保存法的稳定性较差;程序化冷冻保存法采用较低浓度的抗冻剂,对胚胎造成的毒性损伤较小,并且对胚胎的完整性具有极强的保护作用。用程序化冷冻保存法保存的胚胎其完整率可高达90%以上。因此,将程序化冷冻与玻璃化冷冻保存法结合起来使用,将会提高冷冻胚胎的完整性和复活率,提高实验的重复性和稳定性。

5.3.2 胚胎玻璃化冷冻保存

(1)基础液选择

利用 NaCl、KCl、CaCl$_2$·2H$_2$O、MgCl$_2$·6H$_2$O、NaHCO$_3$ 配制成 5 种不同浓度的溶液,在室温 15~16℃下对牙鲆原肠期胚胎进行培养,使其发育至出膜,统计其孵化率。选择孵化率最高的溶液作为配制玻璃化液和洗脱液的基础液。由表 5－14 可见,总盐度在 30.68~38.02 的 5 种基础液 BS1~BS5,对牙鲆胚胎进行培养,结果显示,这 5 种基础液培养孵化率无显著差异($P>0.05$),BS2 对胚胎培养孵化率最高,为 81.5%;BS5 培养孵化率最低,为 70.73%。

表 5－14 不同基础液配方选择结果(引自田永胜等,2005)

代号	基础液配方/(g/L)						胚胎孵化率/% ($n=3$)
	NaCl	KCl	CaCl$_2$·2H$_2$O	MgCl$_2$·6H$_2$O	NaHCO$_3$	盐度	
BS1	23.75	0.76	1.36	4.66	0.18	30.68	78.33±16.37
BS2	24.72	0.86	1.46	4.86	0.19	32.09	81.50±5.57
BS3	25.72	0.86	2.36	5.66	0.28	34.88	74.84±6.01
BS4	26.92	1.00	2.06	6.06	0.30	36.34	80.88±6.15
BS5	27.92	1.10	2.30	6.40	0.30	38.02	70.73±10.17

(2)胚胎对玻璃化液的适应

利用 BS2 为基础液,在其中加入不同比例的 PG、MeOH、PVP,配制成不同浓度和组成的玻璃化液:

VS1：60%BS2+24%PG+16%MeOH(*V/V*)

VS2：55%BS2+27%PG+18%MeOH(*V/V*)

VS3：55%BS2+30%PG+15%MeOH（V/V）

VS4：55%BS2+22.5%PG+15%MeOH+7.5%PVP，PVP 含量为重量百分比

利用玻璃化液 VS2 分别对牙鲆胚孔封闭期、4～5 对肌节期、16～20 对肌节期、尾芽期和心跳期胚胎进行五步法平衡处理一定的时间（40 min、50 min、60 min、70 min、80 min），直接利用 0.125 mol/L 的 Suc 洗脱 10～15 min，加入 14～16℃过滤海水培养，统计成活率。牙鲆不同时期的胚胎在玻璃化液 VS2 中平衡 40～80 min，随着平衡时间的逐渐延长，其成活率逐渐降低（图 5－9），16～20 对肌节期胚胎在 40 min 时成活率为（78.13±5.23）%，50 min 成活率为（69.41±10.77）%，60 min 成活率为（68.38±8.25）%，70 min 成活率为（63.55±2.13）%，80 min 的成活率下降到（50.22±5.35）%。不同时期胚胎在 VS2 中平衡相同的时间，成活率的变化呈"山峰型"，16～20 对肌节胚的成活率相对较高，如在 40 min 时，各期胚胎成活率由大到小排列为：16～20 对肌节期（78.13±5.23）%＞尾芽期（76.83±6.12）%＞4～5 肌节期（74.68±9.56）%＞胚孔封闭期（54.43±7.31）%＞心跳期（12.2±6.68）%，16～20 对肌节期与尾芽期、4～5 对肌节期成活率无显著差异（$P>0.05$），但与胚孔封闭期和心跳期胚胎有显著差异（$P<0.05$），在 50、60、70、80 min 对胚胎的处理结果与 40 min 呈现出相似的变化规律，说明 4～5 对肌节期、16～20 对肌节期、尾芽期胚胎对玻璃化液的适应能力

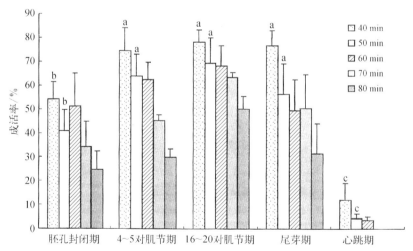

图 5－9　牙鲆不同时期胚胎在 VS2 中平衡不同时间的成活率（%）（$n=3$）
（引自田永胜等，2005）

图中不同字母表示差异显著（$P<0.05$）

较强,胚孔封闭期和心跳期胚胎对玻璃化液的适应能力较差。

（3）洗脱液筛选

首先将牙鲆尾芽期胚胎利用 VS2 五步法平衡 40 min,不经冷冻,分别利用 0.125 mol/L 的 Suc、Glu、Gal、Tre 洗脱 10 min,加入过滤海水,在 15～17.5℃的室温下培养 10 h,统计成活率。再在室温下利用 VS2 五步法平衡牙鲆 20 对肌节期胚胎 50 min,分别用 0.062 5 mol/L、0.125 mol/L、0.25 mol/L、0.5 mol/L、1.0 mol/L 的 Suc 液洗脱 10 min,过滤海水培养 10 h,统计成活率。

利用相同浓度（0.125 mol/L）的 Suc、Glu、Gal、Tre 分别洗脱经 VS2 平衡处理的牙鲆尾芽期胚胎相同的时间,其成活率分别为（64.97±10.29）%、（63.01±13.71）%、（63.69±5.55）% 和（55.79±7.83）%,相应的孵化率分别为（93.72±6.53）%、（93.32±6.91）%、（94.79±6.51）%、（86.94±6.44）%,成活率和孵化率都无显著差异（$P>0.05$）（图 5-10）。

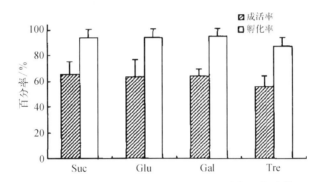

图 5-10　不同种类洗脱液洗脱结果（$n=3$）（引自田永胜等,2005）

在常温下分别利用 0.062 5 mol/L、0.125 mol/L、0.25 mol/L、0.5 mol/L、1.0 mol/L 的 Suc 液洗脱经 VS2 五步法平衡的牙鲆 20 对肌节期胚胎,其成活率分别为（51.58±7.26）%、（55.89±11.57）%、（27.32±22.26）%、（20.0±5.81）% 和（17.05±4.36）%,0.125 mol/L 与 0.0625 mol/L 无显著差异（$P>0.05$）,与其他浓度有显著差异（$P<0.05$）,但 0.125 mol/L Suc 洗脱成活率最高（图 5-11）。

（4）平衡温度对胚胎成活率的影响

在室温（21～22℃）和 6℃下,在 VS1 中利用五步法分别平衡牙鲆原肠中期、胚孔封闭期、4～5 对肌节期、15～20 对肌节期、尾芽期、心跳期和出膜前期胚胎 50 min;室温下平衡胚胎用 20～21℃的 0.125 mol/L Suc 1 mL 洗脱,20～21℃的

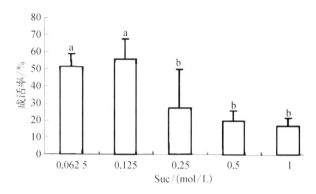

图 5-11　不同浓度 Suc 洗脱成活率($n=5$)(引自田永胜等,2005)

图中不同字母表示差异显著($P<0.05$)

过滤海水培养。6℃下平衡胚胎用预冷至6℃的0.125 mol/L Suc 洗脱,用6℃过滤海水在室温下培养,使其温度逐渐升至室温,培养相同时间后统计成活率。

在室温21~22℃下牙鲆不同时期胚胎在 VS1 中平衡相同的时间,成活率曲线呈"山峰型"。15~20 对肌节期胚胎成活率最高,为(77.89 ± 10.53)%,其他时期胚胎成活率较低,原肠中期为(13.77 ± 3.82)%,胚孔封闭期为(17.97 ± 3.57)%,4~5 对肌节期为(11.99 ± 2.29)%,尾芽期为(23.71 ± 8.21)%,心跳期为(7.14 ± 3.41)%,出膜前期为(4.11 ± 3.05)%。说明在室温下牙鲆15~20 对肌节期胚胎最适合于在 VS1 中处理。在6℃下利用 VS1 平衡不同时期胚胎,不同时期胚胎成活率曲线呈"S"形(图 5-12),原肠中期成活率为(68.39 ± 9.02)%,发育至胚孔封闭期成活率降低到(37.54 ± 8.63)%,至4~5 对肌节期

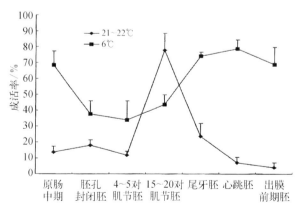

图 5-12　牙鲆胚胎在不同平衡温度下的成活率($n=5$)

(引自田永胜等,2005)

成活率最低,为(33.92±12.26)%,至 15~20 对肌节期成活率又开始上升为(43.75±5.97)%,发育至尾芽期和心跳期胚胎成活率最高,分别为(74.07±2.59)%和(78.77±5.63)%,出膜前期胚胎成活率下降至(68.72±10.96)%。

21~22℃和 6℃下分别平衡牙鲆不同时期胚胎成活率相比较,除 15~20 对肌节期胚胎在室温下的成活率高于低温外,其他时期胚胎的成活率低温均高于室温。这也表明 15~20 对肌节期胚胎适合在室温下进行平衡,其他时期胚胎适合于在低温下平衡。

(5)胚胎玻璃化冷冻、洗脱、培养

在室温下(15~17.5℃),利用不同的玻璃化液 VS2、VS3、VS4 对牙鲆不同时期胚胎进行五步法处理一定时间,吸入麦管 250 μL,利用酒精灯封口,以 211℃/s 的速率直接投入液氮冷冻保存一定的时间,将麦管从液氮中移出,快速利用 40℃的水浴解冻,0.125 mol/L 的蔗糖液洗脱 10 min,加入过滤海水培养,每天换水 1/2,保持水温在 15~17℃,及时清除死卵。观察和统计成活卵。

牙鲆胚胎玻璃化冷冻保存结果见表 5-15。利用 VS4 对尾芽期胚胎平衡 40 min,在液氮中冷冻 7 h 33 min,有 2 粒成活,成活率 5.71%,其中 1 尾出膜,培养 67 h。利用 VS2 对肌肉效应期胚胎平衡 50 min,冷冻 1 h 31 min,有 2 粒成活,成活率 6.67%,2 尾出膜,培养 62 h。出膜前期胚胎利用 VS3 平衡 60 min,冷冻 2 h 34 min,有 1 粒成活,成活率为 1.64%,1 尾出膜,培养 14 h。胚胎冻存最短时间为 1 h 33 min,最长冻存时间为 7 h 33 min,共获得成活胚胎 5 粒,成活率在 1.64%~6.67%,平均成活率 4.67%;5 粒成活胚中有 4 粒孵化,成活时间 14~67 h。

表 5-15 牙鲆不同时期胚胎玻璃化冷冻保存结果(引自田永胜等,2005)

胚胎时期	玻璃化液	平衡时间/min	冷冻时间	成活胚/样本数/ind	成活率/%	孵化胚数/ind	成活时间/h
尾芽期	VS4	40	7 h 33 min	2/35	5.71	1	67
肌肉效应期	VS2	50	1 h 31 min	2/30	6.67	2	62
出膜前期	VS3	60	2 h 34 min	1/61	1.64	1	14
总成活胚数				5		4	

(6)相关问题探讨

在哺乳动物胚胎的培养和玻璃化液的配制中,使用的基础液种类很多,如 PBSS(Francois et al. , 1999)、SPBS(Silvestre et al. , 2002)、H-SOF(Oberstein et al.，2001）等，鲤囊胚细胞的冷冻中应用 FEM 处理细胞和配制 1.4 mol/L 的 PG （Silvia et al.，1999）。海水鱼类卵的生存环境与其他动物不同，牙鲆胚胎一般在盐度 28~35 的海水中孵化，在其玻璃化冷冻保存中，为了使胚胎不受到盐度变化带来的渗透压影响，对基础液进行了筛选，盐度在 30.86~38.02 的 BS1-5 在胚胎培养中成活率无显著差异，但 32.09 的 BS2 的培养成活率最高，在生产中牙鲆胚胎最适孵化盐度也为 32，因此在牙鲆胚胎玻璃化的配制中使用了 BS2。为了防止在玻璃化液配制中产生沉淀，事先对基础液中各种盐离子进行了筛选，发现 $MgSO_4$ 的加入在玻璃化液的配制中易产生沉淀。

牙鲆不同时期胚胎对玻璃化液及冷冻的适应性不同，不同浓度和不同种类的玻璃化液对胚胎的影响也不同，在不同动物胚胎的冷冻保存中使用了不同的玻璃化液和不同时期的胚胎，在日本对虾（*Penaeus japonicus*）胚胎、无节幼体、蚤状幼体对抗冻剂的选择中，在 10%MeOH 中成活率最高（Gwo et al.，1998）。对虾晚期胚胎对 DMSO 和 EG 的耐受能力较强，无节幼体期较适合于进行慢速降温冷冻和玻璃化冷冻（Newton et al.，1996）。鲤早期囊胚细胞较晚期囊胚细胞对冷冻敏感（Silvia et al.，1999）。在室温下牙鲆不同时期胚胎在 VS2 中平衡结果显示，4~5 对肌节期、16~20 对肌节期、尾芽期胚胎适合于在玻璃化液中平衡，早期和晚期胚胎对玻璃化液的耐受能力较低。在不同时期的胚胎玻璃化冷冻中也显示出尾芽期胚胎易于成活。

胚胎经过玻璃化液处理、冷冻解冻后，玻璃化液的去除是相当重要的一步。在哺乳动物胚胎或组织的冷冻保存中，在 37℃应用 S-PBS 配制的 0.25 mol/L 的 Suc 洗脱兔和猪胚胎组织和皮肤样品（Silvestre et al.，2002）；利用 DPBS 配制 1.0 mol/L 的 Suc 洗脱玻璃化小鼠胚胎（Cseh et al.，1999），在 25~27℃分步利用 PBSS 配制的 1.7 mol/L、0.85 mol/L、0.4 mol/L 的 Gal 洗脱玻璃化冷冻的牛卵母细胞（Francois et al.，1999）；在鲤胚胎程序化冷冻中利用 0.1 mol/L Suc 洗脱抗冻剂（Zhang et al.，1989）。对 0.125 mol/L Suc、Glu、Gal、Tre 对牙鲆胚胎的洗脱效果进行比较选择，结果显示 4 种糖溶液的洗脱效果无显著差异，但 Suc 的洗脱成活率相对较高。对 0.062 5~1.0 mol/L Suc 的洗脱效果进行比较，发现 0.125 mol/L Suc 的洗脱成活率最高。

胚胎在玻璃化液的处理过程中，不同平衡温度对胚胎的成活率有一定影响。分别在室温（19~21℃）和低温（2~4℃）下利用 6 mol/L VSD+1 mg/mL

AFGP 平衡小鼠卵母细胞,冻后受精率和发育至胚泡成活率低温高于室温(Neil et al., 1998)。利用不同的玻璃化液 MVM 和 RVM 分别在 20℃和 4℃下平衡小鼠桑椹胚、早期囊胚和扩张囊胚,MVM 平衡成活率 4℃高于 20℃,RVM 平衡成活率 20℃高于 4℃(Cseh et al., 1999)。牛体外受精胚胎在室温(18℃)添加抗冻剂效果明显优于 4℃(洪武等,1995)。利用 VS1 对牙鲆不同时期的胚胎分别在室温(21~22℃)和 6℃进行平衡,不同时期胚胎对温度表现出不同的适应性,16~20 对肌节期胚胎在室温下成活率高于低温,其他时期的胚胎在低温下的成活率高于室温。

在水生动物胚胎冷冻保存研究方面,Chao 等(2001)对太平洋牡蛎胚胎和早期幼虫的冷冻研究较多,利用程序化冷冻获得 78% 的最高胚胎成活率,但利用玻璃化冷冻仅获得 14% 的成活率。Gwo(1994)对其桑椹胚、囊胚、担轮幼虫对抗冻剂的适应能力、抗冻剂的浓度、平衡时间、降温程序进行了选择研究。Philippe(1991)对太平洋牡蛎冷冻耐受能力进行了研究,结果显示出冷冻的耐受能力与胚胎的质量相适应。鱼类胚胎冷冻与哺乳动物和有壳水生动物相比较,在胚胎的规格、抗冻剂的选择、渗透能力、冷冻和解冻等方面都有一定的困难。鱼类胚胎冷冻成活的只有少数几例,在淡水鱼类,利用程序降温在鲤胚胎冷冻中获得 4 粒成活,3 粒孵出鱼苗,但实验结果未能重复(Zhang et al., 1989)。泥鳅胚胎利用总浓度为 35% 的玻璃化液,快速降温方式冷冻,获得 16 粒成活,1 粒孵化出膜(张克俭等,1997)。

5.4　几种鲤科鱼类

5.4.1　胚胎的生理特性

鲤科是鱼类中种类最多的一科,约 200 属,2 000 种,现已知的有 400 余种,超过其他淡水鱼类各科的总和。鲤科鱼类是北半球温带和热带地区淡水捕捞的重要对象,在我国具有重要的经济意义,其产量占全国总产量的 1/4,构成淡水天然捕捞以及池塘和大水面养殖的主要对象。鲤科鱼类均为卵生,有的种类产漂流性卵,有的产沉性卵(孟庆闻等,1989)。沉性卵的卵径一般较大,卵具有外卵膜,多呈黏性(刘利平等,2005)。受精卵的黏性及黏性产生的时间因种类的不同而不同,如翘嘴红鲌(*Erythroculter ilishaeformis*)产的卵,卵膜较厚,黏性较强,卵子一经产出即沉入水底或黏附于他物上,黏性产生时间为 20~30 s(黄玉玲等,2005);而松潘裸鲤(*Gymnocypris potanini*)产的卵,黏性较弱,黏性产生的时间为 2~4 min(吴青等,2001)。而另一些鱼类的卵膜平滑,无黏性,卵膜吸水膨大,顺水漂流,如青鱼(*Mylopharyngodon piceus*)、草鱼、鲢、鳙等。卵膜吸水达最大卵径有的只需 30~50 s,有的需 1 h 才能达到最大。膨大所需的时间因种类的不同而不同。鲤科鱼类的卵为端黄卵,卵黄含量丰富,根据种类的不同,卵子的颜色呈金黄色、橘红色、灰黄、青灰色和黄绿色等(黄玉玲等,2005;易祖盛等,2004)。卵径小的为 0.8 mm,吸水后为 1.2 mm,而卵径大的为 2.7~2.9 mm,吸水后可达 4.0 mm,大多数卵径在 1.5~2.5 mm 之间。卵子从受精开始至出膜整个胚胎发育过程,少的分为 7 个时期(凌去非等,2003),多的分为 28 个时期(陈国柱等,2004),分期的差异主要是在细胞分裂期、囊胚期和原肠期的细分上。分期少的是将细胞分裂期从 2 细胞期到多细胞期的各个时期统称为细胞分裂期;将低囊胚、中囊胚和高囊胚称为囊胚期;将原肠胚期的早期、中期和晚期称为原肠胚期,这样减少了胚胎的发育分期。

多数鲤科鱼类的胚胎发育分为 22~24 个不同的发育期。鲤科鱼类胚胎的发育需要一定的温度范围,过高或过低都会造成胚胎的死亡。胚胎发育速度随温度的变化而发生变化,在适宜的孵化条件下,温度升高发育速度加快,高温对胚胎整个发育过程都起到加速的作用,对于胚胎的各发育阶段,温度高同样也缩短了相应的时间。胚胎发育的速度和温度之间有密切关系,通常采用胚胎发育速度的温度系数 Q_{10} 值来表示,$Q_{10} = (v_2/v_1)^{10/(t_2-t_1)}$,$Q_{10}$ 代表温度高 10℃时反应速度加快的倍数,v_1、v_2 为反应速度,t_1、t_2 为相对温度。利用该公式可求出胚胎发育的最适温度范围。如鲤胚胎发育温度带中所得的 Q_{10} 值接近 2.0 时,温度为 20~28℃,该温度带就是鲤胚胎发育最适温度范围,15℃以下和 40℃以上温度会造成胚胎死亡(孟庆伟等,1997)。胚胎在接近临界温度下孵化,往往发育不正常,死亡率高。在鲤科鱼类中有些种类如松潘裸鲤的胚胎在 9℃时也能发育(吴青等,2001),说明鲤科鱼类依种类的不同,胚胎发育的最适温度范围也不尽相同。胚胎各个发育阶段对温度特有的敏感期不同,在高温下(30~35℃)孵化的胚胎从心跳期到胚体转动期为高温敏感期,这时高温易造成胚胎的大量死亡。至于低温(10~15℃)孵化的胚胎,则以胚胎进入原肠期为最高敏感期,低温造成正常代谢进行缓慢,胚胎长期停留在囊胚期,不能进入原肠期,低温满足不了由囊胚期进入原肠这样一个剧烈分化时期的生理要求(赵明蓟等,1982)。胚胎长期处于低温条件下造成胚胎的大量死亡。研究和掌握不同温度胚胎发育的敏感期,可以在不同季节进行人工繁殖时,更有效地改善敏感期的环境条件,为胚胎正常发育提供理论上的依据。同时在进行胚胎超低温冷冻保存时避开胚胎的敏感期,选择对温度不敏感的时期进行保存,有利于胚胎获得成活。

鲤科鱼类胚胎发育速度随温度的不同而不同,水温高能缩短胚胎发育时间,水温低则对发育起到相应的延迟作用,胚胎在生长发育过程必须从环境中摄取一定的热量才能完成某一阶段的发育,而且各个发育阶段所需要的总热量是一个常数,为了完成某一发育阶段所需的一定的总热量称为有效积温,可依据 $K=N(T-C)$ 公式计算。K 为总积温(为一常数),N 为生长发育所需时间,T 为发育期间的平均温度,C 为发育起点温度,只有在发育起点温度以上的温度对发育才是有效的(孙儒泳等,2001)。通过有效积温的计算可以判断胚胎发育的最适水温。

鲤科鱼类的胚胎是由胚盘和大的卵黄囊组成,胚盘细胞和卵黄囊中的水分含量是不相同的(陈松林,2007)。在进行低温冷冻保存时,在加有抗冻剂的溶液中,往往是卵黄囊已充分地脱除水分,但胚胎细胞还未达到充分的脱除,等胚胎细胞充分脱除时,卵黄已受到高渗损伤,这是胚胎冷冻前平衡时间难以掌握的重要原因(李广武等,1997)。

鲤科鱼类胚胎由于体积大、含水量多、具有双层卵膜,卵膜通透性差、卵黄含量高等,抗冻剂进入其内速率很慢,给冷冻保存带来不便(陈松林,2002)。要想使抗冻剂充分进入鱼卵和胚胎内起到升高卵内渗透压,降低冰点的作用,就必须在冷冻保存前,将鱼卵或胚胎放在高浓度的抗冻剂中平衡一定时间,让抗冻剂有较充分的时间渗入胚胎内部。由于大多数抗冻剂都有毒性,如胚胎在高浓度抗冻剂中暴露时间过长,就会影响胚胎的成活,抗冻剂浓度过低,则不能很好地起到抗冻保护的效果。冷冻前必须让细胞从低浓度逐渐过渡到高浓度抗冻剂中,这样对细胞的损伤效应较小,鉴于胚胎在冻前平衡和冷冻过程中吸收了大量抗冻剂,使其渗透压比原来大为提高,因此,解冻时,一定要慢慢稀释去除细胞里的抗冻剂,让胚胎逐渐过渡到水中去(陈松林等,1991)。

5.4.2 对抗冻剂的耐受力

不同发育时期的鱼类胚胎对抗冻剂的敏感性及冷冻降温的耐受力均不一

样,在室温下,抗冻剂 DMSO 和 MeOH 对鲤、草鱼、鲢和鳙卵受精和发育产生不良影响,导致受精率和孵化率降低,这种不良影响与抗冻剂的浓度和作用时间成正比,未受精卵受到抗冻剂作用不能受精或受精率很低(鲁大椿等,1992)。室温下,鲤、鲢、鳙受精卵对 DMSO 的耐受浓度分别为 12%、10%、8%,鲢和鳙对 MeOH 的耐受浓度为 6%。在室温和 0℃ 下,在 90 min 内,草鱼心跳期胚胎对 DMSO 耐受极限浓度为 16% 和 20%,适合的浓度为 12%。对 Gly 的耐受浓度为 4% 和 5%,适合的浓度为 2%。对 EG 的耐受浓度室温和低温都为 12%,适合的浓度 4%。MeOH 低温下的耐受浓度为 20%,室温下 20% 的浓度还有 60% 以上的成活率。这说明在室温下,MeOH 对胚胎的毒性作用最小,其适合的浓度为 12%(陈松林等,1991);Gly 的毒性作用最大,适合的浓度为 2%。不同发育时期对抗冻剂的耐受力不同,原肠期以前的胚胎对抗冻剂和低温属敏感期不易进行低温冷冻保存。从原肠期以后,随着胚胎的发育对抗冻剂和低温的耐受力逐步提高(章龙珍等,1992),草鱼胚胎在 8%DMSO 浓度下,在 90 min 以内,无论是常温还是低温都获得了高的成活率。但在 DMSO 中的处理时间超过 180 min,胚孔封闭期、肌肉效应期和心跳期草鱼胚胎,所有的胚胎都发育成症状相同的畸形鱼苗,其尾部的脊椎发生畸形变化,脊椎数减少,脊椎缩短。说明 DMSO 对胚胎的毒性作用主要是对脊椎骨的损伤(章龙珍等,1989)。鱼类胚胎冷冻前选用原肠期以后的胚胎作为实验材料较好,冷冻平衡时间在高浓度情况下应相应地缩短平衡时间,在低浓度的情况下不应超过 90 min。MeOH 对鲤胚胎在常温下的耐受浓度为 5 mol/L 浓度,在低温下为 1.5 mol/L 浓度(Ahammad et al.,1998)。1 mol/L MeOH、1 mol/L DMSO 和 1 mol/L Gly 抗冻剂对鲤桑椹胚、胚孔封闭期和心跳期胚胎在低温(0~4℃)下处理 1 h,不同发育时期的胚胎孵化率急剧减少,抗冻剂对桑椹胚和胚孔封闭期胚胎的毒性大小依次为 Gly>DMSO>MeOH,对心跳期胚胎的毒性大小则为 DMSO>Gly>MeOH。不同时期胚胎对冷冻处理的敏感程度依次为胚孔封闭期胚胎>桑椹胚>心跳期胚胎(Dinnyes et al.,1998)。

5.4.3 适宜抗冻剂的筛选

在进行超低温冷冻保存时,必须加入一定浓度的抗冻剂才能达到在低温下长期保存的目的。抗冻剂的作用原理是当其渗入到细胞内后,能增加整个细胞的黏度和细胞内的溶质浓度,干扰水分子的空间排列方向,使冰晶生长的驱动力减弱,晶体生长速度降低,从而降低细胞外液和细胞内容物的冰点,推迟冰晶的形成速度(关静等,2004)。由于鱼类胚胎体积大,含有大量的卵黄和水分,在冷冻保存过程中胚内水分如果没有充分脱除就会形成胚内冰晶,对胚胎造成损伤,如果在一般浓度的抗冻剂中脱除水分需要较长时间,时间延长,抗冻剂的毒性增强,会造成胚胎的畸形和死亡(章龙珍等,1996)。将鲤胚胎以不同浓度的 MeOH、不同浓度 MeOH+Suc、不同浓度 MeOH+Tre 作为抗冻剂,在低温下保存 24 h 后比较胚胎的孵化率,发现高温下低浓度 MeOH 和低温下高浓度的 MeOH 处理后孵化效果较好。其中,在 2℃ 和 4℃ 下用 1.5 mmol/L MeOH+0.1 mmol/L Tre 作为抗冻剂孵化率最高;在 0℃ 下用 2.5 mmol/L MeOH+0.1 mmol/L Tre 作为抗冻剂效果最好;在 -2℃ 和 -4℃ 时,用 3.0 mmol/L MeOH+0.1 mmol/L Tre 作为抗冻剂孵化率最高(Ahammad et al.,1998)。几种抗冻剂对斑马鱼胚胎的毒性作用,表明 PG 和 MeOH 的毒性最低,在 22℃ 和 0℃ 将胚胎置于 3 mmol/L PG 和 5 mmol/L MeOH 中处理 30 min,观察不到对胚胎的损伤作用(Zhang et al.,1996)。因此,筛选出毒性低、渗透性强的抗冻剂,或将不同抗冻剂混合使用,从而降低单种抗冻剂的浓度,减轻毒性作用,这对于鱼类胚胎的冷冻保存是至关重要的。

为了能在短时间内充分脱除胚胎内的水分,减少胚内和胚外冰晶的形成,一种称为玻璃化液的抗冻剂在哺乳动物胚胎冷冻保存获得成功(Rall et al.,1985)。玻璃化是指液体转变为非晶态(玻璃态)的过程。使溶液玻璃化有两条途径,一条是极大的提高冷却速率,另一条是增加溶液的浓度。溶液在冷冻过程中黏稠度增高,相变后转变成固态时,不形成或只形成对细胞结构无损伤的极小冰晶,高黏性使分子的弥散受到极度抑制(胡军祥等,2005)。应用玻璃化保存鱼类胚胎,首先要找出对胚胎损伤小容易形成玻璃化的抗冻剂,二是提高冷却速率。单独使用渗透性抗冻剂形成玻璃化所需的浓度为 40%~60%,这样的浓度会产生很大的毒性作用,许多生物无法承受。将常用的抗冻剂进行组合后可使单独使用的毒性得到部分中和与抵消,降低抗冻剂的毒性作用,提高保存效果。单一的抗冻剂及高浓度的玻璃化液对细胞都有一定毒性,减少毒性的常用方法包括:① 使生物标本在高浓度的抗冻剂中暴露的时间尽可能短、温度尽可能低;② 选择合适的载体溶液;③ 对某些抗冻剂选用特定的毒性中和剂,如在 DMSO 中加入适量的甲酰胺、乙酰胺可大大降低其生物化学毒性。

经过不同抗冻剂组合的筛选,筛选出适合于鲢胚胎冷冻保存的玻璃化液有 4 种组合:① 20%PG+15%MeOH;② 10%DMSO+25%PG;③ 20%MeOH+20%EG;④ 20%DMSO+20%MeOH(章龙珍等,1996)。同时①组和②组玻璃化液也适合于泥鳅胚胎的冷冻保存(章龙珍等,1998)。利用①组玻璃化液在海水鱼大菱鲆、中国花鲈胚胎的超低温冷冻保存中取得好的保存效果(田永胜等,2003,2005)。用 DAP2B(DMSO 2 mol/L+乙酰胺 1 mol/L+PG 3 mol/L)玻璃化液保存 6 体节期和心跳期斑马鱼胚胎的效果优于 VS1(DMSO 20.5%+乙酰胺 15.5%+PG 10%)的效果,丁二醇可形成玻璃化的最低浓度为 3 mol/L。几种不同抗冻剂的混合物可形成玻璃化,尽管未获得完全复活的斑马鱼胚胎,但部分胚胎在玻璃化液中的形态保持正常(Zhang et al., 1996)。虽然玻璃化法能提高胚胎的成活率,但高浓度抗冻剂的使用增加了对细胞的化学毒性,理想的冻存方法应该是含低浓度抗冻剂的玻璃化冻存,一些学者开发了新的抗冻剂,如植物抗冻因子、AFP 等天然抗冻因子。由于鱼类胚胎复杂的结构,抗冻剂不能均匀地渗透到胚胎的各个部分,鱼类胚胎玻璃化方法还未取得突破性进展,还存在很多困难。高浓度抗冻剂对胚胎的毒性作用限制了抗冻剂的浓度,同时抗冻剂向胚胎各个部分的渗透速率、胚胎对抗冻剂的耐受力,胚胎脱水速率等特征也会相应变化,因此要达到稳定的玻璃化,需要开展较为深入的研究。

目前,一种新型的抗冻剂——AFP 的研究正逐步运用到低温保存中。AFP 在抑制细胞冰晶形成和溶质损伤方面有较好的效果,能显著提高细胞的存活率(徐振波等,2004)。用 AFP 对虹鳟、金鳟(*Salmo gairdueri*)和鲤等的精液进行冷冻,解冻后对精子的活动性和繁育力进行考察,发现 AFP 可以显著提高这两项指标(Tsvetkova et al., 1994)。低浓度的抗冻蛋白能够提高人红细胞冷冻存活率(Carpenter et al., 1992)。冷冻保存猪胚和鼠胚时,使用抗冻糖肽分别将冷冻胚胎的存活率提高了 25%和 82%(Rubinsky et al., 1992)。因此,寻找无毒高效的生物抗冻剂,也是鱼类胚胎冷冻保存的研究方向之一,将化学抗冻剂和抗冻蛋白结合起来使用,将有可能降低化学抗冻剂的使用浓度,提高鱼类胚胎冷冻保存的存活率。

5.4.4 鲢、草鱼胚胎的冷冻保存

采用鲢胚胎心跳期、体循环期、卵黄吸尽期、鳔一室期、草鱼胚胎体循环期、

卵黄吸尽期,采用 8%DMSO+8%~10%MeOH 作为抗冻剂。将胚胎放入加有抗冻剂的溶液中,置于 0℃下平衡 1~3.5 h,按慢速降温、分段降温和快速降温进行冷冻保存(章龙珍等,1994)。

(1)慢速降温速率

从初温 0℃以 2℃/min 速率降温至−7℃,在−7℃平衡 5 min 分诱导结冰(用解剖针在液氮中预冷,然后快速插入保护液中,使其结冰)和不诱导结冰,在平衡的时间内样品温度和环境温度达到一致,从−7℃以 0.5℃/min 速率降至−15℃,在−15℃平衡 15 min 后,以 1℃/min 速率降至−30、−40℃,保存 10~120 min。解冻时,样品直接放入 43℃水浴中解冻。解冻后的胚胎用解冻液稀释培养,然后检查胚胎的成活率和复活率(表 5−16)。慢速降温白鲢胚胎心跳期获得 12%的成活率,草鱼胚胎体循环期获得 90.5%的复活率。诱导结冰胚胎的成活率高于未诱导结冰的胚胎成活率。例如,团头鲂胚胎体色素出现期,诱导结冰的复活率为 83.6%,未诱导结冰的复活率为 62.5%。

表 5−16　慢速降温低温冷冻保存鱼类胚胎的成活率

品种与发育期	抗冻剂浓度	0℃平衡时间/h	降温速率/(℃/min)	终温/℃	时间/min	成活率/%	复活率/%
团头鲂体色素出现期	6%DMSO	4.5	0.5	−20	30	83.3	82.5
	8%DMSO	3.5	0.5	−20	30	100	86.2
	10%DMSO	2.5	0.5	−20	30	100	90
白鲢体循环期	10%DMSO	4.5	0.2	−20	30		100
	6%DMSO	3.5	0.2	−20	30		100
	8%DMSO	2.5	0.2	−20	30		100
草鱼体循环期	8%DMSO	4.5	0.1	−20	30		100
	10%DMSO	3.5	0.1	−20	30		100
	6%DMSO	2.5	0.1	−20	30		100
团头鲂出膜前期	8%DMSO+10%Suc	1	0.2	−40	16	14	
	8%DMSO+10%MeOH	1	0.2	−40	10	20	
	8%DMSO+8%MeOH	2.5	0.2	−30	30		100
青鱼心跳期	8%DMSO+5%Suc	1	0.2	−30	15	12.5	
白鲢心跳期	8%DMSO+10%MeOH	1	0.2	−30	10	12	

（续表）

品种与发育期	抗冻剂浓度	0℃平衡时间/h	降温速率/(℃/min)	终温/℃	时间/min	成活率/%	复活率/%
鳙体色素出现期	8%DMSO+8%MeOH	2	0.2	−40	60		100
鳙体色素出现期	8%DMSO+8%MeOH	2	0.2	−40	90		77
草鱼体循环期	8%DMSO+8%MeOH	2	0.2	−40	120		90.5
鳙体色素出现期	8%DMSO+8%MeOH	2	0.2	−50	0		50
鳙体色素出现期	8%DMSO+8%MeOH	2	0.2	−50	30		0

（2）快速降温速率

从初温 0℃ 以 2℃/min 速率降温至 20℃，平衡 5 min 后，以 10℃/min 速率降温至−180℃，在−180℃平衡 10 min 快速进入液氮，在液氮保存 10 min。解冻时，将样品放入 43℃ 水浴中，解冻后的胚胎用解冻液稀释培养，然后检查胚胎的成活率（表 5−17）。

表 5−17　快速降温低温冷冻保存鱼类胚胎的成活率

品种与发育期	0℃平衡时间/h	第一次降至温度/℃（速率2℃/min）	第二次降至温度/℃（速率10℃/min）	复活率/%
团头鲂鳔形成期	0.5	0	−196	100
白鲢体循环期	0.5	0	−196	66.7
白鲢体循环期	1	0	−196	33.3
白鲢鳔形成期	2.5	−20	−196	90.0
白鲢鳔形成期	4	−30	−140	38.6
白鲢体循环期	2.5	−40	−196	50.3
草鱼体循环期	2.5	−40	−196	100
白鲢卵黄吸尽期	3	−40	−180	41.7
草鱼卵黄吸尽期	3	−40	−100	25.4
白鲢鳔一室期	4	−60	—	82.6
白鲢鳔一室期	6.5	−40	−100	34.0

（3）分段降温速率

按照慢速降温程序，温度降至−30℃，在−30℃平衡 30 min 后，以 10℃/min 速率降温至−180℃，在−180℃保存 10 min。快速降温和分段降温的胚胎，解冻时胚胎从液氮中快速提到−70℃，在−70℃平衡 10 min，然后放入 43℃ 水浴解冻。

按照分段降温速率冷冻的胚胎获得 33% 的复活率,其效果不如快速降温好。

草鱼心跳期胚胎,以 DMSO 作为抗冻剂,辅以少量 MeOH 和 Gly,配制成含 2.5 mol/L DMSO、0.2 mol/L MeOH 和 0.01 mol/L Gly 的冷冻保护液。分别采用慢速降温:胚胎以 0.3℃/min 降温至 -40℃,当降温至 -18.5℃ 时进行诱导结冰,然后以 0.5℃/min 降温至 -196℃。分段慢速降温:胚胎以 0.2℃/min 降温至 -20℃、-60℃;以 5℃/min 降温至 -196℃。分段快速降温程序:以 2℃/min 降温至 -20℃;以 10℃/min 降温至 -60℃;以 20℃/min 降温至 -196℃。三种程序,保存后的胚胎分别在 4℃、25℃ 和 40℃ 的水浴中复温。从复活率和成活率看,分段快速降温程序较好、分段慢速降温次之,慢速降温最差;而复温方式以 40℃ 最佳,25℃ 次之,4℃ 最差。慢速降温后在 40℃ 复温时,在 -60℃、-80℃ 和 -100℃ 保存后都有 50% 的复活率,在 -60℃ 保存后获得 6%~10% 的成活率,-80℃ 及 -100℃ 保存胚胎尽管有较高的复活率,但经培养后无一孵化出苗。在 -196℃ 保存的胚胎复活率已降低到 10% 以下。采用分段快速降温和在 40℃ 水浴复温的效果最好,用此法经 -196℃ 保存的胚胎有高达 70%~80% 的复活率(张克俭等,1997)。

5.5　泥鳅

5.5.1　玻璃化液的筛选

先筛选适合于泥鳅(*Misgurnus anguillicaudatus*)胚胎保存的玻璃化液,用 10 种玻璃化液分别在室温和低温下对泥鳅胚胎胚孔封闭期、肌肉效应期、胚体转动期、出膜一天等四个时期的胚胎和苗进行实验(章龙珍等,2001)。将胚胎用滤纸吸干水后,放入预先在室温 22~24℃ 和低温 0~4℃ 的培养箱中预冷的各玻璃化液中,分别平衡不同的时间后,取出用滤纸吸干,用 0.5% 的 NaCl 冲洗三次,然后放入 20 mL 0.5%NaCl 溶液中培养,每隔 10 min 分别加入 1 mL 自来水,加入 5 次后换自来水孵化。

(1)玻璃化液对胚胎成活率的影响

室温下,用 1 号、3 号、4 号、6 号、8 号玻璃化液保存胚孔封闭期的胚胎,经 11 min 处理后全部死亡,用 2 号、5 号、7 号、9 号、10 号保存的还有 24.6%~37.6% 的成活率,玻璃化液组成如表 5-18。用 3 号、6 号、8 号保存肌肉效应期、胚体转动期的胚胎 11 min 时全部死亡,用 2 号、5 号保存的分别有 77.4%~

80.7%和66.4%~68.7%的胚胎成活。用1号、4号、7号、9号、10保存的胚胎成活率在5.7%~45.1%。出膜1天的苗,除了1号、2号和5号保存的分别有2%、33.3%和90.5%的成活率以外,其余玻璃化液处理的全部死亡。室温条件下,用2号、5号、7号、10号玻璃化液保存的胚胎成活率高,特别是5号保存苗,11 min时还有90.5%的成活率。2号保存胚体转动期的胚胎有80.7%的成活率。低温条件下,玻璃化液的毒性小,当平衡处理11 min时,玻璃化液除3号、4号、6号、8号对胚孔封闭期影响大以外,其余的均能获得高的成活率,其中以2号、5号、7号、10号玻璃化液保存效果最好。保存时间延长至30 min时,10号玻璃化液保存胚孔封闭期的胚胎还有20%的成活率,其余玻璃化液保存的胚胎全部死亡;肌肉效应期还有80%的成活率。用5号玻璃化液保存出膜1天的苗,获得85%的成活率。

表5-18　玻璃化液组成与配方

编　号	抗冻剂组合
1	15%DMSO+20%EG
2	20%EG+15%PG
3	30%Gly+20%PG
4	15%EG+25%Gly
5	10%DMSO+25%PG
6	15%DMSO+25%Gly
7	20%DMSO+20%MeOH
8	20%Gly+20%MeOH
9	20%EG+20%MeOH
10	10%PG+20%MeOH

　　低温下不同的玻璃化液对不同发育时期胚胎的保存效果不一样,这与室温效果相一致。用保存效果好的2号、5号、7号、10号玻璃化液进一步延长保存时间,当平衡处理时间延长至45 min后,2号、7号、10号玻璃化液保存的苗全部死亡,而5号保存的苗仍有85.9%的成活率,保存时间在75~115 min之间,成活率缓慢下降,125 min时成活率陡降至15%。5号保存胚孔封闭期的胚胎25 min后胚胎全部死亡,用7号、10号保存的胚胎50 min时至少还有40%~50%的成活率。胚体翻动期、肌肉效应期用2号、5号、7号玻璃化液保存的时间延长至45 min全部死亡,而用10号保存时间延长至70 min还有80%以上的成活率。用2号、5号、7号、10号玻璃化液保存不同时期的泥鳅胚胎见图5-13~图5-16。

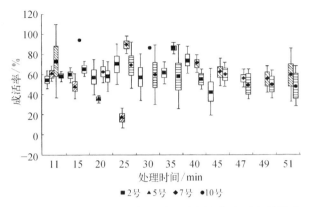

图 5-13　玻璃化液对泥鳅胚胎胚孔封闭期成活率的影响

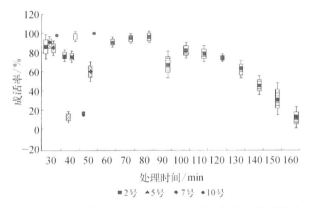

图 5-14　玻璃化液对泥鳅胚胎肌肉效应期成活率的影响

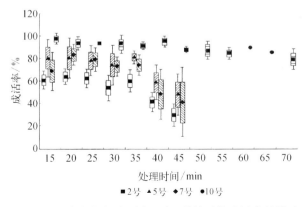

图 5-15　玻璃化液对泥鳅胚胎胚体转动期成活率的影响

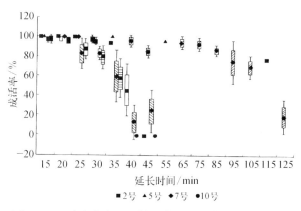

图 5-16　玻璃化液对泥鳅出膜 1 天胚胎成活率的影响

（2）相关问题探讨

从已报道的渗透性抗冻剂溶液和添加非渗透性抗冻剂能形成玻璃化最低浓度分别为 44% 和 66%，如 PG 和 D+A+PVP 等，其浓度超过 5 号和 10 号玻璃化液的浓度。5 号和 10 号玻璃化液的浓度为 35%，筛选出的 5 号和 10 号玻璃化液不但毒性小，对胚胎没有造成"高渗"损伤，苗和胚胎在玻璃化液中 40 min 才逐步脱水变白，换 0.5%NaCl 后能正常发育成活。而 6 号、3 号玻璃化液处理的胚胎和苗在短时间内迅速脱水变白，换 0.5% 的 NaCl 后大部分胚胎不能成活。实验从 10 种玻璃化液中选出了 5 号和 10 号玻璃化液保存胚胎和苗，从而解决了高浓度抗冻剂对低温冷冻保存胚胎的"高渗"损伤和毒性作用问题，为胚胎超低温冷冻保存提供了条件。

5.5.2　胚胎玻璃化冷冻保存

（1）玻璃化液的确定

利用筛选出来的 4 种玻璃化液对泥鳅胚胎胚孔封闭期进行超低温冷冻保存，将配制好的玻璃化液放入 0～4℃ 培养箱中预冷。挑选发育正常的胚胎，用滤纸吸干水后，放入预冷的各玻璃化液中，分别平衡不同的时间。将平衡好的胚胎一部分在室温下培养，一部分装入 0.5 mL 的塑料离心管中，在 -20℃ 平衡 10 min 后快速进入液氮（-196℃）保存。快速解冻：将胚胎快速升温至 -20℃ 平衡 10 min 后，38℃ 水浴解冻。取配制好的稀释液 20 mL 于培养皿中，把解冻后的胚胎用滤纸吸干后放入其中，待 10 min 后滴加 1 mL 自来水，以后每隔 10 min

加 1 次,共加 5 次。

冷冻前,用 2 号、5 号、7 号、10 号玻璃化液保存的 3 个时期的泥鳅胚胎,胚胎在几种玻璃化液中存活时间最长的是 10 号玻璃化液。在 30 min 以内,胚孔封闭期的胚胎除 5 号玻璃化液保存的全部死亡外,其余成活率均在 58% 以上,时间延长至 50 min,7 号、10 号玻璃化液保存的胚胎还有 50%~60% 的成活率;肌肉效应期的胚胎,当时间延长到 50 min 时,2 号玻璃化液保存的胚胎全部死亡;10 号玻璃化液保存的胚胎 70 min 时有 85% 以上的成活率,时间延长至110 min 时仍有 75% 以上的成活率。当时间延长到 50 min 时,2 号、5 号、7 号保存的胚体转动期胚胎全部死亡,10 号保存的胚胎 70 min 时还有 80% 以上的成活率;用上述 4 种玻璃化液保存出膜 1 天的苗,时间延长至 50 min 时,2 号、7 号、10 号保存的苗全部死亡,5 号保存的苗 70 min 时还有 90% 以上的成活率,结果见表 5－19。从中可以明显地看到不同的玻璃化液对不同发育时期的保存效果不一样,5 号保存鱼苗、10 号保存胚胎的成活率最高,存活时间最长。

表 5－19　冷冻前泥鳅胚胎在不同玻璃化液中平衡后的存活率

玻璃化液	冷冻前不同平衡时间胚胎的成活率/%											
	胚孔封闭期/min			肌肉效应期/min			胚体转动/min			出膜后 1 天/min		
	30	50	70	30	50	70	30	50	70	30	50	70
2 号	58	0	0	85	0	0	58	0	0	93	0	0
5 号	0	0	0	90	19	0	78	0	0	92	92	92
7 号	82	62	ND	82	60	0	80	0	0	82	0	0
10 号	60	50	ND	95	92	85	92	85	80	79	0	0

＊ND 表示无数据。

（2）冷冻前平衡时间的确定

用 10 号玻璃化液冷冻保存泥鳅胚孔封闭期和胚体转动期两个时期的胚胎,冷冻前在 0~4℃ 分别平衡 30 和 50 min,冷冻保存结果见表 5－20。

表 5－20　10 号玻璃化液超低温(−196℃)冷冻保存泥鳅胚胎的结果

平衡时间/min	发育期					
	胚孔封闭期			胚体转动期		
	透明卵/ind	发白卵/ind	透明卵率/%	透明卵/ind	发白卵/ind	透明卵率/%
30	20	2	90.9	19	1	95.0
	29	1	96.7	6	2	75.0

平衡时间 /min	发 育 期					
	胚孔封闭期			胚体转动期		
	透明卵/ind	发白卵/ind	透明卵率/%	透明卵/ind	发白卵/ind	透明卵率/%
50	19	2	90.5	5	2	71.4
	4	11	26.7	3	5	37.5

从表 5 - 20 可见，冷冻前平衡 30 min 的胚孔封闭期胚胎经-196℃冷冻解冻后，有 90%以上的胚胎透明。胚体转动期的胚胎有 75.0%~95.0%的透明率，冷冻前平衡 50 min 胚孔封闭期胚胎有 90%的胚胎透明，有 26.7%的胚胎发育到尾鳍出现，显微镜下清楚观察到 18~19 对体节。胚体转动期有 37.5%~71.4%的胚胎透明。胚体转动期，解冻 24 h 后观察到心脏跳动。解冻后整个胚胎透明，形态正常，加稀释液后胚胎卵膜仍有黏性。

（3）冷冻降温方式的确定

玻璃化液保存不适合采用慢速降温，因 4 种玻璃化液的冰点分别在-22~-39℃之间，采用慢速降温速率就不会形成玻璃化液，并且胚胎在玻璃化液中时间和处在低温下的时间过长，对胚胎成活有影响。所以采用分段降温和快速降温两种方式进行保存。

分段降温程序：初温 10~15℃以 2℃/min 速率降温至 0℃平衡 10 min，再以 0.5℃/min 速率降温至-20℃平衡 10 min，直接投入液氮。

快速降温程序：初温 10~15℃直接进入-20℃平衡 10 min，再直接进入液氮。

解冻方式：-196℃快速升温至-20℃平衡 10 min，38℃水浴解冻。

按照分段降温的胚胎解冻后没有成活，而按照快速降温的胚胎解冻后获得了成活。表 5 - 21 为解冻后的胚胎在不同稀释液中的培养结果。

表 5 - 21 解冻后泥鳅胚胎在室温下的培养结果

稀释液	胚孔封闭期					胚体转动期				
	卵数 /ind	透明卵 /ind	发白卵 /ind	成活数 /ind	成活率 /%	卵数 /ind	透明卵 /ind	发白卵 /ind	成活数 /ind	成活率 /%
B1	15	6	5	4	26.7	17	6	5	6	35.3
B2	20	5	12	3	15.0	20	3	14	3	15.0

（续表）

稀释液	胚孔封闭期					胚体转动期				
	卵数 /ind	透明卵 /ind	发白卵 /ind	成活数 /ind	成活率 /%	卵数 /ind	透明卵 /ind	发白卵 /ind	成活数 /ind	成活率 /%
B3	20	3	16	1	3.0	15	1	13	1	6.7
B4	20	0	20	0	0	15	0	15	0	0
B5	20	0	20	0	0	15	0	15	0	0

（4）相关问题探讨

选用泥鳅胚胎作为低温保存对象，是因为泥鳅卵子在淡水鱼类中比其他卵子小，卵径在 0.8~1.0 mm 之间。泥鳅的繁殖期长，容易获得材料，但比哺乳动物胚胎 0.2 mm 大许多。泥鳅胚胎含有大量的卵黄和水分，在保存过程中，卵黄的脱水与原生质脱水速度不一样（章龙珍等，1998）。所以选用胚孔封闭期胚胎进行保存，在冷冻前脱水过程中可以使原生质与卵黄脱水达到一致，避免卵黄过度脱水造成解冻后卵黄破裂，使胚胎得以成活。

哺乳动物小鼠胚胎在玻璃化液 EFS 溶液中的时间最长为 20 min，成活率为 20%，在 EF 中 15 min 全部死亡（Kasai，1997）。运用筛选出的 5 号和 10 号玻璃化液，在 70 min 时还有 80%~85.9%的成活率，这满足了因胚胎体积大、含水量高，需要长时间脱除水分而不受到"毒性"和"高渗"损伤的要求，胚胎在 50 min 内基本脱除水分而成活没有受到影响。

用泥鳅心跳期胚胎为试验材料，用自行配制的稀释液，以 DMSO 作为抗冻剂，辅以少量 MeOH 和 Gly，配制成含 2.5 mol/L DMSO、0.2 mol/L MeOH 和 0.01 mol/L Gly 的冷冻保护液。低温保存前，胚胎经低浓度到高浓度的系列保存液预处理后进行正式低温保存（张克俭等，1997）。胚胎低温保存中分别采用了慢速、分段慢速和分段快速三种降温程序。从存活率和孵化率看，分段快速降温程序较好，分段慢速降温次之，慢速降温最差；而复温方式以 40℃方式最佳，25℃次之，4℃最差。其中又以分段快速降温和 40℃复温的效果最好。用此法经-196℃保存的泥鳅胚胎有高达 70%~80%的存活率。慢速降温后再以慢速复温方式保存胚胎的效果最差，即使降温到 0℃，胚胎的存活率也仅 10%~15%，在泥鳅存活的 16 个胚胎中，有 1 个胚胎出膜成鱼苗。

对泥鳅胚胎冷冻前后生物学性状变化进行了研究（曾志强等，1995），结果表明,受精卵冷冻后卵膜起皱,表面六边形结构被破坏,体色素期胚胎冷冻后表面破裂、胚体收缩、结构变化,冷冻后卵黄颗粒破裂,黏结成匀质的板块。胚胎冷冻后内部有网络状冰腔,外层细胞被破坏,大多数内层细胞的形态正常。体节内有矛状冰晶顺肌纤维纵向伸展。电镜下肌原纤维不可分辨,部分线粒体解体,受损的细胞里胞内冰和胞外冰都有发生,DMSO 和慢冻能减轻低温损伤。对泥鳅胚胎冷冻保存后电镜观察结果发现:采用慢速分段降温程序冷冻过的胚胎,由于冰晶造成的严重损伤,其细胞内部的超微结构受到很大的破坏;采用分段快速降温程序冷冻保存过的胚胎,细胞内各种细胞器的超微结构所受到的冷冻损伤很小,被较好且完整地保存下来。

5.6 中华绒螯蟹

5.6.1 胚胎发育与生物学特性

（1）胚胎发育过程

中华绒螯蟹受精卵的卵裂方式为典型的表面卵裂,依据中华绒螯蟹胚胎发育中一些易于观察的形态特征并参考蟹类的分期方法,对中华绒螯蟹的胚胎发育进行了如下分期。

1）受精卵（fertilized eggs）:受精卵为圆形,卵径（367±6）μm,含卵黄较多,受精卵内部的卵质和卵膜贴得很紧,卵质颜色较深,在这一时期卵膜的颜色始终是透明的。随着时间的推移,一部分卵质开始和卵膜分离(图 5-17:1)。

2）卵裂期（cleavage stage）:随着时间的推移,胚胎进一步发育。卵裂首先在动物极出现隘痕,不久即分裂成两个大小不等的分裂球,由于分裂是不等分裂,二分裂球后相继出现 4、8、16、32 细胞期,发育至 64 细胞期后,分裂球的大小已不易区分,胚胎进入多细胞期。整个卵膜内的卵质都在收缩,其体积较受精期的明显缩小,最后整个卵质表面都呈现成大小不等的裂块,为典型的表面卵裂(图 5-17:2~6)。

3）囊胚期（blastula stage）:中华绒螯蟹的受精卵不具有常见形式的囊胚腔,发育到囊胚期时,受精卵的一部分发生隆起,分裂开始变快,细胞增加很多,这些细胞都呈圆形或椭圆形,排列在胚胎的周围,组成一层薄的囊胚腔,囊胚层下的囊胚腔则全被卵黄颗粒所填充,也称卵黄囊(图 5-17:7~8)。

4）原肠期(gastrula stage)：随着胚胎的发育,胚胎以内移方式形成原肠胚,胚胎的一端出现一个透明区域,在卵的一侧出现一块新月形的透明区,从而与黄色的卵巢块区别开来。随着分裂的加速,细胞越来越小,胚胎前端的大部分形成细胞密集的区域,称为胚区,而后端的一小部分则形成胚外区。在胚区的后端还另有一小区,称为原口或胚孔。随着原口的出现,在胚区前端两侧形成一对密集的细胞群,这对细胞群初呈盘状,后呈球状,突露于胚胎上,称为视叶原基。随后胚区左右各侧又出现拱桥状的增厚细胞带,称为似桥细胞群(图 5 - 17：9~10)。

5）前无节幼体期(the egg-nauplius stage)：无色透明区继续向下凹陷,占整个卵面积的 1/5~1/4,胚区似桥细胞群形成 3 对附肢原基,同时视叶原基明显增大,成为视叶(图 5 - 17：11)。

6）后无节幼体期(the egg-metanauplius stage)：透明区已占整个卵面积的 2/5 左右,这期幼体的附肢增加到 5 对,最终甚至达到 7 对,胚胎左右两侧各出现一条纵走的隆起,这就是头胸甲原基(图 5 - 17：12)。

7）原溞状幼体期(original zoea stage)：头胸甲原基不断生长,左右相连,成为头胸甲。透明区继续扩大,占 2/3~1/2,在胚体头胸部前下方的两侧出现橘红色的眼点,呈扁条状,后来条纹逐渐增粗而呈星芒状,复眼的发育基本完成,复眼色素形成后,眼点部分色素加深变黑,眼直径扩大,复眼已呈大而显眼的椭圆形,复眼内各单眼分界逐渐分明,呈放射状排列。胚胎上可见多数棕黑的色素条纹,这些条纹逐渐变粗而呈星芒状。卵黄收缩呈蝴蝶状,卵黄囊的背方开始出现心脏原基,不久心脏开始跳动(图 5 - 17：13~14)。

8）出膜前期(prehatching stage)：随着胚胎进一步发育,心跳频率继续增加,间隙次数减少,并且趋于稳定,节律性增加,心跳次数增加至 170~200 次/min。胚胎腹部的各节间相继出现黑色素,胚体在卵膜内转动(图 5 - 17：15)。

9）出膜期(hatching stage)：受精后 978 h,有效积温 10 758 h·℃。胚胎发育完全后,借尾部的摆动破膜而出,即为第一幼体(图 5 - 17：16)。初孵幼体体型与成体基本相同,全长 1.6~1.79 mm,头胸甲长 0.7~0.76 mm,腹部长 1.1~1.18 mm,腹部卷曲,活动能力很弱,依靠卵黄为营养物质,附着在母体腹足上生活。

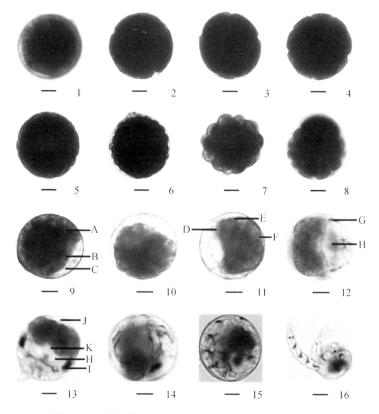

图5-17 中华绒螯蟹胚胎发育(图中标尺均为100 μm)

1. 受精卵;2. 2细胞;3. 4细胞;4. 8细胞;5. 16细胞;6. 32细胞;7~8. 囊胚期;9~10. 原肠期;11. 前无节幼体期;12. 后无节幼体期;13. 原溞状幼体期;14. 溞状幼体期;15. 出膜前期;16. 出膜期
A. 胚区;B. 胚口;C. 胚外区;D. 视叶原基;E. 似桥细胞群;F. 腹板原基;G. 视叶;H. 头胸甲原基;I. 复眼;J. 心脏;K. 口道

（2）胚胎发育时间与积温

在现有试验温度下,中华绒螯蟹胚胎发育所需时间较长,历时978 h,各个时期的发育时间、所需有效积温和典型特征见表5-22。

表5-22 中华绒螯蟹胚胎发育与有效积温

发育时期	发育时间/h	有效积温/(h·℃)	发 育 特 征
受精卵	0	0	圆形,含卵黄较多
卵裂期	96	1 056	不等分裂,表面卵裂型
囊胚期	340	3 740	形成囊胚腔

（续表）

发育时期	发育时间/h	有效积温/(h·℃)	发　育　特　征
原肠期	400	4 400	新月形的透明区
前无节幼体期	580	6 380	视叶出现
后无节幼体期	750	8 250	头胸甲原基形成
原溞状幼体期	798	8 778	复眼形成,心脏跳动
出膜前期	954	10 494	心跳频率增加
出膜期	978	10 758	第一幼体孵出

（3）不同发育时期 3 种酶活性的变化

中华绒螯蟹不同发育时期 LDH、总 ATP 酶和 MDH 的活性变化分别见图 5-18、图 5-19、图 5-20。从图 5-18 可见,LDH 的活性随胚胎发育的进行呈现出先升高后下降的趋势,在囊胚期中酶的活性达到最高值,前无节幼体中活性最低,除原肠期和原溞状幼体期酶活性无显著差异外($P>0.05$),其他各时期间 LDH 的活性都有显著差异。从卵裂期到囊胚期的发育过程中,ATP 酶的活性微弱上升(图 5-19)。发育到原肠期后,ATP 酶的活性急剧下降到 0.075 U/mg prot,此后酶活性又开始显著升高,到原溞状幼体期时,ATP 酶活性快速升高到 13.26 U/mg prot,显著高于其他发育时期($P<0.05$)。在卵裂期,MDH 的平均活性为 0.17 U/mg prot,发育到囊胚期后,酶活性急剧下降到 0.006 U/mg prot,此后随发育时期的变化,MDH 的活性呈逐渐升高的趋势,发育到原溞状幼体期时,MDH 的活性达到最高,平均为 0.30 U/mg prot,显著高于其他发育时期($P<0.05$)(图 5-20)。

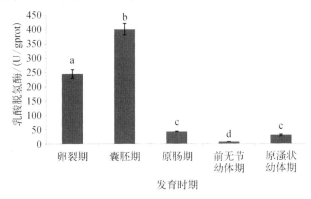

图 5-18　中华绒螯蟹不同发育时期 LDH 活性的变化

图中不同字母表示差异显著($P<0.05$)

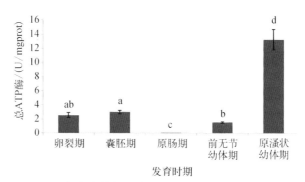

图 5 - 19　中华绒螯蟹不同发育时期总 ATP 酶活性的变化

图中不同字母表示差异显著（$P<0.05$）

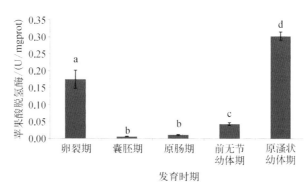

图 5 - 20　中华绒螯蟹不同发育时期 MDH 活性的变化

图中不同字母表示差异显著（$P<0.05$）

（4）相关问题探讨

溪蟹（*Potamon edulis*）胚胎除经历 2 期无节幼体和 2 期溞状幼体外，还在卵内出现 1 期大眼幼体（Pace et al.，1976）；拟穴青蟹经历无节幼体期、5 对附肢幼体期、7 对附肢幼体期、复眼色素形成期和准备孵化幼体期（韦受庆等，1986），三疣梭子蟹胚胎发育分为 2 期无节幼体和 3 期溞状幼体（薛俊增等，2001），不同期卵内幼体在形态上具有明显的差异。中华绒螯蟹胚胎发育经历 2 期无节幼体和 1 期原溞状幼体，这与堵南山等（1992）的报道结果相一致。曾朝曙等（1991）将拟穴青蟹胚胎发育分为十期，薛俊增等（1998）将三疣梭子蟹胚胎分为 7 个时期，孟凡丽等（2000）根据红螯螯虾（*Cherax quadricarinatus*）的外形特征，将红螯螯虾胚胎发育分为 8 个时期。Rodriguez 等（2000）根据胚胎颜色的变化，将隶属于螯虾科的 *Procambarus llamasi* 的胚胎发育分为 7 个时期。可见，关于虾蟹类胚胎发育的分期并没有一个统一的划分方法。

中华绒螯蟹在卵裂期和囊胚期中 LDH 的活性较高,随胚胎发育的进行,酶活性显著下降,这种变化趋势与贾守菊等(2005)对中华绒螯蟹不同发育时期胚胎的同工酶的研究结果基本相似,也与其体内在发育过程中碳水化合物含量的变化规律基本相符(曾朝曙等,1991),但与卢建平等(2000)对罗氏沼虾的研究有所不同。这可能是由于 LDH 活性的表达与发育过程中胚胎处于不同的温度有关,也可能与胚胎在不同发育过程中氧分压的变化有关,或与中华绒螯蟹在胚胎发育过程中对碳水化合物的利用有关。田华梅等(2002)认为,中华绒螯蟹胚胎发育过程中,碳水化合物只有部分是用于能量代谢,大部分则可能用于构建甲壳动物的几丁质骨骼。MDH 是三羧酸循环中重要的脱氢酶之一,大部分集中于线粒体。中华绒螯蟹不同时期胚胎中 MDH 的变化趋势与张志峰等(1997)对中国对虾和卢建平等(2000)对罗氏沼虾胚胎发育过程中 MDH 同工酶酶谱的研究有类似的结果,但与贾守菊等(2005)对中华绒螯蟹的研究结果有所不同,他们的研究结果中溞状幼体期无 MDH 酶带显示。中华绒螯蟹原溞状幼体期 MDH 的活性很高,形成这种差异的原因可能是胚胎划分阶段存在一些时间上的差别,溞状幼体期比原溞状幼体期发育时间更晚,导致酶活性存在较大差异。ATP 酶存在于组织细胞及细胞器的膜上,是生物膜上的一种蛋白酶,可催化 ATP 水解释放出大量能量,供生物体进行各需能生命过程。中华绒螯蟹胚胎发育中总 ATP 酶活性与 MDH 活性有相似的变化趋势,这种变化可能与胚胎在发育过程中相应的代谢功能有关。

5.6.2　抗冻剂和玻璃化液对胚胎的影响

(1)抗冻剂的影响

1)卵裂期胚胎:中华绒螯蟹卵裂期胚胎对抗冻剂的耐受性较差,对 10%、15% 和 20% 的 4 种抗冻剂都非常敏感,结果见图 5-21。胚胎分别在 10% 的 MeOH、PG、DMSO 和 DMF 中处理后,成活率都低于 20%,显著低于对照组成活率(45.4±4.5%)($P<0.05$)。4 种抗冻剂对胚胎表现出不同的毒性,其中 DMSO 对胚胎毒性最强,PG 毒性最低。在 15% 和 20% 的 MeOH 和 DMSO 中处理后,胚胎都不能成活,在 20% 的 PG 和 DMF 中处理后,胚胎也不能成活。随抗冻剂浓度的增加,胚胎的成活率逐渐下降,最高浓度的抗冻剂表现出最强的毒性,最低浓度的抗冻剂表现出最低的毒性,就 4 种抗冻剂而言,PG 和 DMF 对胚胎的毒

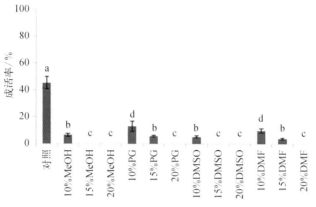

图 5 - 21   不同浓度抗冻剂对中华绒螯蟹卵裂期胚胎的毒性

图中不同字母表示差异显著($P<0.05$)

性相对较小,DMSO 和 MeOH 的毒性相对较强。

2）囊胚期胚胎:中华绒螯蟹囊胚期胚胎对抗冻剂的耐受性较差,对浓度为 20%的 4 种抗冻剂较为敏感(图 5 - 22)。胚胎分别在 10%的 MeOH、PG、DMSO 和 DMF 中处理后,胚胎的成活率都低于 20%,显著低于对照组成活率(58.5±2.6%)($P<0.05$),10%和 15%的 PG 处理后,胚胎的成活率显著高于相同浓度的其他 3 种抗冻剂处理后的成活率($P<0.05$),胚胎在 20%的 MeOH 和 DMSO 中处理后都不能成活。对同一种抗冻剂而言,随抗冻剂浓度的增加,胚胎的成活率逐渐下降,15%和 20%的 PG 处理后,胚胎成活率间无显著差异($P>0.05$),但显著低于 10% PG 处理后的成活率($P<0.05$);胚胎在 15%和 20%DMF 中处理后,活率也无显著差异($P>0.05$),但显著低于 10%DMF 处理后的成活率($P<0.05$)。

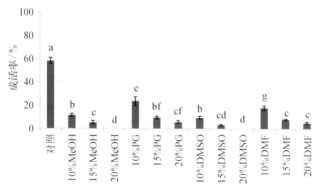

图 5 - 22   不同浓度抗冻剂对中华绒螯蟹囊胚期胚胎的毒性

图中不同字母表示差异显著($P<0.05$)

3）原肠期胚胎：中华绒螯蟹原肠期胚胎分别在 10% 的 MeOH、PG、DMSO 和 DMF 中处理后，胚胎的成活率都低于 50%，与对照组胚胎的成活率（70.6±6.8%）存在显著差异（$P<0.05$）（图 5-23）。胚胎在 20% 的 4 种抗冻剂中处理后都能成活，但成活率都低于 10% 浓度抗冻剂处理后的成活率，其中，胚胎在 10%、15% 和 20% 的 DMSO 中处理后，成活率间无显著差异（$P>0.05$）。对同一种抗冻剂而言，在 10% 和 15% 的 4 种抗冻剂中处理后，胚胎间成活率也无显著差异（$P>0.05$）。4 种抗冻剂中，PG 对胚胎的毒性最小，10% 的 PG 处理后胚胎获得了最高的成活率（41.95±4.74%），DMF 对胚胎表现出最强的毒性，10% DMF 处理后胚胎平均成活率为 24.55±4.74%。

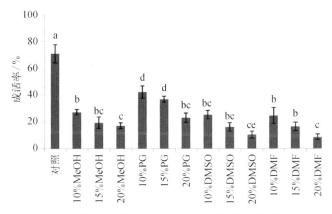

图 5-23 不同浓度抗冻剂对中华绒螯蟹原肠期胚胎的毒性

图中不同字母表示差异显著（$P<0.05$）

4）前无节幼体期胚胎：中华绒螯蟹前无节幼体期胚胎分别在 10% 的 MeOH、PG、DMSO 和 DMF 中处理后，胚胎的成活率接近 60%，但仍显著低于对照组胚胎成活率（83.9±8.1）%（$P<0.05$），结果如图 5-24 所示。胚胎分别在 10% 的 4 种抗冻剂处理后，相互间成活率没有显著差异（$P>0.05$）；在 15% 的 4 种抗冻剂中处理后，MeOH、PG 和 DMF 处理组的成活率间无显著差异（$P>0.05$），但都显著高于 MeOH 处理组的成活率；在 20% 的 4 种抗冻剂中处理后，PG 处理组成活率最高，且显著高于其他 3 种抗冻剂处理后的成活率（$P<0.05$），3 种不同浓度的 PG 处理后，胚胎间成活率无显著差异（$P>0.05$）。

5）原溞状幼体期胚胎：中华绒螯蟹原溞状幼体期胚胎对抗冻剂表现出较强的耐受性（图 5-25）。胚胎在 10% 的 4 种抗冻剂中处理后，除 10% 的 DMSO 组外，

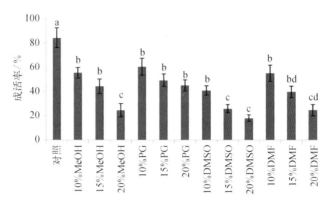

图 5-24　不同浓度抗冻剂对中华绒螯蟹前无节幼体期胚胎的毒性

图中不同字母表示差异显著($P<0.05$)

其他 3 种处理组胚胎的成活率与对照组间都无显著差异($P>0.05$)。随抗冻剂浓度的增加,胚胎的成活率逐渐下降,胚胎在 15%的 4 种抗冻剂中处理后,MeOH、PG和 DMF 处理组的成活率间无显著差异($P>0.05$),但都显著高于 DMSO 处理组的成活率($P<0.05$)。经过 20%的 MeOH、PG 和 DMF 处理后,胚胎的成活率间也无显著差异($P>0.05$),但都显著高于 20%的 DMSO 处理后的成活率($P<0.05$)。经过相同浓度的 4 种抗冻剂处理后,PG 和 DMF 处理组胚胎的成活率相对较高,DMSO 处理组胚胎的成活率最低,表明 DMSO 对这个时期的胚胎毒性最强,胚胎在 20%的 4 种抗冻剂中处理后成活率集中在 34.5%~51.5%之间。

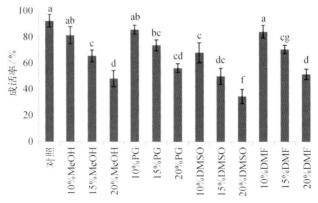

图 5-25　不同浓度抗冻剂对中华绒螯蟹原溞状幼体期胚胎的毒性

图中不同字母表示差异显著($P<0.05$)

中华绒螯蟹卵裂期、囊胚期、原肠期、前无节幼体期和原溞状幼体期胚胎对几种抗冻剂的耐受性表现出相似的变化规律,5 个时期的胚胎都在 PG 中处理后获得最好的成活率。经过抗冻剂处理后,尽管中华绒螯蟹的胚胎能够成活,但与对照组相比,成活率表现出显著下降的趋势,这个结果表明抗冻剂渗透到了细胞中,对胚胎产生了一定毒性,胚胎外面的细胞膜对抗冻剂的渗透没有明显的阻碍作用。随着中华绒螯蟹胚胎发育的成熟,胚胎对抗冻剂的耐受性逐渐增强。Newton 等(1996)报道印度对虾(*Penaeus indicus*)在桑椹胚和无节幼体期胚胎对抗冻剂的耐受性显著增强,Gwo 等(1998)也报道日本对虾晚期胚胎对抗冻剂的耐受性和在抗冻剂中的平衡时间都明显高于早期胚胎,这些研究结果与中华绒螯蟹胚胎对抗冻剂的耐受性基本一致。不同的是,印度对虾在囊胚期(孵出后 3.5 h)和 5 h 胚胎期(孵出后 5 h)能渗透过 4% 的 MeOH,但更早时期的胚胎不能渗透 4% 的 MeOH(Simon et al.,1994)。中华绒螯蟹原溞状幼体期胚胎比前四个时期胚胎对抗冻剂的耐受性显著增强,这个结果在一定程度上表明原溞状幼体期胚胎可能更适合于胚胎的超低温冷冻保存。Verapong 等(2005)在斑节对虾(*Penaeus monodon*)胚胎对抗冻剂的耐受性研究中表明,晚期胚胎对抗冻剂的耐受性显著高于早期和中期胚胎。

在开展中华绒螯蟹胚胎的超低温冷冻保存时,抗冻剂的选择应该建立在低毒性的基础上,PG、MeOH 和 DMF 由于较低的毒性可能更适合作为保存中华绒螯蟹胚胎的抗冻剂。DMSO 作为一种常用的抗冻剂,成功应用在很多脊椎动物和无脊椎动物配子和胚胎的冷冻保存上,尽管如此,但 Gwo 等(1998)对日本对虾的研究表明,DMSO 是保存日本对虾胚胎、无节幼体和溞状幼体试验中毒性最强的一种抗冻剂。Verapong 等(2005)的研究则表明 MeOH 对斑节对虾早期、中期和晚期胚胎具有很强的毒性。MeOH 对中华绒螯蟹早期胚胎具有很强的毒性,但对中期和晚期胚胎的毒性相对减弱。Preston 等(1998)对食用对虾(*Penaeus esculentus*)的研究结果表明,相比 EG 和 DMSO 而言,MeOH 对胚胎的毒性最小。Alfaro 等(2001)对澎湖鹰爪虾(*Trachypenaeus byrdi*)的研究表明,在12C 下,*T. byrdi* 的晚期胚胎暴露于 2M 的 MeOH 中后成活率无影响。

PG 是鱼类胚胎冷冻保存的常用抗冻剂,对中华绒螯蟹胚胎研究表明,PG对中华绒螯蟹 5 个发育时期的毒性最小,其次为 DMF 和 MeOH,DMSO 的毒性最强。中华绒螯蟹胚胎在相同浓度的四种抗冻剂中浸泡相同的时间后,经过PG 处理后胚胎都能获得较高的成活率,这与 Tian 等(2003)对河鲈(*Perca*

fluviatilis)和 Zhang 等(2005)对牙鲆胚胎研究结果基本一致。此外，Janik 等
(2000)报道将 PG 显微注射到斑马鱼胚胎后也获得了较高的成活率。DMF 具
有低毒的分子结构，是一种毒性中和剂，DMF 对中华绒螯蟹不同时期胚胎的毒
性低于 MeOH 和 DMSO。Cabrita 等(2003)研究表明，大菱鲆胚胎对 DMSO 有较
强的耐受性，但金头鲷(*Sparus aurata*)胚胎对 DMSO 的耐受性较差(Cabrita et
al.,2006)。每一种抗冻剂的毒性不仅仅依靠抗冻剂本身的化学特性，还取决
于不同的种类和胚胎发育时期。Suzuki 等(1995)报道将青鳉、虹鳟和鲤胚胎逐
渐放入不同浓度的 DMSO 中，当 DMSO 的浓度达到 5M 时，胚胎的成活率曲线各
不相同。就中华绒螯蟹胚胎而言，前无节幼体期和原溞状幼体期胚胎较早期胚
胎对抗冻剂的耐受性更强。中华绒螯蟹不同时期的胚胎在几种抗冻剂中经过
30 min 的平衡后，都能获得成活，中华绒螯蟹胚胎对抗冻剂的耐受性研究结果
也表明了不同种类对抗冻剂的敏感性不尽相同。

(2) 玻璃化液的影响

经过前期对玻璃化液的筛选研究，挑选了 6 种玻璃化程度较好的玻璃化液
配方，配方成分及组合如表 5-23 所示。

表 5-23　中华绒螯蟹胚胎的玻璃化液组成与配方

组　成	A	B	C	D	E	F
PG/%	30		30	30	30	
MeOH/%		30	20	10		30
DMSO/%					20	20
DMF/%	20	20		10		

1) 卵裂期胚胎：中华绒螯蟹卵裂期胚胎在 6 种玻璃化液中用不同的平衡
方法处理后的成活率变化见图 5-26。从图中可见，卵裂期胚胎对玻璃化液的
耐受性较差，对 6 种玻璃化液都很敏感，二步法处理后胚胎都不能成活，三步法
处理后，胚胎在 F 玻璃化液中处理后不能成活。除 A 玻璃化液外，胚胎在 B、C、
D 和 E 玻璃化液中经过三步法处理和五步法处理后，同组玻璃化液间胚胎的成
活率都无显著差异($P > 0.05$)。经过五步法处理后，胚胎在 A、B、C、D 和 E 玻璃
化液中的成活率间无显著差异($P > 0.05$)，但都显著高于在 F 玻璃化液中处理
后的成活率($P < 0.05$)。在 6 种玻璃化液中采用五步法处理后，胚胎的成活率
都高于三步法和二步法处理后的成活率，其中在 D 玻璃化液中经过五步平衡后
胚胎获得了最高的成活率，平均成活率为(9.7 ± 1.7)%，但仍显著低于对照组成

活率(45.4±4.5%)(*P*<0.05),在 F 玻璃化液中处理后,胚胎成活率最低,平均
成活率仅为(3±0.85)%。

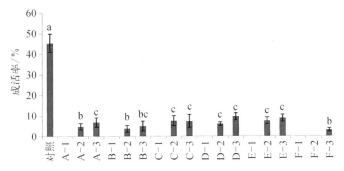

图 5-26　不同玻璃化液对中华绒螯蟹卵裂期胚胎成活率的影响

图中不同字母表示差异显著(*P*<0.05)

　　2)囊胚期胚胎:不同玻璃化液和不同平衡方法对中华绒螯蟹囊胚期胚胎的
成活率影响见图 5-27。由图可知,与卵裂期胚胎相似,囊胚期胚胎对玻璃化液的
耐受性也较差,对玻璃化液也较为敏感。经过二步法平衡后,胚胎在 6 种玻璃化
液中都不能成活,经过三步处理后,胚胎在 F 玻璃化液中也不能成活。除 A 玻璃
化液外,胚胎在 B、C、D 和 E 玻璃化液中经过三步法处理和五步法处理后,同组玻
璃化液间胚胎的成活率都无显著差异(*P*>0.05)。经过五步法平衡处理后,胚胎
在 A 玻璃化液中获得了最高的成活率,平均成活率为(12.8±3.4)%,显著高于胚
胎在 B、C 和 F 玻璃化液中处理后的成活率(*P*<0.05),但与 D 玻璃化液处理后的
成活率无显著差异(*P*>0.05)。采用三步法和五步法平衡后,胚胎在 A 和 D 玻璃化
液中处理后的成活率相对较高,在 B 和 F 玻璃化液中处理后的成活率相对较低。

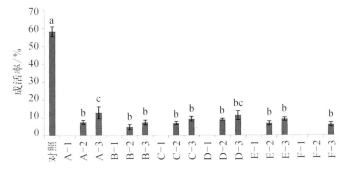

图 5-27　不同玻璃化液对中华绒螯蟹囊胚期胚胎成活率的影响

图中不同字母表示差异显著(*P*<0.05)

3）原肠期胚胎：不同玻璃化液和不同平衡方法对中华绒螯蟹原肠期胚胎的成活率影响见图 5－28。与卵裂期和囊胚期胚胎相比，中华绒螯蟹原肠期胚胎对玻璃化液的耐受性相对增强。胚胎在 B 和 F 玻璃化液中采用二步法平衡法后不能成活，经过五步法平衡后，胚胎在 A、D 和 E 玻璃化液中处理后的成活率无显著差异（$P>0.05$），都能获得约 40% 的成活率，但仍显著低于对照组胚胎的成活率（70.6±6.8）%（$P<0.05$）。在 A、C、D 和 E 玻璃化液中采用二步法平衡后分别获得（26.85±2.62）%、（14.1±2.4）%、（24.35±1.48）% 和（21.85±2.05）% 的成活率。除用 B 玻璃化液处理，三步法和五步法平衡后胚胎成活率有显著差异外（$P<0.05$），其余 5 种玻璃化液处理后三步法和五步法平衡组间成活率都无显著差异（$P>0.05$）。

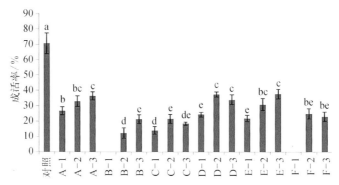

图 5－28　不同玻璃化液对中华绒螯蟹原肠期胚胎成活率的影响

图中不同字母代表差异显著（$P<0.05$）

4）前无节幼体期胚胎：中华绒螯蟹前无节幼体期胚胎在玻璃化液中处理后的成活率变化见图 5－29。与前面三个时期相比，前无节幼体期胚胎对玻璃化液的耐受性显著增强，在 6 种玻璃化液中经过二步法处理后，胚胎都能成活，但 A 玻璃化液中处理后的成活率显著高于其他 5 种玻璃化液处理后的成活率。采用五步法平衡后，胚胎在 A、D 和 E 玻璃化液中的成活率无显著性差异（$P>0.05$），但都显著高于在 B、C 和 F 玻璃化液中处理后的成活率（$P<0.05$）。对各处理而言，五步法处理后胚胎成活率普遍高于二步法和三步法。胚胎在 A 玻璃化液中采用三种不同的平衡方法后获得的成活率均高于在其他几种玻璃化液中处理后的成活率，但仍显著低于对照组胚胎的成活率（$P<0.05$），在 B 玻璃化液中分步处理后，胚胎的成活率均低于其他几种玻璃化液处理后的成活率，表

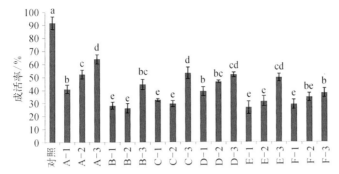

图 5-29　不同玻璃化液对中华绒螯蟹前无节幼体期胚胎成活率的影响

图中不同字母代表差异显著($P<0.05$)

明 B 玻璃化液对这个时期的胚胎毒性较强。

5）原溞状幼体期胚胎：中华绒螯蟹原溞状幼体期胚胎在玻璃化液中处理后的成活率变化见图 5-30。与前面 4 个时期相比，原溞状幼体期胚胎对玻璃化液表现出很高的耐受性，经过二步法平衡后，胚胎在 A 玻璃化液中处理后的成活率显著高于在其他几种玻璃化液中处理后的成活率（$P<0.05$）。除 A 玻璃化液外，胚胎在其他 5 种玻璃化液中经过二步法和三步法处理后，同组抗冻剂中的成活率无显著差异（$P>0.05$），各玻璃化液间，胚胎在五步法平衡中的成活率高于二步法和三步法处理后的成活率。胚胎在 A、B、C、D、E 和 F 玻璃化液中经过五步法平衡后分别获得（63.95±3.46）%、（44.5±3.96）%、（53.15±4.45）%、（51.9±1.83）%、（49.7±2.97）%和（37.85±3.46）%的成活率，但仍显著低于对照组胚胎的成活率（91.8±4.8）%（$P<0.05$）。胚胎在 A 玻璃化液中经过三种平衡方法处理后成活率都高于其他几种玻璃化液处理后的成活率，在 B

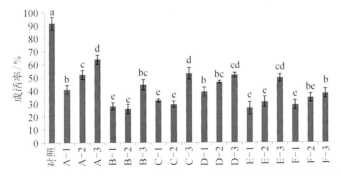

图 5-30　不同玻璃化液对中华绒螯蟹原溞状幼体期胚胎成活率的影响

图中不同字母代表差异显著($P<0.05$)

和 E 玻璃化液中处理后,胚胎的成活率相对较低。

DMSO 常被用来作为青鳉和鲑鳟鱼类胚胎冷冻保存的抗冻剂(Arii et al.,1987),且被认为是一种效果很好的抗冻剂。Liu 等(1998)和 Zhang 等(1993)对斑马鱼的研究结果表明斑马鱼对 MeOH 的耐受能力高于其他的抗冻剂,这个结果与 Ahammad 等(1998)对印度几种鲤科鱼类和 Dinnyes 等(1998)对鲤胚胎的研究结果一致。尽管 MeOH 在较高的浓度下才能形成玻璃化液,但 MeOH 常被用在斑马鱼胚胎的玻璃化冷冻保存上。MeOH、DMSO 和 PG 3 种抗冻剂相比,仅 MeOH 能渗透进斑马鱼胚胎中,胚胎在 MeOH 中暴露 15 min 后,MeOH 能够渗透进胚胎卵黄囊中(Hagedorn et al.,1997)。PG 是鱼类胚胎冷冻保存常用的抗冻剂,也被认为是毒性最低的一种渗透性抗冻剂,在 PG 中平衡一段时间后,胚胎的成活率显著高于在其他 4 种抗冻剂中经过相同浓度和相同平衡时间处理后的成活率(Xiao et al.,2008),田永胜等(2003)对中国花鲈胚胎和 Zhang 等(2005)等对牙鲆胚胎的研究结果与此相似。DMF 具有甲酰胺的低毒分子结构,它在一定程度上可以中和抗冻剂的毒性(Fahy,2010),它也被用来作为玻璃化冷冻保存的毒性中和剂。对中华绒螯蟹胚胎的研究中,A、B、D 玻璃化液中都添加了 DMF,其中 B 玻璃化液中有高浓度高毒性的 MeOH,对胚胎的成活率产生了较大的影响,经过 A 和 D 玻璃化液处理后,各个时期胚胎的成活率相对较高,这个结果也证实了 DMF 在一定程度上的毒性中和作用。

利用五步法在不同的玻璃化液中平衡 30 min 后,5 个时期的胚胎都能成活,且采用五步法平衡后的成活率显著高于二步法和三步法,5 个时期的胚胎经过 A 和 D 玻璃化液处理后,胚胎的成活率高于用其他 4 种玻璃化液处理后的成活率,这个结果也表明与其他几种抗冻剂相比,PG 和 DMF 可能更适合作为中华绒螯蟹胚胎的抗冻剂。在 D 玻璃化液中,当用 DMF 代替 MeOH 后,胚胎获得了较高的成活率,这个结果也证实了 MeOH 能增加对胚胎的毒性。在不同的胚胎发育时期,胚胎在 F 玻璃化液中处理后,成活率都低于在其他几种玻璃化液中处理后的成活率,F 玻璃化液的组成是 DMSO 和 MeOH,这也表明 DMSO 对中华绒螯蟹胚胎的毒性最强。Zhang 等(2005)对牙鲆胚胎的研究结果表明抗冻剂的毒性大小顺序为 PG<MeOH<DMSO,这个结果与 Zhang 等(1993)研究斑马鱼胚胎对抗冻剂的耐受顺序(MeOH<DMSO<EG)和田永胜等(2003)研究花鲈胚胎对抗冻剂的耐受顺序(PG<MeOH<DMSO)基本一致,中华绒螯蟹对几种抗

冻剂的耐受能力也基本符合以上规律。

鱼类的晚期胚胎对抗冻剂和玻璃化液的耐受能力一般高于早期胚胎（Urbanyi et al.，1997），斑马鱼胚胎发育至囊胚期和半包期之间时胚胎对水的渗透性成倍增加（Harvey et al.，1982），Robles 等（2004）对大菱鲆胚胎的研究表明，经过抗冻剂处理后，晚期胚胎比早期胚胎具有更高的酶活性，这也说明晚期胚胎细胞代谢水平受到抗冻剂的影响较小。中华绒螯蟹胚胎对玻璃化液的耐受能力也随着胚胎发育的成熟逐渐增强，Vuthiphandchai 等（2007）对斑节对虾胚胎的研究也表明，晚期胚胎对抗冻剂的耐受性高于早期和中期胚胎，晚期胚胎对高浓度抗冻剂和平衡时间的耐受能力高于早期胚胎的报道也见于对印度对虾（Newton et al.，1996）和日本对虾（Gwo et al.，1998）的研究，因此玻璃化液对胚胎的毒性在不同发育时期是不尽相同的。与中华绒螯蟹其他几个时期相比，前无节幼体期和原溞状幼体期胚胎对玻璃化液具有较高的耐受性，在 A 玻璃化液中利用五步法平衡后胚胎分别获得了 50% 和 60% 以上的成活率，表明前无节幼体期和原溞状幼体期胚胎可能是开展超低温冷冻保存的适宜时期，A 玻璃化液和五步法平衡可能是合适的抗冻剂配方和冷冻前分步平衡方法。

5.6.3　胚胎超低温冷冻保存与效果

（1）平衡时间和适宜时期的筛选

中华绒螯蟹各期胚胎在 A 玻璃化液中平衡时间及成活率见图 5－31。从图中可见，细胞分裂期胚胎在 A 玻璃化液中的平衡时间较短，耐受性较低，平衡 20 min 后经 Suc 洗脱培养，平均成活率为（22.15±5.16）%，平衡 50 min 后经洗脱培养，胚胎全部死亡。

中华绒螯蟹原肠期胚胎在 A 玻璃化液中采用五步法分别平衡 20 min、30 min、40 min、50 min 和 60 min 后，培养成活率分别为（59.8±4.81）%、（42.5±5.23）%、（36.45±3.62）%、（24.45±5.59）% 和（7.9±3.25）%，原肠期胚胎较细胞分裂期胚胎在玻璃化液中的平衡时间加长，相同平衡时间内的成活率也大幅提高。

中华绒螯蟹前无节幼体期胚胎在 A 玻璃化液中采用五步法分别平衡 20 min、30 min、40 min、50 min 和 60 min 后，培养成活率分别为（81.9±8.06）%、（70.1±8.06）%、（55±3.11）%、（38.55±5.59）% 和（22.1±5.23）%。与前面 2 个时期相比，前无节幼体期胚胎对 A 玻璃化液的适应能力明显增强，处理 60 min 后

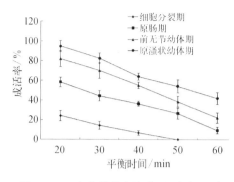

图 5 - 31　中华绒螯蟹各期胚胎在 A 玻璃化液中平均成活率的变化（ $n = 3$ ）

成活率提高至（22.1±5.23）%。

原溞状幼体期胚胎在 A 玻璃化液中采用五步法分别平衡 20 min、30 min、40 min、50 min 和 60 min 后，培养成活率分别为（94.55±5.59）%、（82.4±5.37）%、（63.95±3.46）%、（54.05±6.58）%、（42±5.94）%，与早期和中期胚胎相比，原溞状幼体期胚胎对玻璃化液有较强的耐受能力，处理 60 min 后成活率提高至（42±5.94）%。

中华绒螯蟹胚胎在 A 玻璃化液中随着平衡时间的延长，其成活率逐渐下降，前无节幼体期和原溞状幼体期胚胎在玻璃化液中的适应时间最长。在胚胎发育过程中，不同时期的胚胎对玻璃化液的适应能力不同，细胞分裂期胚胎对玻璃化液的适应能力最低，较适宜的平衡时间为 20 ~ 30 min，成活率为 13.35% ~ 22.15%。随胚胎发育的进行，胚胎在玻璃化液中的适宜平衡时间逐渐增加，发育至原溞状幼体期时，胚胎的适宜平衡时间为 40 ~ 60 min，成活率为 42% ~ 63.95%。各期胚胎较适合的冻前平衡时间见表 5 - 24。

表 5 - 24　中华绒螯蟹各期胚胎在 A 玻璃化液中适宜的平衡时间

胚 胎 时 期	较适平衡时间/min	成活率/%
细胞分裂期	20 ~ 30	13.35 ~ 22.15
原肠期	30 ~ 40	36.45 ~ 42.5
前无节幼体期	40 ~ 50	38.55 ~ 55
原溞状幼体期	40 ~ 60	42 ~ 63.95

（2）不同洗脱时间对胚胎成活率的影响

将中华绒螯蟹前无节幼体期胚胎在 A 玻璃化液中采用五步法平衡 40 min 后，0.25 mol/L 的蔗糖分别洗脱 5 min、10 min、15 min、20 min 后，培养成活率分别为（41.4±6.93）%、（55±3.11）%、（50±5.94）%和（44±5.37）%，洗脱 10 min 时胚胎的成活率最高（图 5 - 32）。统计分析表明，洗脱时间在 5 ~ 20 min 之间胚胎的成活率间无显著差异（ $P > 0.05$ ）。

（3）胚胎玻璃化冷冻效果

中华绒螯蟹各期胚胎玻璃化冷冻保存结果如表 5－25 所示。细胞分裂期胚胎在 A 玻璃化液中平衡 30 min，在-196℃冷冻 40 min 后，胚胎透明率为（3.25±1.24）%；原肠期胚胎在 A 玻璃化液中分别平衡 30 min、40 min、50 min、60 min，在-196℃冷冻 20 min、25 min、35 min、42 min 后，胚胎进入盐度 15 的

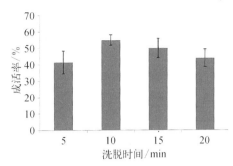

图 5－32　中华绒螯蟹前无节幼体期在不同洗脱时间下的成活率

海水培养时保持透明率分别为（4.3±1.6）%、（15.6±3.5）%、（9.4±2.8）%、（8.2±3.4）%；前无节幼体期胚胎在 A 玻璃化液中分别平衡 40 min、50 min、60 min，在-196℃冷冻 40 min、48 min、56 min，透明率分别为（9.3±2.5）%、（5.6±1.8）%和（2.8±2.6）%；原溞状幼体期胚胎在 A 玻璃化液中分别平衡 40 min、50 min、60 min，在-196℃冷冻 35 min、45 min、72 min 后，胚胎透明率分别为（11.3±3.6）%、（8.9±2.4）%和（4.2±1.8）%。

表 5－25　中华绒螯蟹胚胎玻璃化冷冻结果

胚胎时期	平衡时间 /min	冷冻时间 /min	总样本数/ind	透明率 /%	成活 胚胎数/ind	成活率 /%	成活时间 /d
细胞分裂期	30	40	45	3.25±1.24			
原肠期	30	20	36	4.3±1.6			
	40	25	47	15.6±3.5			
	50	35	56	9.4±2.8			
	60	42	38	8.2±3.4			
前无节幼体期	40	40	86	9.3±2.5	8	9.3±2.5	4
	50	48	52	5.6±1.8			
	60	56	62	2.8±2.6			
原溞状幼体期	40	35	62	11.3±3.6	7	11.3±3.6	7
	50	45	56	8.9±2.4			
	60	72	43	4.2±1.8			

细胞分裂期和原肠期胚胎经过不同时间的平衡和冷冻后，胚胎能保持一定比例的透明率，但未能成活。前无节幼体期胚胎在 A 玻璃化液中平衡 40 min，-196℃冷冻 40 min 后解冻，经 0.25 mol/L Suc 洗脱 10 min，在盐度 15 的海水中培养，共有 8 个胚胎成活，成活率为（9.3±2.5）%，在显微镜下观察，胚胎发育正

常(图 5 - 33: A),培养 2 d 后心跳出现,心跳频率为 56 次/min(图 5 - 33: B),与对照组胚胎相比,冻后胚胎卵膜表面较粗糙,冻后胚胎培养 96 h 后至原溞状幼体前期,心跳正常,胚体转动,但浮力有所下降,身体稍有发白,卵膜边缘模糊(图 5 - 33: C)。

原溞状幼体期胚胎在 A 玻璃化液中平衡 40 min,-196℃冷冻 35 min 后解冻,经 Suc 洗脱海水培养,共有 7 个胚胎成活,成活率为(11.3±3.6)%,显微镜下观察,冻后培养第 2 天胚胎卵膜表面光滑完整,与对照组胚胎外形上无明显区别(图 5 - 33: D);培养第 3 天,胚胎体内黑色素增加,外部形态完整(图 5 - 33: E);培养至第 4 天时,胚胎内卵黄物质减少,复眼明显变大,外部形态保持完整(图 5 - 33: F);培养至第 5 天时,胚胎细胞膜变得稍有模糊,胚体颜色加

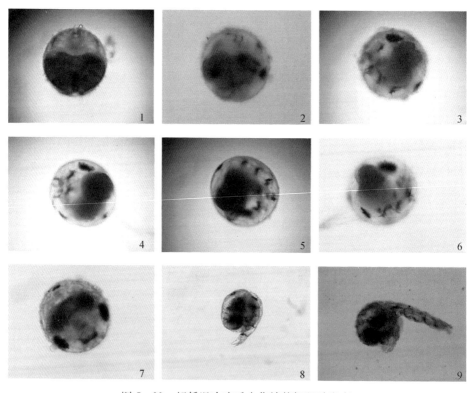

图 5 - 33　超低温冷冻后中华绒螯蟹胚胎发育

1. 前无节幼体期胚胎冻后培养第 2 天;2. 前无节幼体期胚胎冻后第 3 天;3. 前无节幼体期胚胎冻后第 4 天;4. 原溞状幼体期胚胎冻后第 2 天;5. 原溞状幼体期胚胎冻后第 3 天;6. 原溞状幼体期胚胎冻后第 4 天;7. 原溞状幼体期胚胎冻后第 5 天;8. 原溞状幼体期胚胎冻后第 6 天;9. 原溞状幼体期胚胎冻后第 7 天,胚胎孵化出膜

深,心跳频率达到 150 次/min(图 5-33:G);培养至第 6 天,胚体尾部从膜中脱出,身体弯曲成一团(图 5-33:H),尾部可以活动;培养至第 7 天,胚胎完全孵化出膜,附肢可以自由活动,但与对照组出膜幼体相比,幼体颜色发黑,表面较为模糊,幼体全长 1.5 mm 左右(图 5-33:I)。出膜后幼体成活了 1 天,培养至第 8 天时死亡。

(4) 相关问题探讨

关于不同时期水生生物胚胎在冷冻保存中对玻璃化液的适应能力,拟石首鱼尾芽期胚胎比桑椹胚耐受性强(Robertson et al., 1988),草鱼原肠期以前胚胎对低温和 DMSO 非常敏感,在原肠期以后,随着胚胎发育的进行,胚胎对低温和 DMSO 的耐受能力逐渐提高(章龙珍等,1992),斑马鱼早期胚胎对冷冻最敏感,心跳期胚胎对冷冻降温的耐受力最强(Zhang et al., 1995)。

从受精卵开始到胚胎出膜,在不同的发育时期,中华绒螯蟹胚胎对外界环境的适应能力在逐渐变化,各期胚胎在 A 号玻璃化液中的适应能力明显不同,这一特点直接影响着胚胎玻璃化冷冻过程和方法的选择。从中华绒螯蟹胚胎在 A 玻璃化液中的成活时间和适应能力看,细胞分裂期胚胎对玻璃化液的耐受性较差,原肠期、前无节幼体期、原溞状幼体期对玻璃化液的适应能力较强,都适合进行玻璃化处理,但原溞状幼体期胚胎最好。

胚胎经过玻璃化液处理、冷冻解冻后,玻璃化液的去除是非常重要的一步。洗脱时间太短,不利于玻璃化液的脱除,洗脱时间过长,也会出现渗透失衡,影响胚胎的成活率。在鲤胚胎程序化冷冻中利用 0.1 mol/L Suc 洗脱抗冻剂(Zhang et al., 1989),牙鲆胚胎玻璃化冷冻保存中利用 0.125 mol/L Suc 洗脱效果最好(田永胜等,2005),中国花鲈胚胎玻璃化冷冻保存中利用 0.5 mol/L Suc 洗脱效果最好(田永胜,2004)。用 0.25 mol/L Suc 对中华绒螯蟹前无节幼体期胚胎在 5~20 min 内的洗脱效果进行了研究,发现洗脱 10 min 成活率最高,洗脱 5~20 min 内成活率无显著差异。

在水生生物胚胎冷冻保存研究方面,Chao 等(2001)对太平洋牡蛎胚胎和早期幼虫的冷冻研究较多,利用程序化冷冻获得 78% 的胚胎成活率,但利用玻璃化冷冻仅获得 14% 的成活率,Gwo(1994)对其桑椹胚、囊胚、担轮幼虫对抗冻剂的适应能力、抗冻剂的浓度、平衡时间、降温程序进行了选择性研究。Philippe(1991)对太平洋牡蛎胚胎的耐受能力进行了研究,结果显示冷冻的耐受能力与胚胎的质量相适应。泥鳅胚胎利用总浓度为 35% 的玻璃化液,快速降温方式冷冻,获得 4

粒胚孔封闭期胚胎解冻后发育到18~19对肌节期,未能继续发育成鱼苗(章龙珍等,2002)。田永胜等(2005)在牙鲆胚胎的玻璃化冷冻保存研究中,利用VS2、VS3和VS4三种玻璃化液,通过五步法平衡,实现了牙鲆尾芽期、肌肉效应期、出膜前期胚胎玻璃化冷冻—解冻成活,共成活胚胎5粒,其中4粒孵化出膜,成活率在1.64%~6.67%。田永胜等(2003)利用VSD2玻璃化液对中国花鲈神经胚、20对肌节期胚胎、尾芽期胚胎、心跳期胚胎、出膜期胚胎在不同时段里进行了多次实验,取得了2.1%~27.9%的透明胚胎,在心跳期和出膜前期胚胎的玻璃化冷冻中,取得了3粒成活胚胎,1粒孵化出膜,成活时间在42~59 h。

利用自行筛选配制的A玻璃化液对中华绒螯蟹细胞分裂期、原肠期、前无节幼体期、原溞状幼体期胚胎在不同时间段内进行了玻璃化液适应性研究和洗脱时间的对比研究,采用五步平衡法,实现了中华绒螯蟹前无节幼体期和原溞状幼体期胚胎玻璃化冷冻后的成活,其中前无节幼体期胚胎成活8个,成活时间4 d,原溞状幼体期胚胎成活7个,成活时间7 d,孵化出膜1个,在同种甲壳动物中实现了不同时期胚胎的成活。中华绒螯蟹胚胎经过玻璃化冷冻后成活时间可以达到7 d,远远高于其他水生生物(如中国花鲈、牙鲆)胚胎的冷冻成活时间(田永胜,2004),说明采用的五步平衡法、0.25 mol/L Suc一步洗脱,采用A玻璃化液进行冷冻保存的方法较适宜于中华绒螯蟹原溞状幼体期的胚胎,利用这种方法开展中华绒螯蟹胚胎玻璃化冷冻保存进行重复实验后也获得了成活。

5.6.4 玻璃化冷冻对胚胎的影响

(1)外部形态结构变化

1)细胞分裂期:细胞分裂期胚胎为圆形或椭圆形,卵径(367±6)μm,外部形态规则,卵膜表面较为光滑,内部物质排列致密(图5-34:1)。在玻璃化液中经过二步法平衡处理后,胚胎吸水膨大,在细胞膜和细胞质间形成一环形空腔,胚胎卵径达到(382±4)μm(图5-34:2),经过三步法平衡处理后,处理后胚胎与对照组胚胎在外部形态上无明显区别(图5-34:3)。经过超低温冷冻后,细胞膜颜色变深,细胞膜和细胞质分界清晰可见,卵黄物质破裂,部分胚胎破裂成空壳状,内部物质完全溶解(图5-34:4)。

2)原肠期:胚胎的一端出现一个透明区域,外部形态规则,卵膜表面光滑(图5-34:5)。扫描电镜下,胚胎表面较为光滑,表皮细胞平整,相邻细胞交界处略微隆起,界限连续完整清晰,细胞表面的嵴(一种条纹状结构)呈波纹状(图

5-35:1)。胚胎在玻璃化液中经过二步法和三步法处理后,与对照组相比,胚胎的外部形态都无明显变化(图 5-34:6,7)。但在扫描电镜下观察,胚胎的表面变得粗糙,部分胚胎的细胞表皮起皱成沟壑状,形成一层网状结构(图 5-35:2),经过冷冻保存后,胚胎内部颜色由浅黄色变为粉红色,细胞由原来的透明变成不透明,细胞膜边缘模糊,形成绒毛状物质,胚体内部分卵黄物质碎裂成颗粒状(图 5-34:8)。扫描电镜下,与对照组相比,胚胎表皮细胞从平展变得皱缩,周缘下陷,与处理组相比,胚胎表面的褶皱加深,细胞表面的部分嵴断裂,细胞变形和破损明显(图 5-35:3)。

　　3)原溞状幼体期:胚胎的透明区继续扩大,占 1/2~2/3,复眼的发育基本完成,卵黄收缩呈蝴蝶状,卵黄囊的背部开始出现心脏原基,不久心脏开始跳动(图 5-34:9)。扫描电镜下,表皮细胞排列紧密,体表有均匀分布的小孔,外表光滑完整(图 5-35:4),胚胎在玻璃化液中经过二步法和三步法平衡处理后,与对照组相比,胚胎外部形态无明显变化(图 5-34:10,11)。扫描电镜下,胚胎外表保持光滑完整,表皮上的小孔清晰可见,细胞上的嵴未见明显破损,整个

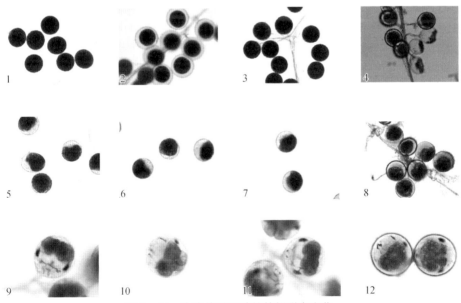

图 5-34　冷冻前后胚胎的外部形态变化

　　1. 细胞分裂期胚胎(×100);2. 二步法处理后细胞分裂期胚胎(×100);3. 三步法处理后细胞分裂期胚胎(×100);4. 冷冻后细胞分裂期胚胎(×100);5. 原肠期胚胎(×100);6. 二步法处理后原肠期胚胎(×100);7. 三步法原肠期胚胎(×100);8. 冷冻后原肠期胚胎(×100);9. 原溞状幼体期胚胎(×200);10. 二步法处理后原溞状幼体期胚胎(×200);11. 三步法处理后原溞状幼体期胚胎(×200);12. 冷冻后原溞状幼体期胚胎(×200)

胚胎与对照组胚胎在外部形态上基本保持一致(图5-35:5)。经过超低温冷冻后,胚体内原本透明的结构变得模糊,部分组织呈弥散状,部分卵黄物质碎裂成颗粒状(图5-34:12)。扫描电镜下,大部分胚胎表皮凹陷皱缩,但未见明显破损,少数胚胎表面保持光滑完整(图5-35:6)。

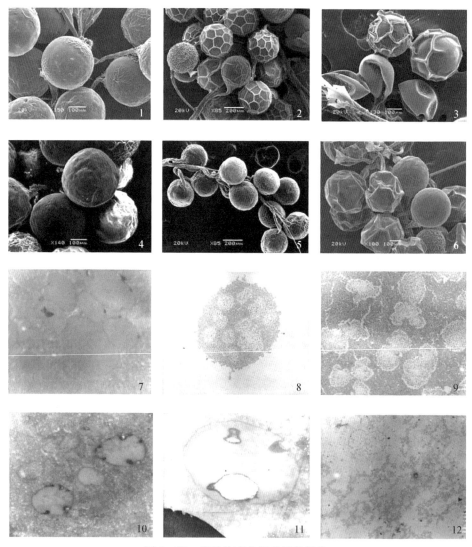

图5-35　胚胎冷冻前后的超微结构

　　1. 扫描电镜下原肠期胚胎;2. 扫描电镜下抗冻剂处理后原肠期胚胎;3. 扫描电镜下冷冻后原肠期胚胎;4. 扫描电镜下原溞状幼体期胚胎;5. 扫描电镜下抗冻剂处理后原溞状幼体期胚胎;6. 扫描电镜下冷冻后原溞状幼体期胚胎;7. 透射电镜下原肠期胚胎;8~9. 透射电镜下抗冻剂处理后原肠期胚胎;10~12. 透射电镜下冷冻后原肠期胚胎

（2）内部形态结构变化

1）原肠期胚胎：这个时期胚层分化完成，各器官也逐步分化。胚胎纵切面可以看到，胚胎表皮细胞排列紧密，彼此界限清晰，细胞内卵黄为颗粒状，有膜包被，周缘光滑，彼此分离（图5-36：1）。透射电镜下观察，胚胎细胞排列整齐，边缘光滑，细胞间分界清晰（图5-35：7）。经过玻璃化液处理后，透射电镜下观察，胚胎细胞内出现白色不规则团块，细胞边缘变得粗糙有突起（图5-35：8，9）。经过超低温冷冻后，通过组织切片观察，胚胎细胞外面的膜脱落破损，胚层内有大小不一的冰腔，细胞内出现明显的空洞（图5-36：2，3）。透射电镜下，细胞内形成冰腔清晰可见，胚胎内出现黑色斑点和小空泡，部分线粒体和内质网解体，细胞损伤明显（图5-35：10~12）。

2）原溞状幼体期：这个时期的胚胎，器官进一步分化定型。冷冻前胚胎内细胞排列较为紧密，彼此界限清晰（图5-36：4）。经过超低温冷冻后，胚胎的细胞膜破碎脱落，胚层内出现很多冰腔和空泡，胚胎内破裂清晰可见（图5-36：5，6）。

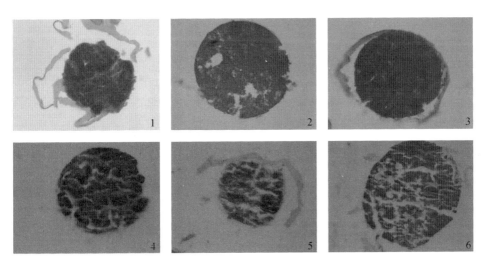

图5-36　胚胎冷冻前后的组织结构

1. 原肠期胚胎；2. 冷冻后原肠期胚胎；3. 冷冻后原肠期胚胎，细胞膜脱落；4. 原溞状幼体期胚胎；5. 冷冻后原溞状幼体期胚胎；6. 冷冻后原溞状幼体期胚胎，细胞碎裂

水生生物胚胎的特点是原卵子的体积大，就中华绒螯蟹胚胎而言，尽管也属于小型卵，但其体积也是哺乳动物胚胎的7~8倍大。水生生物胚胎体积大，细胞多，在冷冻保存中难以做到抗冻剂的充分渗透和内外均衡冷冻，整体保存

难度大,但单个分离的胚胎细胞的保存比较容易实现。柳凌等(1989)用超低温保存的草鱼和鲢囊胚细胞进行了核移植,并获得了成功。水生生物胚胎中卵黄占大部分体积,冷冻后卵黄颗粒容易破裂,解冻后的卵黄囊比胚体更易吸水膨胀而破裂,除此之外,卵膜是半透性膜,对一些大分子量的抗冻剂渗透性差。Harvey(1983b)发现完整的斑马鱼卵子在室温下2 h对1M DMSO的吸收率只有2.5%,但去掉卵膜后吸收率成倍增加,达到11%。水生生物胚胎体积大,卵黄多,有卵膜,这些生物学特性可能是水生生物胚胎冷冻保存迄今尚未获得完全突破的原因所在。

通过对冷冻后胚胎的电镜观察,胚胎表皮细胞由正常状态下的平整光滑、细胞表面的嵴连续清晰、细胞间相互连接,变成细胞皱缩、细胞表面的嵴断裂、细胞彼此分离,这明显是由于细胞失水引起,中华绒螯蟹胚胎体积大,在冷冻保存过程中,卵周隙中的大量水分来不及外渗,造成卵周隙中冰晶形成。青鱼胚胎由于卵周隙大,经冷冻复温后,外包的卵膜均破裂,胚胎落出,胚胎表皮细胞丧失固有的形状,鲤胚胎利用降温仪进行降温后,冷冻的胚胎其损伤程度明显小于使用冰箱降温的样本(赵维信等,1992)。在冷冻时,冰晶的损伤是很明显的,中华绒螯蟹胚胎经过冷冻后,细胞内有大量冰腔存在,胞外冰导致细胞和肌纤维的破裂、挤压和变形,胞内冰导致细胞器和膜系统的破坏。泥鳅胚胎经过冷冻后,胚体收缩,卵黄颗粒破裂,细胞里胞内冰和胞外冰都有发生,冰腔出现(曾志强等,1995)。有学者获得了-30℃以内一些鱼胚的成活率(陈松林等,1991),这可能是由于胞内溶液尚处于过冷状态而没有产生冰晶损伤,但要实现胚胎的永久保存,不可避免地要使胞内溶液固化,引起温度的突变,导致胚胎的最终死亡。低温也能对胚胎形成直接损伤,泥鳅胚胎经过冷冻后,冻后的肌原纤维和A带变得模糊(曾志强等,1995),低温可使蛋白质分子解聚,肌原纤维解体和变得模糊,还可导致酶蛋白四聚体的解聚,使之丧失生理机能。

中华绒螯蟹细胞分裂期胚胎在玻璃化液中经过二步法平衡后,胚胎吸水膨胀非常明显,但原肠期胚胎二步法平衡后,胚胎外部形态与对照组胚胎无明显变化,表明原肠期胚胎对抗冻剂的耐受性比细胞分裂期高。扫描电镜下观察,中华绒螯蟹原肠期胚胎经过玻璃化液处理后,胚胎的表面变得粗糙,部分胚胎的细胞表皮起皱成沟壑状,冷冻后细胞破损严重,原溞状幼体期胚胎经过玻璃化液处理后,胚胎与鲜胚在外部形态上无明显变化,冷冻后部分胚胎的表皮能够保持光滑完整,其结果也在一定程度上表明中华绒螯蟹原溞状幼体期胚胎对玻璃化液和低温的耐受性高于原肠期胚胎。在前期的研究中,用中华绒螯蟹原溞状幼体期胚胎作为保存时期,经过超低温冷冻后成功获得出膜幼体,表明中华绒螯蟹原溞状幼体期胚胎对玻璃化液和低温的耐受性较强,是适合进行冷冻保存的时期。

(3)代谢酶活性变化

1)LDH:中华绒螯蟹细胞分裂期胚胎在玻璃化液中处理和经过超低温冷冻后 LDH 活性的变化如图 5-37 所示。经过玻璃化液处理后,胚胎中酶活性都显著下降,除 B 玻璃化液处理组与对照组间无显著差异外($P>0.05$),其余各组间与对照组都存在显著差异($P<0.05$),用 A、B 和 E 玻璃化液处理后胚胎间酶活性无显著差异($P>0.05$),用 C、D 和 F 玻璃化液处理后胚胎间酶活性也无显著差异($P>0.05$)。经过超低温冷冻后,各组胚胎中酶活性都显著下降,且与对照组和相应的处理组间都有显著差异($P<0.05$),用 C、D 和 F 玻璃化液冷冻后胚胎中酶活性显著低于用 A、B 和 E 玻璃化液冷冻后胚胎中酶的活性($P<0.05$)。

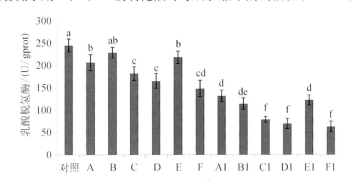

图 5-37 玻璃化液对中华绒螯蟹细胞分裂期胚胎 LDH 活性的影响

A-F 表示各玻璃化液处理组、A1-F1 表示各玻璃化液冷冻组
图中不同字母表示差异显著($P<0.05$)

中华绒螯蟹囊胚期胚胎在玻璃化液中处理和经过超低温冷冻后 LDH 活性的变化如图 5-38 所示。经过玻璃化液处理后,胚胎中的酶活性呈显著下降的趋势,与对照组间都有显著差异($P<0.05$),用 C、D、E 和 F 玻璃化液处理后胚胎酶活性无显著差异($P>0.05$),但显著低于用 A 和 B 玻璃化液处理后胚胎中的酶活性($P<0.05$)。经过超低温冷冻后,胚胎中酶活性显著下降,与对照组和相应的处理组间都有显著差异($P<0.05$),各冷冻组间胚胎酶活性都无显著差异($P>0.05$)。

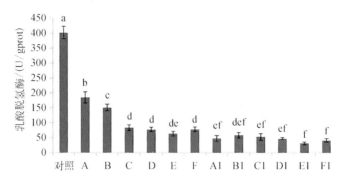

图 5 - 38　玻璃化液对中华绒螯蟹囊胚期胚胎 LDH 活性的影响

图中不同字母表示差异显著($P<0.05$)

　　中华绒螯蟹原肠期胚胎在玻璃化液中处理和经过超低温冷冻后 LDH 活性的变化如图 5 - 39 所示。在玻璃化液中处理后，各组胚胎中酶活性显著低于对照组胚胎($P<0.05$)，用 B、E 和 F 玻璃化液处理后胚胎间酶活性无显著性差异($P>0.05$)，但都显著低于用 A、C 和 E 玻璃化液处理后胚胎中酶的活性($P<0.05$)。经过超低温冷冻后，各组胚胎中的酶活性显著下降，与对照组有显著性差异($P<0.05$)，用 A、B、C 和 D 玻璃化液冷冻后胚胎间酶活性无显著性差异($P>0.05$)，但都显著高于用 E 和 F 玻璃化液冷冻后胚胎中酶活性。

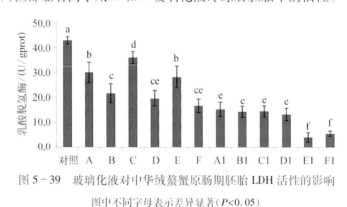

图 5 - 39　玻璃化液对中华绒螯蟹原肠期胚胎 LDH 活性的影响

图中不同字母表示差异显著($P<0.05$)

　　中华绒螯蟹前无节幼体期胚胎在玻璃化液中处理和经过超低温冷冻后 LDH 活性的变化如图 5 - 40 所示。经过玻璃化液处理后，胚胎中酶活性显著下降，且均显著低于对照组胚胎($P<0.05$)，用 A、B、C 和 D 玻璃化液处理后各组胚胎中的酶活性显著高于用 E 和 F 玻璃化液处理后的胚胎酶活性($P<0.05$)。经过超低温冷冻后，各组胚胎中的酶活性都显著下降，且都显著低于对照组和

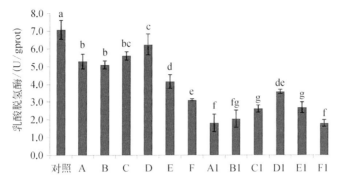

图 5 - 40　玻璃化液对中华绒螯蟹前无节幼体期胚胎 LDH 活性的影响

图中不同字母表示差异显著(*P*<0.05)

相应的玻璃化液处理组(*P*<0.05),用 D 玻璃化液冷冻后胚胎中酶活性显著高于其他几种玻璃化液冷冻后的胚胎酶活性。

中华绒螯蟹原溞状幼体期胚胎在玻璃化液中处理和经过超低温冷冻后 LDH 活性的变化如图 5 - 41 所示。经过玻璃化液处理后,各组胚胎中酶活性显著下降,与对照组间都有显著差异(*P*<0.05),用 D 玻璃化液处理后胚胎中酶活性显著高于其他几种玻璃化液处理后的活性(*P*<0.05)。胚胎经过超低温冷冻后,胚胎中酶活性显著下降,且均显著低于对照组胚胎(*P*<0.05),用 A、B 和 C 玻璃化液冷冻后胚胎中的酶活性与各自的处理组间无显著差异,用 D、E 和 F 玻璃化液冷冻后胚胎中的酶活性都显著低于各自的处理组(*P*<0.05),各组胚胎冷冻后的酶活性无显著差异(*P*>0.05)。

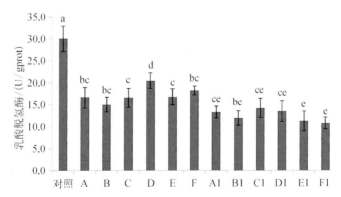

图 5 - 41　玻璃化液对中华绒螯蟹原溞状幼体期胚胎 LDH 活性的影响

图中不同字母表示差异显著(*P*<0.05)

2) 总 ATP 酶：中华绒螯蟹卵裂期胚胎经过玻璃化液处理和超低温冷冻后总 ATP 酶活性的变化见图 5-42。从图中可知，经过 6 种玻璃化液处理后，胚胎中的酶活性显著下降，且与对照组均有显著性差异（$P<0.05$）。不同的处理组间，除 B 玻璃化液处理组与其他处理组间有显著性差异外（$P<0.05$），其他处理组间都无显著差异（$P>0.05$）。经过超低温冷冻后，胚胎中总 ATP 酶活性与对照组相比均显著下降，除 D 玻璃化液冷冻保存组与相应的处理组无显著差异外（$P>0.05$），其他各组与对应的处理组间都有显著差异（$P<0.05$）。

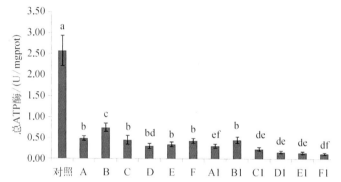

图 5-42　玻璃化液对中华绒螯蟹细胞分裂期胚胎总 ATP 酶活性的影响

图中不同字母表示差异显著（$P<0.05$）

中华绒螯蟹囊胚期胚胎经过玻璃化液处理和超低温冷冻后总 ATP 酶活性的变化见图 5-43。胚胎经过玻璃化液处理后，总 ATP 酶活性显著低于对照组（$P<0.05$）。A 玻璃化液处理组与其他各处理组间酶活性均有显著差异（$P<0.05$），B 和 C 处理组间无显著差异（$P>0.05$），D、E 和 F 处理组间也无显著差

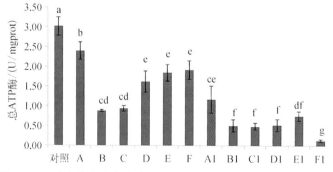

图 5-43　玻璃化液对中华绒螯蟹囊胚期胚胎总 ATP 酶活性的影响

图中不同字母表示差异显著（$P<0.05$）

异($P>0.05$),但与 B 和 C 处理组间有显著差异($P<0.05$)。经过超低温冷冻后,胚胎中酶活性显著低于对照组($P<0.05$),用不同玻璃化液冷冻保存组与对应的处理组间胚胎中酶活性也有显著差异($P<0.05$)。

中华绒螯蟹原肠期胚胎经过玻璃化液处理和超低温冷冻后总 ATP 酶活性的变化见图 5-44。这个时期的胚胎经过玻璃化液处理后,胚胎中的酶活性明显下降,且显著低于对照组胚胎($P<0.05$)。各处理组间,A、B、C 和 E 玻璃化液处理后胚胎中酶活性无显著差异($P>0.05$),C 和 F 处理组间也无显著差异($P>0.05$),D 与 B 和 E 间也无显著差异,但与 A、C 和 F 间有显著差异($P<0.05$)。经过冷冻保存后,胚胎中酶的活性也显著低于对照组($P<0.05$)。超低温冷冻后,胚胎中酶活性都低于对照组和对应的各处理组,其中,用 D 和 E 玻璃化液冷冻保存后胚胎酶活性与对应的处理组间有显著差异($P<0.05$),其余 4 个冷冻保存组与对应的处理组间无显著差异($P>0.05$)。

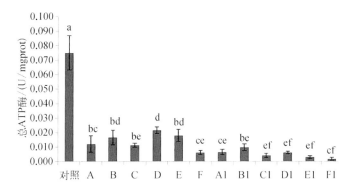

图 5-44　玻璃化液对中华绒螯蟹原肠期胚胎总 ATP 酶活性的影响

图中不同字母表示差异显著($P<0.05$)

中华绒螯蟹前无节幼体期胚胎经过玻璃化液处理和超低温冷冻后总 ATP 酶活性的变化见图 5-45。在 6 种玻璃化液中处理后胚胎的酶活性显著下降,且与对照组间有显著差异($P<0.05$)。各处理组间,C 与 D 玻璃化液处理后胚胎中酶活性无显著差异($P>0.05$),E 与 F 组间也无显著差异,其余各组间都有显著差异($P<0.05$)。经过冷冻后,胚胎中酶活性显著低于对照组和对应的各玻璃化液处理组($P<0.05$),胚胎用 B 和 E 玻璃化液冷冻后酶活性无显著差异,胚胎用 A、C、D 和 F 玻璃化液冷冻后酶活性间也无显著差异($P>0.05$)。

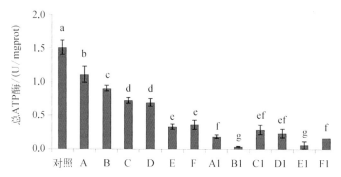

图 5-45　玻璃化液对中华绒螯蟹前无节幼体期胚胎
总 ATP 酶活性的影响

图中不同字母表示差异显著($P<0.05$)

　　中华绒螯蟹原溞状幼体期胚胎在玻璃化液中处理和经过超低温冷冻后总
ATP 酶的活性变化如图 5-46 所示。胚胎在玻璃化液中处理后酶活性下降,但
下降幅度不大,C 和 E 玻璃化液处理组与对照组间酶活性无显著差异($P>$
0.05),各处理组间,除 C 和 D 玻璃化液处理组间有显著差异外($P<0.05$),其他
各组间都无显著差异($P>0.05$)。经过冷冻保存后,胚胎中酶活性显著下降,除
B 和 D 玻璃化液冷冻组与处理组无显著差异外,其他各冷冻组与相应的处理组
间都有显著差异($P<0.05$),除用 C 和 F 玻璃化液冷冻后胚胎间酶活性有显著
差异外($P<0.05$),其余各组间均无显著差异($P>0.05$)。

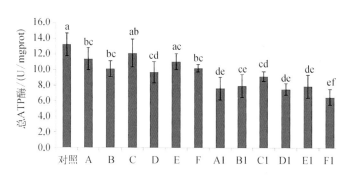

图 5-46　玻璃化液对中华绒螯蟹原溞状幼体期胚胎
总 ATP 酶活性的影响

图中不同字母表示差异显著($P<0.05$)

　　中华绒螯蟹不同发育时期的胚胎在 6 种抗冻剂中处理后,胚胎中 LDH 和总
ATP 酶活性都有不同程度的降低。随胚胎发育的成熟,胚胎对抗冻剂的耐受性

逐渐增加,胚胎中酶活性下降的幅度有所减少,这一现象可能与胚胎在发育过程中细胞质膜渗透能力的逐渐下降紧密相关(Alderdice,1987;Potts et al.,1973;Prescott,1955)。在洗脱过程中,抗冻剂通过卵膜放射带时的渗透作用也可能导致酶活性的失活。Harvey 等(1983b)对斑马鱼胚胎的研究表明,卵膜上的辐射带能阻碍抗冻剂的渗透,因此需要延长胚胎在抗冻剂中的平衡时间,Fink 等(1978)研究表明高浓度的抗冻剂也能导致胚胎中局部酶活性的变性。

经过抗冻剂处理后,中华绒螯蟹胚胎中 3 种酶活性的下降可能与这些酶在胚胎内的分布和在平衡过程中酶对抗冻剂的渗透压力产生的机械阻力相关。Klyachko 等(1982)对欧洲泥鳅(*Misgurnus fossilis*)酶活性的研究结果表明,80%的 LDH 分布在胚胎的胚盘中。斑马鱼的胚盘在抗冻剂的平衡过程中是最易受渗透压力损伤的部位(Musa et al.,1995),这种损伤可能是由于胚胎中的酶渗透到了卵周隙中而形成,加上卵膜的辐射带对抗冻剂的渗透性,导致这些酶从细胞质或卵黄物质中渗出,从而加速了酶的变性过程。Arakawa 等(1985)研究表明在室温下经过抗冻剂如 DMSO、EG 和 MeOH 等处理后,蛋白质的变性是由于抗冻剂和蛋白外壳相互作用的直接结果。

抗冻剂对胚胎的毒性影响与它们和细胞内酶的相互作用紧密相关。Baxter 等(1971)的研究证实了经过 DMSO 处理后引起一种特定的酶(果糖磷酸酶)活性的改变,进而削弱了糖酵解作用。Rieger 等(1991)也报道在马胚胎的超低温冷冻保存中,用 Gly 作为抗冻剂会抑制 Glu 的厌氧代谢,同时也会刺激谷氨酸盐的需氧代谢。Musa 等(1995)观察到抗冻剂浓度和平衡时间对斑马鱼胚胎中的 LDH 和 G－6－PDH 有显著影响。Robles 等(2004)对玻璃化液保存斑马鱼和大菱鲆胚胎的研究结果表明,尽管抗冻剂处理后这两种鱼胚胎中 LDH 和 G－6－PDH 的酶活性都有所下降,但抗冻剂浓度和平衡时间对胚胎酶活性无显著性影响。对中华绒螯蟹胚胎研究表明,抗冻剂组成和浓度对中华绒螯蟹胚胎中三种代谢酶活性都有显著性影响,这可能是由于渗透压力导致卵周隙内部分酶活性变性而减少,胚盘受到一定程度的损伤。有研究表明,高浓度的抗冻剂渗透到细胞体内后,对胚胎在细胞和亚细胞水平上产生了一定的毒性,引起渗透损伤、微管损伤或细胞分裂(Renard et al.,1989)。

酶活性随胚胎发育时期的变化而变化,在大菱鲆胚胎的发育过程中酶活性呈现出显著上升的趋势,但斑马鱼胚胎发育过程中酶活性的变化不明显(Robles et al.，2004）。经过不同的抗冻剂处理后,中华绒螯蟹早期胚胎中 3 种酶活性都呈现出明显下降的趋势,但晚期胚胎尤其是原溞状幼体期胚胎对抗冻剂表现出较强的耐受能力,抗冻剂处理后胚胎中三种酶活性与对照组间差异显著缩小。不同的抗冻剂处理对胚胎中酶活性影响也不尽相同,在同一发育时期,经过 A 玻璃化液处理后胚胎中酶活性的下降幅度较其他几种玻璃化液处理后的变化小,表明 A 玻璃化液可能更能减轻抗冻剂对中华绒螯蟹胚胎的损伤,对胚胎有较好的保护作用。

多数学者对超低温冷冻对胚胎酶活性影响的意见不一,有学者证实冰晶能导致蛋白质结构的折叠和酶活性的损失(Stranbini et al.，1996),Lugovoi 等(1982)和 Tamiya 等(1985)的研究也表明一些种类的酶在-20℃ 和-30℃ 储存时酶活性会下降。Cowan 等(2001)对树蛙组织在冷冻前后的酶活性研究表明,超低温冷冻不会减少组织中的酶活性,但 Robles 等(2004)的研究表明,经过超低温冷冻后,大菱鲆和斑马鱼胚胎中 LDH 和 G - 6 - PDH 的活性显著下降。对中华绒螯蟹胚胎的研究结果也表明,经过超低温冷冻后,中华绒螯蟹胚胎中 LDH 和 ATP 酶活性显著下降,表明细胞受到不同程度的损伤,比较而言,利用 A 和 D 玻璃化液冷冻后,不同时期胚胎中 LDH 活性下降减缓,这一结果表明了这两种玻璃化液可能对胚胎有较好的保护作用。LDH 和 ATP 酶都是细胞质酶,在冷冻和解冻过程中,冰晶形成和渗透损伤会导致细胞破裂,这些都能刺激环境介质中细胞内容物的释放。LDH 常被用来作为检测细胞溶菌作用的指标,因此,LDH 的活性可以作为检测细胞破损程度的指示性指标。

Rieger 等(1991)分析了超低温冷冻对马胚胎酶活性的影响,他们认为细胞新陈代谢的变化主要是因为抗冻剂的影响而不是冷冻解冻过程引起的。中华绒螯蟹不同发育时期的胚胎经过抗冻剂处理和超低温冷冻后,胚胎中 3 种酶活性都呈现出下降的趋势,早期胚胎对玻璃化过程更为敏感,经过玻璃化处理和冷冻后,早期胚胎中总 ATP 酶活性的下降幅度比晚期胚胎更为明显,但在不同的发育时期,胚胎中 LDH 的活性下降的程度不明显,对比 3 种酶的活性变化结果,超低温冷冻对胚胎中 LDH 的活性影响低于对总 ATP 酶活性的影响,这个结果也表明了胚胎中 LDH 比总 ATP 酶对玻璃化液和超低温冷冻的耐受性强,Musa 等(1995)报道大菱鲆和斑马鱼胚胎中 LDH 对抗冻剂的耐受性高于 G-6-PDH。在超低温冷冻保存过程中,玻璃化液既能保护胚胎又对胚胎有一定的毒性作用。不同的玻璃化液对胚胎中的酶活性有不同的影响,这一结果也表明在超低温冷冻中玻璃化液的组成对酶活性的影响至关重要。经过超低温冷冻保存后,酶活性的检测可以作为冷冻过程成功与否的补充性指标,在传统的形态学观察的基础上提供亚细胞水平上的信息。

（4）线粒体 DNA

1）*Cytb* 基因：各组中华绒螯蟹胚胎样品中的 *Cytb* 基因均能被引物 Cytb-F 和 Cytb-R 稳定地扩增,PCR 产物经琼脂糖凝胶电泳检测显示为一条清晰明亮的条带,大小约 1 600 bp(图 5-47)。

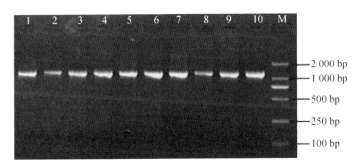

图 5-47　中华绒螯蟹胚胎中 *Cytb* 基因序列扩增电泳图

1~5 代表冷冻组,6~9 代表处理组,10 代表对照组；M 为 DL2000 分子量标准

PCR 产物经回收后进行双向测序,测序结果经比对、校正后,获得 10 条中华绒螯蟹胚胎的 *Cytb* 基因全序列,长度为 1 135 bp。序列中间无插入/缺失,其中共有 5 个核苷酸变异位点。4 种碱基 A、T、G、C 的平均含量分别为 27.8%、37.5%、14.0% 和 20.8%,A+T 含量(65.3%)明显高于 G+C 含量(34.8%),4 种核苷酸在密码子中的使用频率如表 5-26 所示。在密码子第一位,4 种核苷酸的使用频率相差不大,但在密码子第二位和第三位上有较大差异,在密码子第二位和第三位上表现出对碱基 T 偏好,其使用频率分别达到 43.0% 和 40.0%,在密码子第三位碱基 G 的使用频率仅为 4.2%。1 135 bp 的 *Cytb* 基因序列一共编码 378 个氨基酸残基,从 ATG 第一位起始密码子开始到 1 140 位终止,编码的氨基酸无变异。

表 5 - 26 *Cytb* 基因序列各密码子位点平均碱基组成

密码子	碱基频率/%			
	A	T	G	C
第一位	26.6	30.0	24.5	19.3
第二位	19.0	43.0	13.2	24.6
第三位	37.6	40.0	4.2	18.4
平均	27.8	37.5	14.0	20.8

2）*COI* 基因：各组中华绒螯蟹胚胎样品中的 *COI* 序列均能被稳定地扩增，产物经琼脂糖凝胶电泳检测显示一条清晰明亮的条带，大小约 1 600 bp（图 5 - 48），PCR 产物经回收、测序等得到 *COI* 基因序列。测序结果经比对、校正后，获得 10 条中华绒螯蟹 *COI* 一致序列，序列长 1 534 bp，为 *COI* 全序列。

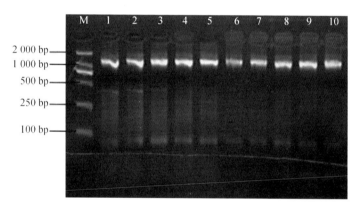

图 5 - 48 中华绒螯蟹 *COI* 基因序列扩增电泳图谱

1~5 代表冷冻组，6~9 代表处理组，10 代表对照组；M 为 DL2000 分子量标准

序列中无插入/缺失，其中共有 6 个核苷酸变异位点。4 种碱基 A、T、G、C 的平均含量分别为 27.7%、36.3%、16.1%、20.0%，A+T 含量（64.0%）明显高于 G+C 含量（36.1%）。4 种核苷酸在密码子中的使用频率如表 5 - 27 所示。在密码子第一位，4 种核苷酸的使用频率相差不大，但在密码子第二位和第三位上有较大差异，在密码子第二位上表现出对碱基 T 偏好，其使用频率均达到 41.0%；在密码子第三位碱基 A 和 T 使用频率分别为 38.4% 和 41.0%，而碱基 G 的使用频率仅为 4.1%。1 534 bp 的 *COI* 基因序列一共编码 511 个氨基酸残基，从 ATG 第一位密码子开始到 1533 位终止。

表 5 - 27　*COI* 基因序列各密码子位点平均碱基组成

密码子	碱基频率/%			
	A	T	G	C
第一位	26.8	26.0	28.7	18.4
第二位	17.8	41.0	15.5	25.2
第三位	38.4	41.0	4.1	16.2
平均	27.7	36.3	16.1	20.0

把线粒体上的两个基因 *Cytb* 和 *COI* 进行综合分析,共有 11 个位点发生了碱基变异,其中处理组的 *Cytb* 基因发生 5 个位点的变异,冷冻组的 *Cytb* 基因发生 3 个位点的变异,这 3 个变异位点包含在处理组的 5 个变异位点里,处理组的 *COI* 基因发生了 5 个位点的变异,冷冻组的 *COI* 基因发生 6 个位点的变异,其中 5 个变异位点与处理组一致,一个位点发生了新的变异。

在处理组和冷冻组胚胎的 *Cytb* 和 *COI* 基因序列上,11 个位点的碱基转换中有 9 次均发生在密码子第三位上,其余 2 次发生在密码子第一位上,这些变异均未引起相应氨基酸残基的变异。在中华绒螯蟹胚胎线粒体 DNA 上发生的碱基变异中存在 4 种类型,即 G→A、A→G、C→T 和 T→C,变异只有转换发生,没有颠换发生。其中 G 和 A 之间的转换占绝大多数,达到 63.63%,T 和 C 间的转化占 36.36%(图 5 - 49)。

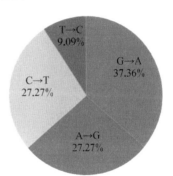

图 5 - 49　4 种碱基变异类型频率分布图

超低温冷冻保存的过程包含了很多可能影响胚胎成活的因子,这些因子随着细胞类型和冷冻方法的不同而发生变化。在超低温冷冻保存的过程中细胞容易受到多方面压力的影响,如特定抗冻剂和非特定抗冻剂、渗透压力的改变、离子组成的重新分配、pH 的改变、细胞脱水、生物高聚物的相变、冰晶形成的机械负载、晶体间的电压、增加的静水力学压力和自由基的影响等。

超低温冷冻保存过程也会导致活性氧的增加(Sohn et al. , 2002;Mazzilli et al. , 1995),同时减少抗氧化酶的活性,如 CAT、GSH - PX、SOD 等(Bilodeau et al. , 2000)。增加的自由基也可能引起基因位点的突变,不同碱基的修正也会因为错配导致某些位点的突变(Richter, 1995)。中华绒螯蟹细胞分裂期胚胎经过不同的抗冻剂处理后,线粒体的 *Cytb* 和 *COI* 基因上的碱基发生少量变异,不同的抗冻剂对 *Cytb* 和 *COI* 基因的碱基变异没有影响;经过超低温冷冻后,冻胚线粒体上 *Cytb* 和 *COI* 基因碱基序列也发生了突变,与抗冻剂处理组相比,其中 *COI* 基因碱基还增加了新的变异类型,表明超低温冷冻能引起胚胎线粒体 DNA 碱基的变异。中华绒螯蟹胚胎研究中选取胚胎数量较少,经过抗冻剂处理和超低温冷冻后线粒体 DNA 上碱基发生变异频率相对较高,分析认为胚胎个体间多样性差异的可能性较小,但引起碱基变异的原因还需要更深入细致的研究。

除了自由基的因素外,在复制过程中也能引起突变,线粒体 DNA 分子在很短的时间内可以随机复制(Bogenhagen et al., 1977)。卵母细胞里没有线粒体 DNA 的合成,泥鳅卵母细胞受精后开始合成线粒体 DNA,且线粒体 DNA 的复制速度呈指数增长(Mikhailov et al., 1974)。线粒体基因组有不对称复制的特点,这种不对称复制的特征也决定了线粒体基因组比核基因组具有更高的突变频率。这种不对称复制的特点可能是影响中华绒螯蟹胚胎线粒体 DNA 损伤的原因之一,也可能是超低温冷冻过程扰乱了 DNA 单链的相位,细胞功能不能完全恢复。Tanaka 等(1994)的研究结果表明 L 链上 T－C 的突变主要发生在单链形成阶段。中华绒螯蟹细胞分裂期胚胎线粒体 DNA 链上 T－C 的突变所占比例为 9.09%,G－A 的突变比例为 37.36%,所占比例最高,而斑马鱼分裂期胚胎经过超低温冷冻后 T－C 的突变比例最高,达到 62%(Kopeika et al., 2005),这与中华绒螯蟹胚胎结果有所不同,这可能是超低温冷冻方法不同导致的差异,也可能是不同的物种间的差异引起,因此有关线粒体 DNA 生物学的特征还需要进行深入研究。

在超低温冷冻保存中,最值得关注的问题就是碱基的突变是否会改变细胞的功能。在脊椎动物中,线粒体 DNA 是以多拷贝存在的(Shadel et al., 1997),与其他时期相比,分裂期细胞球中存在大量的线粒体 DNA(Wang et al., 1992),线粒体 DNA 对细胞内线粒体膜上呼吸链酶系统的 13 种多肽组成起重要的作用,尽管它们对整个蛋白质合成的影响只占据很小比例,但在线粒体的氧化磷酸化最后生成 ATP 的过程中编码 13 种线粒体 DNA 组成上发挥了重要作用。有研究表明,氧化压力增加了线粒体 DNA 的突变水平,突变水平和细胞的年龄和状态存在着线性关系,但没有直接的证据表明线粒体 DNA 突变的聚集物会导致细胞功能的障碍(Sawyer et al., 1999;Richter et al., 1988)。一些理论认为 DNA 的损伤可能阻碍信使核糖核酸的形成过程,导致线粒体 mRNA 和蛋白质合成速度的下降,因为线粒体基因编码电子传递链的蛋白质,缺少这个表达过程会引起氧化磷酰基的减少,导致活性氧的增加和更进一步的损伤 (Richter et al.,1988)。

　　玻璃化液处理和超低温冷冻都能增加中华绒螯蟹胚胎线粒体 DNA 的突变水平,但发生突变的碱基变异中只有转换发生,没有颠换发生,这些突变都没有引起相应氨基酸残基的变异,即均不影响细胞功能蛋白的改变。超低温冷冻引起斑马鱼胚胎线粒体 DNA 上 *Loop* 和 *COX* 基因碱基的错义突变(Kopeika et al.,2005),但不能确定超低温冷冻是否影响了细胞的整个功能。有资料报道胚胎对低温的耐受性与物种、状态及个体差异有显著关系(Thurston et al.,2002;Holt,2000;Songsasen et al.,1997),这些研究结果也表明不同的物种对超低温的耐受性不同。合适的冷冻方法可以减少对线粒体 DNA 的损伤,冷冻后胚胎的线粒体 DNA 能够保持较高的完整性。因此,在研究超低温冷冻对线粒体 DNA 的损伤时,选择合适的超低温冷冻保存方法至关重要,超低温冷冻保存也可以运用于对生殖细胞基因组影响的研究上。在以后开展超低温冷冻保存技术研究时,还需要考虑超低温冷冻保存是否可以减少冷冻中副作用的发生,碱基变异是否影响了细胞的完整功能,在核 DNA 中是否也有类似的情况出现等。总之,在超低温冷冻保存技术运用于生物体的繁殖时,其安全性还需要进行科学评判。

第6章 水生动物精子库的建立与应用

建立水生动物精子库可将优良物种的原良种长期保存起来,从而避免由于捕捞过度、生态破坏或环境污染而造成的物种灭绝或因长期养殖、近亲交配而造成的种质退化和遗传变异现象,实现对种质资源的长期永久保存。

6.1 精子库的建立

精子库的建立包括精子的收集与质量控制、精子冷冻保存操作规范、冷冻精子库建设所需设施和用品、鱼类冷冻精子长途运输等。

6.1.1 精子的收集与质量控制

为了防止精液在收集、稀释、分装、运输过程中被污染或被激活,必须对每一个环节进行严格的质量控制,确保冷冻精液的质量。

1)采精用器皿的清洗与消毒处理:在精液采集、稀释、包装和运输过程中,精液都有可能被细菌等微生物污染。为了尽可能消除被污染的可能,采精前必须对采精和冻存器具进行高压灭菌和消毒处理,尽量减少这些器皿所携带的微生物对精液的污染。

2)精子稀释液的配制和消毒:不同鱼类精子稀释液的配方不同,但其配制的原则一样。稀释液配好后最好进行灭菌处理。灭菌方式包括用孔径为0.2 μm的滤膜进行过滤或高压灭菌处理,配制好的稀释液放置在4℃保存备用。

3)亲鱼选择:用于采集精子的亲鱼应为原种或良种,形态正常,体型健壮,无疾病,达到性成熟,轻压腹部有精液流出即可采精。

234

4）精子采集：用毛巾或纸巾擦干成熟雄鱼腹部及生殖孔区域水分，轻压腹部排出粪便和尿液，用干净和干燥的吸管收集排出的精液，置于干净、干燥带有刻度的玻璃瓶或试管中，操作和运输中避免阳光直射。显微镜下观察精子活力，快速运动精子在80%以上的精液可用于冷冻保存。

6.1.2　精子冷冻保存操作规范

1）稀释液的筛选：淡水鲤科鱼类（如青鱼、草鱼、鲢、鳙、鲤、鲫、鳊等）精液采用稀释液 D-15（陈松林等，1992）；海水鱼类大菱鲆精子采用稀释液 TS-2（Chen et al.，2004）；中国花鲈、牙鲆、大西洋牙鲆（*Paralichthys dentatus*）和石鲽（*Platichthys bicoloratus*）精子稀释液为 MPRS（Ji et al.，2004；季相山等，2005）。其他鱼类精子冷冻保存可用上述几种稀释液进行试验，筛选出适合的精子冷冻稀释液。

2）抗冻剂的筛选：绝大多数鱼类精子冷冻保存使用 DMSO 作为抗冻剂，适宜浓度为8%~16%。部分鱼类精子冷冻保存也采用 MeOH 和 EG 作为抗冻剂。

3）精子的冷冻保护液与平衡：精液采集后尽快加入冷冻保护液，将青鱼、草鱼、鲢、鳙、鲤、鲫（*Carassius auratus*）、鳊（*Parabramis pekinensis*）、中国花鲈、牙鲆及石鲽精液与在4℃冰箱中预冷的保护液按体积比1∶1或1∶2的比例混合后，于4℃冰箱平衡20~30 min 后装管冷冻。大菱鲆精液加入1∶1的保护液，混合后可直接冷冻，无须平衡期。

4）精子的分装与冷冻：将平衡好的精液+冷冻保护液以1.0~4.5 mL 分装于2~5 mL 冻存管，按照分段降温模式进行冷冻保存。即在液氮上方6 cm 处平衡10 min，在液氮面上平衡5 min，然后投入液氮中保存。除了上述分段降温法外，还可以采用程序降温仪设定降温程度进行冷冻保存。

5）冷冻精液的解冻与授精：精液解冻时，先将冻存管从液氮中提至液氮蒸汽中平衡5 min，然后从液氮罐中取出，放在37℃水浴中快速解冻。冻精解冻后与鲜卵进行干法授精，精液稀释液与卵的授精体积比一般为1∶100，将冷冻精液倒于卵子上，搅拌混匀，加相当于卵量2~3倍的淡水或具有一定渗透压的生理盐溶液（淡水鱼类精子）或海水（海水鱼类精子）激活精子，静置10 min 后加入5~10倍的水洗去死卵，将受精卵置于孵化器中孵化。

6.1.3　精子冷冻库建设所需设施和用品

1）冻存管：精子冷冻保存用容器为冷冻保存管，常用的冻存管容积为 1.8~5.0 mL，每个冻存管中装 1.5~4.0 mL 精子冷冻保存液混合液。

2）冻存盒：冻存盒是用来装冻存管的，将装有精液的冻存管放入专门的冻存盒中，冻存盒一般有两种规格（25 孔和 100 孔）。

3）冻存盒架：冻存盒架是用来存放冻存盒的，将装有冻存管的冻存盒放入冻存盒架子上，一般一个架子上可以放 10 个冻存盒。

4）液氮罐：用于长期保存鱼类精子的液氮罐中需要长期维持一定的液氮量，不可让液氮蒸发完，因此，最好是采用有监控液氮水平的自动报警的液氮罐。同时，建立鱼类精子库需要保存的精子种类和数量都比较多，往往要保存数千个精子样品，因此，需要配备保存容量大的液氮罐。

6.1.4　鱼类冷冻精子的长途运输

在实际应用中，经常需要进行冷冻精液的运输，使鱼类的异地杂交育种成为可能。目前，国内外的运输方法都是将冷冻精液放到液氮中，用生物液氮容器进行长途运输。这种方法需要将液氮罐从一个地方运送到另一个地方，既不方便也不安全；同时，液氮罐不能通过飞机进行运输，只能通过火车或汽车运输，花费时间长。为了避免液氮运输方法中液氮罐携带不方便的问题，为鱼类冷冻精液的长途运输提供了一个方便、简单、省钱、省力和安全的方法，该方法在畜牧类冷冻精液长途运输中也具有应用价值和推广前景。

1）运输容器的准备：运输容器为泡沫箱，箱体长 36~40 cm，宽 28~32 cm，高 22~24 cm，箱底及箱盖的泡沫厚 4~5 cm，箱子四周泡沫厚 3~4 cm。

2）干冰的准备及冻精的存放：运输当日准备干冰 5~6 kg，干冰温度为 −80℃。将干冰破碎成粒状，置于泡沫箱内，将预先在液氮中冷冻好的精液放入塑料管中，每管内装 1~1.8 mL 冷冻精液，迅速置于干冰的中央位置，使干冰包裹在冷冻精液管的周围，盖上盖子，用透明胶带环绕箱盖鱼箱体连接处，封口，尽量减少干冰的挥发。

3）冻精在干冰中的运输：在不用液氮罐保存的情况下，通过干冰作为冷冻介质可以实现鱼类冷冻精液的长距离运输，只要运输时间在 20 h 内，都不会影响冷冻精液的活力。

6.2　冷冻精子的应用

我国自"六五"开始,分别在"六五""七五"和"八五"国家科技攻关计划中立项开展淡水鱼类精子、胚胎冷冻保存技术和种质冷冻库建立的研究。中国水产科学研究院长江水产研究所在 20 世纪 90 年代建立了我国第一个鱼类冷冻精子库,保存了青鱼、草鱼、鲢、鳙、兴国红鲤(*Cyprinus carpio* var. *singuonensis*)、镜鲤(*Cyprinus carpio* var. *specularis*)和异育银鲫(*Carassius auratus gibelio*)7 种鱼类精子,冻精解冻后的复活率达 60%~75%,冻精授精率为 80%~95%,冻精授精鱼苗的孵化率达 75%~90%,达到了渔业生产的应用水平。

自"十五"开始,在国家"863"计划项目中,立项开展海水鱼类精子、胚胎冷冻保存和种质冷冻库建立的研究工作。中国水产科学研究院黄海水产研究所、中国科学院海洋研究所和中国海洋大学等单位经过 5 年的攻关研究,发明了方便、快速、可靠的鱼类精子批量冷冻保存的实用化技术,建立了中国花鲈、牙鲆、大菱鲆、石鲽、大西洋牙鲆、半滑舌鳎、真鲷、黑鲷、大黄鱼、圆斑星鲽、条斑星鲽(*Verasper moseri*)、红鳍东方鲀(*Takifugu rubripes*)等重要海水养殖鱼类精子冷冻库,冻精活力达 65%~90%,授精率为 80%~94%,孵化率达 85% 以上,达到了海洋渔业生产的产业化应用水平。

6.2.1　中国花鲈冷冻精子在生产中的应用

分别利用在液氮中冷冻保存 3 d 和一年的中国花鲈精子与鲜卵授精培育花鲈苗。冷冻保存 3 d 的中国花鲈冻精受精率和孵化率分别为 84.8% 和 70.1%,与鲜精的(81.0%±4.6%、87.2%±3.2%)无显著差异($P > 0.05$)。大量授精实验共获得约 10 万尾鱼苗,冻精授精孵出的鱼苗与对照鱼苗无论从形态上还是从畸形率上都没有差异。

中国花鲈精子在液氮中保存一年后解冻授精,受精率和孵化率分别是 83.5% 和 90.0%,与鲜精对照(96.8%±2.3% 和 87.2%±3.1%)无显著差异($P > 0.05$)。冻精授精组孵出 30 万尾花鲈苗,鲜精授精组孵出 10 万尾。

6.2.2　大菱鲆冷冻精子在生产中的应用

大量采集和冷冻保存大菱鲆原种精液,建立大菱鲆冷冻精子库,将优良的冷冻精子直接应用于大菱鲆苗种的培育,改善苗种的生长性状;同时,应用精子冷冻技术可以将多代的、不同地区的大菱鲆精子几种冷冻起来,与同一尾或同一群雌鱼进行授精,使多代的遗传信息同时体现在同一群鱼中,创造了集中选育的可能性,同时极大地缩短了鱼类品种选育的时间,可以达到有效快速进行大菱鲆的品种改良和培育新品种的目的。中国水产科学研究院黄海水产研究所筛选了大菱鲆精子稀释液配方 TS-2,建立了精子冷冻保存技术。通过与山东海阳水产有限公司、莱州明波水产有限公司、莱州大华水产有限公司、山东科合海洋高技术有限公司等共同合作,开展了大菱鲆冷冻精子在苗种繁殖培育上的应用试验,证明大菱鲆冷冻精子完全可以应用于大菱鲆的苗种繁殖生产。

6.2.3 石鲽冷冻精子在杂交育种上的应用

石鲽属鲽形目、鲽科、石鲽属,主要分布在我国黄渤海、日本和朝鲜海域,具有耐低温、抗逆性强等优点。牙鲆肉味鲜美、生长速度快,抗病力强,是我国当前重要的海水养殖鱼类。石鲽和牙鲆是属于同目不同科的两种鱼。季相山等(2005)冷冻保存了野生型石鲽的精液,与人工养殖的牙鲆进行了远缘杂交育种,获得了 5 000 尾左右的杂交鱼苗,生长良好。

6.2.4 大西洋牙鲆冷冻精子在杂交育种中的应用

大西洋牙鲆又名夏牙鲆,主要分布于北美洲大西洋沿岸,是西北大西洋 4 种牙鲆中一种较大型鱼类,为秋冬产卵鱼类。我国为改变牙鲆养殖种类单一的局面,2002 年从美国引进大西洋牙鲆,但大西洋牙鲆最适生长温度较高,在北方不易越冬,褐牙鲆最适生长温度较低,夏季养殖水温超过 24℃易造成停食和死亡现象。为了解决褐牙鲆养殖中的这一实际问题,培育出适应温度较广的养殖牙鲆新品种,提高牙鲆的抗病能力,田永胜等(2006)利用精子冷冻技术保存大西洋牙鲆的精液,进行不同分布地区、不同繁殖季节的大西洋牙鲆和褐牙鲆的人工杂交实验,培育出杂交牙鲆 30 万尾,杂交牙鲆较褐牙鲆生长快,有效改良了牙鲆的生长性状。

参 考 文 献

采克俊,曹访,叶金云.2012.鱼类精子低温冷冻保存研究进展.湖州师范学院学报,34(2):173－176.

岑东,裴仁治,石兆玲,等.1999.简便的造血干细胞的非程控－80℃保存.白血病,8(2):103－105.

常剑波,曹文宣.1999.中华鲟物种保护的历史与前景.水生生物学报,22(6):712－720.

陈大庆,段辛斌,刘绍平,等.2002.长江渔业资源变动和管理对策.水生生物学报,26(6):685－690.

陈大元.2000.受精生物学.北京:科学出版社,357－368.

陈东华,李艳东,贾林芝,等.2008.冷冻保护剂及预冷时间对河蟹精子体外冷冻保存的影响.水生生物学报,32(4):579－585.

陈东华,周忠良,范丽君,等.2007.保存液及保存条件对中华绒螯蟹精子存活率的影响.华东师范大学学报(自然科学版),4:86－94.

陈国柱,方展强,马广智.2004.唐鱼胚胎发育观察.中国水产科学,11(4):489－494.

陈田飞,吴大洋,李春峰.2004.冷冻保存对家蚕精液乳酸脱氢酶活性的影响.西南农业大学学报(自然科学版),26(6):764－768.

陈松林.2000.鱼类胚胎干细胞研究进展.中国水产科学,7(4):93－98.

陈松林.2002.鱼类配子和胚胎冷冻保存研究进展及前景展望.水产学报,26(4):161－168.

陈松林.2007.鱼类精子和胚胎冷冻保存理论与技术.中国农业出版社,307－427.

陈松林,刘宪亭.1991.鱼卵和胚胎冷冻保存研究进展.淡水渔业,1:44－46.

陈松林,刘宪亭,鲁大椿,等.1992a.鲢、鲤、团头鲂和草鱼精液超低温冷冻保存的研究.动物学报,38(4):413－424.

陈松林,刘宪亭,鲁大椿,等.1992b.鲤、鲢、鳙精子低温短期保存研究.淡水渔业,3:3－7.

陈松林,章龙珍,郭峰,等.1987.抗冻剂二甲亚砜对家鱼精子生理特性影响的初步研究.淡水渔业,5:17－20.

陈渊泉.1999.长江河口区渔业资源特点、渔业现状及其合理利用的研究.中国水产科学,6(5):48－51.

程顺,闫家强,竺俊全,等.2013.甘油为抗冻剂超低温冷冻保存大黄鱼精子的DNA损伤.中国畜牧杂志,49(11):34－36.

邓岳松.1999.渗透压和钾对日本鳗鲡精子活力的影响.内陆水产,8:6－7.

邓岳松,林浩然.2000.鱼类精子活力研究进展.生命科学研究,1:1－8.

丁淑燕,李跃华,黄亚红,等.2015.刀鲚精子超低温冷冻保存技术的研究.水产养殖,36(1): 32－34.

丁燏,缪锦来,王全富,等.2006.温度对南极衣藻 ICE－L 谷胱甘肽含量及其相关酶活性的影响.海洋与湖沼,37(2):154－161.

堵南山,赖伟,薛鲁征.1987a.中华绒螯蟹精子顶体反应的研究.动物学报,33(1):8－13.

堵南山,赖伟,薛鲁征.1987b.中华绒螯蟹精子的研究.I.精子的形态及超微结构.海洋与湖沼,18(2):119－126.

堵南山,赵云龙,赖伟.1992.中华绒螯蟹胚胎发育的研究,甲壳动物学论文集(第三辑).青岛:青岛海洋大学出版社,128－135.

方永强,齐襄,洪桂英,等.1990.不同海水盐度和 pH 对文昌鱼精子存活时间的影响.台湾海峡,9(1):73－77.

傅朝君,刘宪亭,鲁大椿,等.1985.葛洲坝下中华鲟人工繁殖.淡水渔业,1:1－5.

关静,龚承元,崔占峰.2004.玻璃化冷冻保存细胞、组织研究进展.国外医学生物医学分册,27(4):252－256.

管卫兵,王桂忠,李少菁.2003.甲壳动物精子质量和活力评价.海洋通报,22(2):84－87.

管卫兵,王桂忠,李少菁,等.2002.锯缘青蟹精子低温保藏及精子活力的染色法评价.台湾海峡,21:457－462.

郭航,刘睿智,孙研,等.2006.顶体完整率与形态正常精子百分率及精子密度的关系.中国妇幼保健,21(5):663－664.

何万红,万五星,张国红.2002.哺乳动物胚胎冷冻技术研究进展.河北师范大学学报,26(1):85－89.

洪万树,张其永,许胜发,等.1996.花鲈精子生理特性及其精液超低温冷冻保存.海洋学报,18(2):97－104.

洪武,李荣凤,旭日干.1995.平衡方法及平衡和解冻温度对牛体外受精胚玻璃化冷冻保存效果的研究.内蒙古大学学报(自然科学版),26(1):85－90.

胡家会,张士璀,张永忠.2006.青岛文昌鱼精子运动特征及计算机辅助分析.动物学报,52(4):706－711.

胡军祥,赵玉勤,姜玉新,等.2005.动物胚胎的玻璃化冻存.科技通报,26(6):679－682.

华泽钊,任禾盛.1994.低温生物医学技术.北京:科学出版社,65－132.

黄平治,李永海.1990.男性不育.北京:科学技术文献出版社,61－73.

黄晓荣,章龙珍,乔振国,等.2006.K$^+$、Mg^{2+}、Ca^{2+}及保存时间对日本鳗鲡精子活力及运动时间的影响.河口水生生物多样性与可持续发展,上海科学技术出版社.

黄晓荣,章龙珍,庄平,等.2008a.超低温冷冻对日本鳗鲡精子酶活性的影响.海洋渔业,30(4):297－302.

黄晓荣,章龙珍,庄平,等.2008b.黄鳍鲷精子主要生物学特性的研究.热带海洋学报,27(2):60－65.

黄晓荣,章龙珍,庄平,等.2009.超低温冷冻对长鳍篮子鱼精子酶活性的影响.海洋科学,33(7):16－22.

黄晓荣,章龙珍,庄平,等.2010.超低温保存对罗氏沼虾胚胎几种酶活性的影响.海洋渔业,32(2):166－171.

黄晓荣,章龙珍,庄平,等.2012.超低温冷冻保存对大黄鱼精子酶活性的影响.海洋渔业,34
    (4):438-443.

黄晓荣,庄平,章龙珍,等.2013.中华绒螯蟹胚胎的玻璃化冷冻保存.中国水产科学,20(1):
    61-67.

黄玉玲,彭敏,何安尤,等.2005.翘嘴红鲌胚胎发育研究.广西科学院学报,21(3):148-154.

季相山,陈松林,赵燕,等.2005.石鲽、牙鲆精子冷冻保存研究及其在人工杂交中的应用.海
    洋水产研究,26(1):13-16.

贾守菊,应雪萍,陈艳乐,等.2005.中华绒螯蟹不同发育时期胚胎及流产胚胎的同工酶变化.
    动物学杂志,40(1):76-83.

江世贵,李加儿,区又君,等.2000.四种鲷科鱼类的精子激活条件与其生态习性的关系.生态
    学报,20(3):468-473.

江世贵,区又君,李加儿.1999.不同温度保存对黑鲷精子生理特性的影响.热带海洋,18(4):
    81-85.

康斌.2006.鲅对生源素循环的作用及长江河口渔业资源现状.青岛:中国海洋大学.

柯亚夫,蔡难儿.1996.中国对虾精子超低温保存的研究.海洋与湖沼,27(2):187-193.

李常健,黄中旺.2006.pH、温度、渗透压对鲤鱼精子低温保存效果的影响.水生态学杂志,26
    (3):26-27.

李纯,李军.2001.真鲷精子的超低温保存研究.海洋科学,25(12):6-8.

李广武,郑从义,唐兵.1997.低温生物学.长沙:湖南科学技术出版社,16-85.

李加儿,区又君,江世贵.1996.环境因子变化对平鲷精子活力的影响.动物学杂志,31(3):
    6-9.

李美玲,黄硕琳.2009.关于长江口渔业资源管理的探讨.安徽农业科学,37(13):
    6196-6198.

李思发.1992.主要养殖鱼类种质资源研究进展.水产学报,1992,17(4):344-358.

李思发,周碧云,吕国庆,等.1997.长江鲢、鳙、草鱼原种亲鱼标准与检测的研究.水产学报,
    21(2):143-151.

李太武.1995.三疣梭子蟹精子的发生及超微结构研究.动物学报,41(1):41-49.

李文烨,李青旺,江忠良,等.2007.单细胞电泳技术检测低温保存猪精子的DNA损伤.安徽
    农业科学,35(9):2581-2582.

李媛.1996.卵子冻存技术.国外医学妇产科学分册,23(6):338-342.

廖馨,葛家春,丁淑燕,等.2008.青虾精子超低温冷冻保存技术的研究.南京大学学报(自然
    科学版),44(4):421-426.

廖馨,严维辉,唐建清,等.2006.淡水鱼类精子的冷冻与保存.生物学通报,41(8):16-17.

林丹军,尤永隆.2002.大黄鱼精子生理特性及其冷冻保存.热带海洋学报,21(4):69-75.

林丹军,尤永隆,陈炳英.2006.大黄鱼精子冷冻复苏后活力和超微结构的变化.福建师范大
    学学报,22(3):71-76.

林金杏,阎萍,郭宪,等.2007.冷冻保存对野牦牛精子酶活性的影响.中国草食动物,27(2):
    10-12.

凌去非,李思发,乔德亮,等.2003.丁鱼岁胚胎发育和卵黄囊仔鱼摄食研究.水产学报,27(1):
    43-47.

刘利平,王武,袁华,等.2005.江黄颡鱼卵细胞膜的结构特征.水产学报,229(3):420-423.

刘鹏.2007.人工养殖西伯利亚鲟精子超低温冷冻保存研究及冷冻损伤观察.上海:上海海洋大学.

刘鹏,庄平,章龙珍,等.2007.人工养殖西伯利亚鲟精子超低温冷冻保存研究.海洋渔业,29(2):120-127.

刘清华.2005.真鲷(*Pagrosomus major*)精液超低温保存及其低温损伤研究.青岛:中国海洋大学.

柳凌.1989.用超低温冷冻保存的囊胚细胞进行核移植.淡水渔业,4:10-13.

柳凌,刘宪亭,章龙珍,等.1997.鱼类、水生生物配子及胚胎低温冷冻保存研究进展.淡水渔业,27(3):13-17.

柳凌,Otomar Linhart,危起伟,等.2007.计算机辅助对几种鲟鱼冻精激活液的比较.水产学报,2007,31(6):711-721.

柳凌,危起伟,鲁大椿,等.1999.中华鲟精子低温保存的相关因子.水产学报,23(增刊):86-89.

楼允东.1996.组织胚胎学.北京:中国农业出版社,297.

鲁大椿,方建萍,刘宪亭,等.1992.室温下抗冻剂对鱼卵受精和胚胎发育的影响.淡水渔业,6:15-19.

鲁大椿,柳凌,方建萍,等.1998.中华鲟精液的生物学特性和精浆的氨基酸成分.淡水渔业,28(6):18-20.

鲁大椿,刘宪亭,方建萍,等.1992.我国主要淡水养殖鱼类精浆的元素组成.淡水渔业,2:10-12.

橹大春,游文章,方建萍,等.1987.我国主要淡水养殖鱼类的氨基酸成分.淡水渔业,3:14-16.

卢建平,姜乃澄.2000.罗氏沼虾胚胎发育过程中同工酶的研究.东海海洋,18(3):34-39.

卢敏德.1981.家鱼精液冷冻技术续报.新疆农业科学,5:46-48.

卢敏德,葛志亮,倪建国,等.1999.暗纹东方鲀精、卵超微结构及精子入卵早期电镜观察.中国水产科学,6(2):5-8.

吕国庆,李思发.1998.鱼类线粒体 DNA 多态研究和应用进展.中国水产科学,5(3):94-103.

马强,王群,李恺,等.2006.酶消化法和匀浆法获得游离精子的比较研究.华东师范大学学报(自然科学版),3:113-118.

孟凡丽,赵云龙,陈立侨.2000.红螯螯虾胚胎发育研究:I.胚胎外部结构的发生.动物学研究,21(6):468-472.

孟庆伟,李霞.1997.温度对鲤鱼胚胎发育的影响.松辽学刊(自然科学版),3(3):49-51.

孟庆闻,缪学祖,俞泰济.1989.鱼类学(形态·分类).上海科学技术出版社,125-264.

区又君,李加儿.1991.黑鲷精子在不同环境中的活力.中国水产科学研究院学报,4(1):18-26.

区又君,李加儿,江世贵.1998.保存和激活对真鲷精子生理特性的影响.热带海洋,17(3):65-74.

潘德博,许淑英,叶星,等.1999.广东鲂精子主要生物特性的研究.中国水产科学,6(4):

111-113.

彭亮跃,肖亚梅,刘筠. 2011. 低温和超低温保存对中国大鲵成熟精子的影响. 水生生物学报,35(2):325-331.

浦蕴惠. 2013. 脊尾白虾精子和胚胎体外保存的研究. 南京:南京农业大学.

浦蕴惠,许星鸿,高焕,等. 2013. 脊尾白虾精子体外保存的研究. 海洋科学,37(3):95-101.

邱高峰,堵南山,赖伟. 1996. 日本沼虾雄性生殖系统的研究:Ⅱ.精子的形态及超微结构. 动物学报,42(4):349-356.

史应学,程顺,竺俊全,等. 2015. 中国花鲈精子的超低温冷冻保存及酶活性检测. 水生生物学报,39(6):1241-1247.

石玉强,韩春芳,潘庆杰. 2002. 哺乳动物胚胎冷冻技术的研究进展. 莱阳农学院学报,19(1):71-74.

施兆鸿,黄旭雄. 1995. 海水中 Ca^{2+}、Mg^{2+}、K^+ 含量对黑鲷胚胎及早期胚胎发育的影响. 海洋科学,19(5):33-38.

宋博,郑履康,邓丽霞,等. 2002. 冰冻对精子DNA的影响. 中华男科学,8(4):253-254.

苏德学,严安生,田永胜,等. 2004. 钠、钾、钙和葡萄糖对白斑狗鱼精子活力的影响. 动物学杂志,39(1):16-20.

孙儒泳,李博,诸葛阳,等. 2001. 普通生态学. 北京:高等教育出版社,146-253.

唐国慧,宣登峰. 2003. 单细胞凝胶电泳法检测二硫化碳染毒小鼠精子DNA损伤. 中华劳动卫生职业病杂志,21(6):440-443.

汤洁,张宁,丁小平,等. 2002. 精液分析中各参数与顶体完整率、畸形率和存活率间相关性研究. 中国优生与遗传杂志,10(5):112-116.

田华梅,赵云龙,李品品,等. 2002. 中华绒螯蟹胚胎发育过程中主要生化成分的变化. 动物学杂志,37(5):18-21.

田永胜. 2004. 三种海水鱼类胚胎玻璃化冷冻保存研究. 武汉:华中农业大学.

田永胜,陈松林,季相山,等. 2009. 半滑舌鳎精子冷冻保存. 渔业科学进展,30(6):97-102.

田永胜,陈松林,刘本伟,等. 2006. 大西洋牙鲆冷冻精子×褐牙鲆卵杂交胚胎的发育及胚后发育. 水产学报,30(4):433-443.

田永胜,陈松林,严安生,等. 2003. 鲈鱼胚胎的玻璃化冷冻保存. 动物学报,49(6):843-850.

田永胜,陈松林,严安生. 2005. 大菱鲆胚胎的玻璃化冷冻保存. 水产学报,29(2):275-280.

童第周,吴尚勤,叶毓芬,等. 1963. 鱼类细胞核的移植. 科学通报,14(7):60.

王冰,万全,李飞,等. 2010. 刀鲚精子超微结构研究. 水生态学杂志,3(3):57-63.

王春花,陈松林,田永胜,等. 2007. 牙鲆胚胎程序化冷冻保存研究. 海洋水产研究,28(3):81-86.

王宏田,张培军. 1999. 环境因子对牙鲆精子运动能力的影响. 海洋与湖沼,30(3):65-74.

王明华,钟立强,陈友明,等. 2015. 3种长江珍稀鱼类精子超低温冷冻保存的初步研究. 中国农学通报,31(5):55-58.

王伟,叶霆,闫家强,等. 2010. 鲵精子的生理特性及超低温冻存. 生物学杂志,27(6):13-20.

王小刚,骆剑,尹绍武,等. 2012. 鱼类种质保存研究进展. 海洋渔业,34(2):222-230.

王晓爱,杨君兴,陈小勇,等. 2012. 4种渗透性抗冻剂对暗色唇鱼精子冷冻保存的影响. 水生态学杂志,33(5):88-93.

王新庄,窦忠英.1996.影响哺乳动物胚胎冷冻效果的因素分析.黄牛杂志,2：40-42.

汪亚媛,张国松,李丽,等.2014.瓦氏黄颡鱼精子的生理特性及其超低温冷冻保存的初步研究.海洋渔业,36(1)：29-34.

王幼槐,倪勇.1984.上海市长江口区的渔业资源及其利用.水产学报,8(2)：147-159.

王祖昆,邱麟翔.1984.草鱼、鲢鱼、鳙鱼、鲮鱼冷冻精液的授精实验.水产学报,8(3)：255-257.

危起伟,陈细华,杨德国,等.2005.葛洲坝截流24年来中华鲟产卵群体结构的变化.中国水产科学,12(4)：452-457.

韦受庆,罗远裕.1986.青蟹胚胎发育的研究.热带海洋,5(3)：57-61.

吴青,王强,蔡礼明,等.2001.松潘裸鲤的胚胎发育和胚后仔鱼发育.西南农业大学学报,23(3)：276-279.

吴莹莹,柳学周,王清印,等.2007.半滑舌鳎精子的超微结构.海洋学报,29(6)：167-171.

吴仲庆.1999.论我国水产动物种质资源的保护.集美大学学报(自然科学版),14(3)：84-91.

席贻龙,谈奇坤.1997.日本沼虾精子的形态和超微结构研究.水生生物学报,21(1)：59-63.

夏良萍,陈梦婷,陈悦萍,等.2013.黄颡鱼精子超低温冷冻保存技术.江苏农业科学,41(10)：196-198.

线薇薇,刘瑞玉,罗秉征.2004.三峡水库蓄水前长江口生态与环境.长江流域资源与环境,13(2)：119-123.

谢刚,祁宝伦,曾超,等.1995.鳗鲡胚胎发育与水温和盐度的关系.中国水产科学,2(4)：1-7.

谢刚,叶星,苏植蓬,等.1999.鳗鲡精子的主要生物学特性.上海水产大学学报,8(1)：81-84.

邢湘臣.1994.再说"中华鲟".化石,4：21-22.

徐德祥,沈汉民,王俊南.2000.单细胞凝胶电泳用于检测人精子DNA链断.中华医学遗传学杂志,17(4)：281-282.

徐惠明,张军荣,富炜,等.2006.人精子冷冻前后超微结构及受精能力的变化.浙江预防医学,18(3)：4-5.

徐西长,丁福红,李军.2005.单细胞凝胶电泳用于检测低温保存的真鲷(*Pagrosomus major*)精子DNA损伤.海洋与湖沼,36(3)：221-225.

徐振波,李彦娟,弓松伟,等.2004.新型冷冻保存剂在细胞低温冻存中的选择.制冷,23(4)：19-24.

许厚强,陈祥,刘若余,等.1999.哺乳动物胚胎玻璃化冷冻实验.山地农业生物学报,18(5)：305-308.

许星鸿,阎斌伦,徐加涛,等.2010a.日本蟳精子超低温冷冻保存技术的研究.水产科学,29(10)：601-604.

许星鸿,阎斌伦,徐加涛,等.2010b.日本蟳精子结构及环境因子对精子存活率的影响.海洋学报,32(5)：93-99.

薛俊增,堵南山,赖伟.1998.三疣梭子蟹活体胚胎发育的研究.动物学杂志,33(6)：45-49.

薛俊增,堵南山,赖伟.2001.三疣梭子蟹胚胎发育过程中卵内幼体形态.动物学报,47(4)：

447－452.

严安生,宋贵文,闫拥军.1995.鲤、团头鲂精子生理特性的研究.III.单糖和渗透压对精子活力的影响.淡水渔业,25(2):3－5.

岩桥正雄.1981.锦鲤精液冷冻保存技术.张厚贤译.淡水渔业译文,83－86.

严绍颐.2000.鱼类细胞核移植的历史回顾与讨论.生物工程学报,16(5):541－547.

闫文罡,章龙珍,庄平,等.2008.日本黄姑鱼精子生理特性及超低温冷冻保存研究.海洋渔业,30(2):145－151.

杨爱国,王清印,孔杰,等.1999.扇贝精液超低温冷冻保存技术的研究.海洋与湖沼,30(6):624－628.

叶国标.2005.中华鲟能顺利洄游产卵的已不足500尾.大众科技报,3:3.

易祖盛,陈湘,王春,等.2004.倒刺鲃胚胎发育的研究.中国水产科学,11(1):65－69.

易祖盛,王春,陈湘粦.2002.尖鳍鲤的早期发育.中国水产科学,9(2):120－124.

尤永隆,林丹军.1996.黄颡鱼精子超微结构.实验生物学报,29(3):235－240.

于过才,陈松林,孔晓瑜,等.2004.鲈鱼胚胎程序化冷冻保存的研究.海洋水产研究,25(1):1－8.

于海涛,张秀梅,陈超.2004.鱼类精液超低温冷冻保存的研究进展.海洋湖沼通报,2:66－72.

于海涛,张秀梅,陈超,等.2007.红鳍东方鲀精子超低温保存前后的超微结构观察.海洋科学,31(2):17－19.

余来宁,危起伟,张繁荣,等.2007.中华鲟胚胎细胞的冷冻保存及其核移植.水产学报,31(4):431－436.

余来宁,左文攻,方耀林,等.1996.用电融合结合继代移核方法构建草鱼抗病体细胞工程鱼.水产学报,20(4):314－318.

余祥勇,王梅芳,陈刚荣,等.2005.马氏珠母贝精子低温保存主要影响因素的研究.华南农业大学学报,26(3):96－99.

曾朝曙,王桂忠,李少菁.1991.锯缘青蟹胚胎发育的观察及温度影响胚胎发育的研究.福建水产,1:45－50.

曾志强,张轩杰.1995.泥鳅胚胎冷冻前后生物学性状变化研究.湖南师范大学学报(自然科学版),18(4):40－44.

张克烽,张子平,陈芸,等.2007.动物抗氧化系统中主要抗氧化酶基因的研究进展.动物学杂志,42(2):153－160.

张克俭,楼允东,张饮江.1997.3种淡水鱼类胚胎低温保存及其降温和复温速率的研究.水产学报,21(4):366－372.

张玲,丁雷,岳永生.1999.生物技术在鱼类种质资源研究中的应用.水利渔业,19(6):1－2.

章龙珍,黄晓荣,乔振国,等.2006.盐度、温度和pH对日本鳗鲡精子活力及运动时间的影响.//庄平.河口水生生物多样性与可持续发展.上海:上海科学技术出版社.

章龙珍,刘宪亭,鲁大椿,等.1989.二甲亚砜(DMSO)对草鱼胚胎毒性作用初报.淡水渔业,4:24－26.

章龙珍,鲁大椿,陈松林,等.1992.鱼类胚胎冷冻保存前几个因子对其成活率影响的研究.淡水渔业,1:20－24.

章龙珍,刘宪亭,鲁大椿,等.1994a.鱼类胚胎低温冷冻保存降温速率研究.淡水渔业,2: 3-5.

章龙珍,刘宪亭,鲁大椿,等.1994b.二甲基亚砜对几种淡水鱼精子渗透压及成活率影响的研究.水生生物学报,18(4):297-302.

章龙珍,刘宪亭,鲁大椿,等.1996.玻璃化液对鲢鱼胚胎成活率的影响.淡水渔业,26(5): 7-10.

章龙珍,刘宪亭,鲁大椿,等.1998.玻璃化液对泥鳅胚胎的渗透及毒性作用.淡水渔业,28 (6):21-23.

章龙珍,刘宪亭,鲁大椿,等.2002.泥鳅胚胎玻璃化液超低温冷冻保存研究.水产学报,26 (3):213-218.

章龙珍,鲁大椿,柳凌,等.2001.玻璃化液对泥鳅胚胎成活率的影响.淡水渔业,31(5): 43-44.

章龙珍,闫文罡,庄平,等.2009.褐牙鲆精子生理特性及超低温冷冻保存.上海海洋大学学报,18(1):21-27.

张天荫.1996.动物胚胎学.济南,山东科学技术出版社,78-156.

张轩杰.1987.鱼类精液超低温冷冻保存研究进展.水产学报,9(3):259-267.

张轩杰,张良平,沈晓勤.1991.鱼类冷冻精子结构变异的电子显微镜研究.湖南师范大学自然科学学报,14(2):160-164.

张志峰,马英杰,廖承义,等.1997.中国对虾幼体发育阶段的同工酶研究.海洋学报,19(4): 63-71.

赵会宏,刘晓春,林浩然,等.2003.斜带石斑鱼精子超微结构及盐度、温度、pH对精子活力及存活时间的影响.中国水产科学,10(4):286-292.

赵明蒻,黄文郁,王祖熊.1982.温度对于湘华鲮胚胎与胚胎发育的影响.水产学报,6(4): 345-350.

赵燕,陈松林,孔晓瑜,等.2005.几种因素对牙鲆胚胎玻璃化冷冻保存的影响.动物学报,51 (2):320-327.

赵维信,姜仁良,刘修英,等.1992.几种鲤科鱼类精子和胚胎冷冻损伤的扫描电镜研究.淡水渔业,5:3-5.

周国燕,华泽钊,匡延平.2003.麦管玻璃化技术的热特性研究.低温工程,2:15-19.

周帅,朱冬发,王春琳,等.2007.三疣梭子蟹精子保存研究.海洋科学,31(7):37-42.

智玉龙.2013.长江口日本鳗鲡鳗苗时空分布及重要环境因子的相关性.上海:上海海洋大学.

朱冬发,成永旭,王春琳,等.2005.环境因子对大黄鱼精子活力的影响.水产科学,24(12): 4-6.

朱冬发,王春琳,余红卫,等.2004.三疣梭子蟹精子顶体反应过程中的形态和结构变化.动物学报,50(5):800-804.

庄平.2012.长江口生境与水生动物资源.科学,64(2):19-24.

庄平,王幼槐,李圣法,等.2006.长江口鱼类.上海:上海科学技术出版社,182-264.

朱士恩,曾申明,安晓荣.2000.绵羊体内外受精胚胎玻璃化冷冻保存.中国兽医学报,20(3): 302-305.

朱士恩,曾申明,张忠诚.1997.液氮气熏法玻璃化冷冻小鼠扩张囊胚的研究.农业生物技术学报,7(2):163-167.

Afromeev VI, Tkachenko VN. 1999. Change in the percent of lactate dehydrogenase isoenzyme level in testes of animals exposed to superhigh frequency radiation. Biofizika, 44 (5): 931-932.

Afzeius BA. 1978. Fine structure of the garfish spermatozoon. Ultrastructure Res, 64 (3): 309-314.

Ahammad MM, Bhattacharyya D, Jana BB. 1998. Effect of different concentrations of cryoprotectants and extender on the hatching of Indian major carp embryos (*Labeo rohita*, *Catla catla*, and *Grrhinus mrigala*) stored at low temperature. Cryobiology, 37(3): 318-324.

Ahammad MM, Bhattacharyya D, Jana BB. 2002. The hatching of common carp (*Cyprinus carpio*) embryos in response to exposure to different concentrations of cryoprotectant at low temperatures. Cryobiology, 44(2): 114-121.

Akos H, William RW, Bela U, et al. 2005. The relationship of the cryoprotectants methanol and dimethyl sulfoxide and hyperosmotic extenders on sperm cryopreservation of teo North-American sturgeon species. Aquaculture, 247: 243-251.

Alderdice DF. 1987. Osmotic and ionic regulation in teleost eggs and larve. In "Fish Physiology" (W. C. Hoar and D. J. Randal, Eds.), Academic Press, New York, USA, 163-250.

Alfaro J, Komen J, Huisman EA. 2001. Cooling, cryoprotectant and hypersaline sensitivity of penaeid shrimp embryos and nauplius larvae. Aquaculture, 195(3-4): 353-366.

Anchordoguy TJ, Crogwe JH, Griffin FJ, et al. 1988. Cryopreservation of sperm from the marine shrimp *Sicyonia ingentis*. Cryobiology, 25(3): 238-243.

Anrick B, Grant V. 2002. Comparison of extenders, dilution ratios and theophylline addition on the function of cryopreserved Walleye semen. Theriogenology, 57(3): 1061-1071.

Arakawa T, Timasheff SN. 1985. The stabilization of proteins by osmolytes. Biophysical Journal, 47(3): 411-414.

Arav A, Bauguisi A, Roche JF, et al. 2001. Vitrification of bovine and ovine embryos using the minimum drop size (MDS) technique and thermal hysteresis (Antifreeze) proteins. Theriogenology, 99(2): 471-477.

Arav A, Yavin S, Zeron Y, et al. 2002. New trends in gamete's cryopreservation. Molecular and Cellular Endocrinology, 187(1-2): 77-81.

Arii N, Namai K, Gomi F, et al. 1987. Cryopreservation of medaka embryos during development. Zoolog Sci, 4: 813-818.

Babiak I, Glogowski J, Goryczko K, et al. 2001. Effect of extender composition and equilibration time on fertilization ability and enzymatic activity of rainbow trout cryopreserved spermatozoa. Theriogenology, 56(1): 177-192.

Barthelemy C, Royere D, Hammamah S, et al. 2009. Ultrastructural changes in membranes and acrosome of human sperm during cryopreservation. Arch Androl, 25(1): 29-40.

Baynes SM, Scott AP. 1987. Cryopreservation of rainbow trout spermatozoa: the influence of sperm quality, egg quality and extender composition on post-thaw fertility. Aquaculture, 66(1):

53 - 67.

Baxter SJ, Lathe GH. 1971. Biochemical effects on kidney of exposure to high concentrations of dimethyl sulphoxide. Biochem Pharmacol, 20(6): 1079 - 1091.

Benau D, Terner CI. 1980. Initiation, prolongation and reactivation of the motility of salmonid spermatozoa. Gamete Res, 3(3): 247 - 257.

Bhavanishankar S, Subramoniam T. 1997. Cryopreservation of spermatozoa of the edible mud crab *Scylla serrata*. Journal of Experimental Zoology, 277(4): 326 - 336.

Bilgeri YR, Winckelmann A, Berzin M, et al. 1987. Denosine triphosphate levels in human spermatozoa. Arch Androl, 18(3): 183 - 188.

Billard R, Cosson J, Perchec G, et al. 1995. Sperm physiology and quality. In: Bromage N R, Roberts R J, editors. Brood stock management and egg and larval quality. Blackwell Science, 25 - 52.

Billard R, Cosson MP. 1992. Some problems related to the assessment of sperm motility in freshwater fish. J. Exp. Zool, 261(2): 122 - 131.

Bilodeau JF, Chatterjee S, Sirard MA, et al. 2000. Levels of antioxidant defenses are decreased in bovine spermatozoa after a cycle of freezing and thawing. Mol. Reprod. Dev, 55 (3): 282 - 288.

Blaxer TH. 1953. Sperm storage and cross-fertilization of spring and autumn spawning herring. Nature, 172: 1189 - 1190.

Bogenhagen D, Clayton DA. 1977. Mouse L cell mitochondrial DNA molecules are selected randomLy for replication throughout the cell cycle. Cell, 11(4): 719 - 727.

Boyer SP, Davis RO, Katz DF. 1989. Automated semen analysis current problems in obstetrics. Gynecol Fertil, 5(5): 167 - 200.

Bray WA, Lawrence AL. 1998. Male viability determinations in *Penaeus vannamei* evaluation of short-term storage of spermatophores up to 36 h and comparison of Ca^{2+}-free saline and seawater as sperm homogenate media. Aquaculture, 160(1 - 2): 63 - 67.

Brian H. 1982. Cryopreservation of zebra fish spermatozoa using methanol. Can. J. Zool, 60 (8): 1867 - 1870.

Cabrita E, Chereguini O, Luna M, et al. 2003. Effect of different treatments on the chorion permeability to Me_2SO of turbot embryos (*Scophthalmus maximus*). Aquaculture, 221(1 - 4): 593 - 604.

Cabrita E, Robles V, Wallace JC, et al. 2006. Preliminary studies on the cryopreservation of gilthead seabream (*Sparus aurata*) embryos. Aquaculture, 251(2 - 4): 245 - 255.

Calvi LS, Maisse G. 1998. Cryopreservation of rainbow trout (*Oncorhynchus mykiss*) blastomeres: influence of embryo stage on postthaw survival rate. Cryobiology, 1998, 36(4): 255 - 262.

Calvi LS, Maisse G. 1999. Cryopreservation of carp (*Cyprinus carpio*) blastomeres. Aquat living Resour, 12(1): 71 - 74.

Carpenter JF, Harsen TN. 1992. Antifreeze protein modulates cell survival during cryopreservation, mediation through influence in ice crystal growth. Proc Natl Acad Sci U. S. A, 89(19): 8953 - 8957.

Chan SY, Wang C. 1987. Correlation between semen adenosine triphosphate and sperm fertilizing capacity. Fertil Steril, 47(4): 717 – 719.

Chao NH, Chao WC, Liu KC, et al. 1986. The biological properties of black porgy (*Acanthopogrus schlegeli*) sqerm and its cryopreservation. Proc Nati Sci Counc Repub China part B, 10(2): 145 – 149.

Chao NH, Lin TT, Chen YJ, et al. 1997. Cryopreservation of late embryos and early larvae in the oyster and hard clam. Aquaculture, 155(1): 31 – 44.

Chao NH, Liao IC. 2001. Cryopreservation of finfish and shellfish gametes and embryos. Aquaculture, 197(1): 161 – 189.

Chen K. 1998. The impact of relative sea level movement on Shanghai and its countermeasures. A Paper of Science Forum Sustainable Development of Shanghai and the Century of Ocean.

Chen SL, Ji XS, Yu GC, et al. 2004. Cryopreservation of sperm from turbot (*Scophthalmus maximus*) and application to large-scale fertilization. Aquaculture, 236(1 – 4): 547 – 556.

Chen SL, Tian YS. 2005. Cryopreservation of flounder embryos by vitrification. Theriogenology, 63(4): 1207 – 1219.

Chen TF, Wu DY, Li CF. 2004. Effects of cryopreservation on the activity of lactate dehydrogenase in silkworm sperm. Journal of Southwest Agricultural University (Natural science), 26(6): 764 – 768.

Chow S, Tam Y, Ogasawara Y. 1985. Cryopreservation of spermatophore of the fresh water shrimp *Macrobrachium rosenbergii*. Biol Bul, 168(3): 471 – 475.

Ciereszko A, Toth GP, Christ SA, et al. 1996. Effect of cryopreservation and theophylline on motility characteristics of lake sturgeon (*Acipenser fulvescens*) spermatozoa. Theriogenology, 45 (3): 665 – 672.

Comhaire FH, Vermeulen L, Ghedira K, et al. 1983. Adenosine triphosphate in human semen: a quantitative estimate of fertilizing potential. Fertil Steril, 40(4): 500.

Compilation Committee of Shanghai Environmental Protection Annals. 1998. Annals of Shanghai environmental protection. Canada: Shanghai: Shanghai Social Academy Press, 253 – 254.

Cowan KJ, Storey KB. 2001. Freeze-thaw effects on metabolic enzymes in wood frog organs. Cryobiology, 43(1): 32 – 45.

Cseh S, Horlacher W, Brem G, et al. 1999. Vitrification of mouse embryos in two cryoprotectant solutions. Theriogenology, 52(1): 103 – 113.

Detweiler C, Thomas P. 1998. Role of ions and channels in the regulation of *Atantic croaker* sperm motility. J Exp Zool, 281: 139 – 148.

Dinnyes A, Dai Y, Jiang S, et al. 2000. High development rates of vitrified bovine oocytes following parthenogenetic activation, in vitro fertilization, and somatic cell nuclear transfer. Bio Reprod, 63(2): 513 – 518.

Dinnyes A, Urbanyi B, Baranyai B, et al. 1998. Chilling sensitivity of carp (*Cyprinus carpio*) embryos at different developmental stages in the presence or absence of cryoprotectants, work in progress. Theriogenology, 50(1): 1 – 13.

Dobrinsky JR. 2002. Advancements in cryopreservation of domestic animal embryos.

Theriogenology, 57(1): 285 - 302.

Dreanno C, Suquet M, Quemener L, et al. 1997. Cryopreservation of turbot (*Scophthalmus maximus*) spermatozoa. Theriogenology, 48: 589 - 603.

Edwards EA, Rawsthorne S, Mullineaux PM, et al. 1990. Subcellular distribution of multiple forms of glutathione reductase in leaves of pea (*Pisum sativum* L.). Planta, 180: 278 - 284.

Elofsson H, McAllister BG, Kime DE, et al. 2003. Long lasting sticklebacks sperm is ovarian fluid a key to success in freshwater. J Fish Biol, 63: 240 - 253.

Erdahl AW. 1984. Some factors affecting the preservation of salmonid spermatozoa. Aquaculture, 43(1): 341 - 350.

Erdahl DA. 1986. Preservation of spermatozoa and ova from freshwater fish. Thesis of University of Minesota, U.S.A.

Erdahl DH, Graham EF. 1978. Cryopreservation of saimonid spermatozoa. Cryobiology, 15(3): 362 - 364.

Ergun A, Yusuf B, Selcuk S, et al. 2004. Cryopreservation of mirror carp semen. Turk. J. Vet. Anim. Sci, 28: 837 - 843.

Estefania P, Juan B. 2009. Cryopreservation of sea urchin embryos (*Paracentrotus lividus*) applied to marine ecotoxicological studies. Cryobiology, 59(3): 344 - 350.

Fahning MJ, Garcia MA. 1992. Status of cryopreservation of embryos from domestic animals. Cryobiology, 29(1): 1 - 18.

Fahy GM. 1981. Prospects for vitrification of whole organs. Cryobiology, 18(6): 617.

Fahy GM. 2010. Cryoprotectant toxicity neutralization. Cryobiology, 60(3): 45 - 53.

Fauvel C, Suquet M, Dreanno C, et al. 1998. Cryopresercation of sea bass (*Dicentrarchus labrax*) spermatozoa in experimental and production simulating conditions. Aquat Living Resour, 11(6): 387 - 394.

Fink AL, Gery BL. 1978. Studies on the refolding and catalysis of ribonuclease at subzero temperatures. In "Bimolecular Structure and Function" (P. F. Agris, B. Sykes, and R. Loeppky, Eds.), Academic Press, New York, USA, 471 - 477.

Francois LG, Alban M. 1999. Cryopreservation of cattle oocytes, effects of meiotics stage cycloheximide treatment, and vitrification procedure. Cryobiology, 38(4): 290 - 300.

Griffin FJ, Clark WH. 1990. Induction of acrosome filament formation in the sperm of *Sicyonia ingentis*. J. Exp Zool, 254(3): 296 - 304.

Gwo JC. 1991. Cryopreservation of Atlantic croaker spermatozoa. Aquaculture, 94 (4): 355 - 375.

Gwo JC. 1993. Cryopreservation of black grouper (*Epinephelus malabaricus*) spermatozoa. Theriogenology, 39(6): 1331 - 1324.

Gwo JC. 1994. Cryopreservation of oyster(*Crassostrea gigas*) embryos. Theriogenology, 43(7): 1163 - 1174.

Gwo JC. 1999. Cryopreservation of sperm from the endangered formosan Lan-dlocked Salmon (*Oncerchynchusmaxou formosanus*). Theriogenology, 51(3): 569 - 582.

Gwo JC, Lin CH. 1998. Preliminary experiments on the cryopreservation of penaeid shrimp

(*Penaeus japonicus*) embryos, nauplii and zoea. Theriogenology, 49(7): 1289 – 1299.

Hagedorn M, Hsu E, Kleinhans FW, et al. 1997. New approaches for studying the permeability of fish embryos: toward successful cryopreservation. Cryobiology, 34(4): 335 – 347.

Hagedorn M, Peterson A, Mazur P, et al. 2004. High ice nucleation temperature of zebrafish embryos: slow-freezing is not an option. Cryobiology, 49(2): 181 – 189.

Hara SA. 1982. Comparative study of various extenders for milkfish, *Chanos chanos* sperm preservation. Aquaculture, 28(3 – 4): 339 – 346.

Harvey B. 1983a. Cryopreservation of *Sarothervdon mossambicus* spermatozoa. Aquacuture, 32(3): 313 – 320.

Harvey B. 1983b. Cooling of embryonic cells, isolated blastoderms and intact embryos of the zebrafish to −196℃. Cryobiology, 20(4): 440 – 447.

Harvey B, Chamberlain JB. 1982. Water permeability in the developing embryo of the zebrafish, *Brachidanio rerio*. Can. J. Zool, 60(60): 268 – 270.

Harvey B, Kelly RN, Ashood-Smith MJ. 1983. Permeability of intact and dechorionated zebra fish embryos to glycerol and dimethyl sulphoxide. Cryobiology, 20(4): 432 – 439.

Hochi S, Fujimoto T, Choi YH, et al. 1994. Pregnancies following transfer of equine embryos cryopreserved by vitrification. Theriogenology, 42(3): 483 – 488.

Holt WV. 2000. Fundamental aspects of sperm cryobiology: the importance of species and individual differences. Theriogenology, 53(1): 47 – 58.

Horton HF, Ott AG. 1976. Cryopreservation of fish spermatozoa and ova. J. Fish. Res. Bd. Can, 33(4): 995 – 1000.

Horvath A, Urbanyi B. 2000. Cryopreservation of starlet (*Acipenser ruthenus*) sperm. Proc. 6th Intern. Symp. Reprod. Physiol. Fish: 441.

Huang C, Sun C, Su X, et al. 2009. Sperm cryopreservation in guppies and black mollies — a generalized freezing protocol for livebearers in Poeciliidae. Cryobiology, 59(3): 351 – 356.

Huang CJ, Dong QX, Walter RB, et al. 2004. Initial studies on sperm cryopreservation of a live-bearing fish, the green swordtail *Xiphophorus helleri*. Theriogenology, 62(1): 179 – 194.

Irawan H, Vuthiphandchai V, Nimrat S. 2010. The effect of extenders, cryoprotectants and cryopreservation methods on commom carp (*Cyprinus carpio*) sperm. Animal Reproduction Science, 122(3): 236 – 243.

Jahnichen H, Warnecke D, Tralsch E, et al. 1999. Motility and fertilizing capability of cryoprserved *Acipenser ruthenus* L. sperm. J. Appl. Ichthyol, 15(4): 204 – 206.

Janik M, Kleinhans FW, Hagedorn M. 2000. Overcoming a permeability barrier by microinjecting cryoprotectants into zebrafish embryos (*Brachydanio rerio*). Cryobiology, 41: 25 – 34.

Jeyalectumie C, Subramoniam T. 1989. Cryopreservation of spermatophores and seminal plasma of the edible crab *Scylla serrata*. Biol Bull, 177(2): 247 – 253.

Ji XS, Chen SL, Tian YS, et al. 2004. Cryopreservation of sea perch spermatozoa and feasibility for production-scale fertilization. Aquaculture, 241(1 – 4): 517 – 528.

Kasai M. 1997. Cryopreservation of mammalian embryos. Molecular Biotechnology, 7(2): 173.

Kebby JH. 1983. Cryogenic preservation of sperm from striped bass. Trans. Amer. Fish. Soci,

112: 86 - 94.

Kennedy WP, Kaminski JM, Vander HH, et al. 1989. A simple, clinical assay to evaluate the acrosine activity of human spermatozoa. Journal of Andrology, 10: 221 - 231.

Kime DE, Tveiten H. 2002. Unusual motility characteristics of sperm of the spotted wolfish. J. Fish. Biol, 61(6): 1549 - 1559.

Kime DE, Van Look KJ, McAllister BG, et al. 2001. Computer assisted sperm analysis(CASA)as a tool for monitoring sperm quality in fish. Comp Biochem Physiol, 130(4): 425 - 433.

Kissi M, Nishimori M, Zhe SE, et al. 1992. Survival of mouse morulae vitrified in an ethylene glycol-based solution after exposure to the solution at various temperatures. Biol Reprod, 47 (6): 1134 - 1139.

Klyachko OO, Vladimir PK, Sofa I, et al. 1982. Nonuniform distribution of enzymes in fish eggs. Journal of Experimental Zoology, 222(2): 137 - 148.

Knibb WR, Elizur A, Moav B, et al. 1994. Inhibition of egg chorion hardening in the marine teleost, *Sparus aurata*. Quarterly Journal of the Royal Meteorological Society, 141(688) : 676 - 697.

Koh IC, Yokoi K, Tsuji M, et al. 2010. Cryopreservation of sperm from seven-band grouper, *Epinephelus septemfasciatus*. Cryobiology, 61(3): 263 - 267.

Kopeika EF, Williot P, Goncharov BF. 2000. Cryopreservation of Atlantic sturgeon *Acipenser sturio* 1758 sperm: First results and associated problems. Bol. Inst. Esp. Oceanogr, 16(1): 167 - 173.

Kopeika J, Zhang TT, Rawson DM, et al. 2005. Effect of cryopreservation on mitochondrial DNA of zebrafish (*Danio rerio*) blastomere cells. Mutation Research, 570(1): 49 - 61.

Kurokura H, Hirano R, Tomita M, et al. 1984. Cryopreservation of carp sperm. Aquaculture, 37 (3): 267 - 273.

Kusuda S, Teranishi T, Koide N. 2002. Cryopreservation of chum salmon blastomeres by the straw method. Cryobiology, 45(1): 60 - 67.

Labbe C, Martoriati A, Devaux A, et al. 2001. Effect of sperm cryopreservation on sperm DNA stability and progeny development in rainbow trout. Molecular Reproduction and Development, 60(3): 397 - 404.

Lahnsteiner F, Patzner RA. 1998. Sperm motility of the marine teleosts *Boops boops*, *Diplodus sargus*, *Mullus barbatus* and *Trachurus mediterraneus*. J. Fish. Biol, 52: 726 - 742.

Lane M, Schoolcraft WB, Gardner DK. 1999. Vitrification of mouse and human blastocysts using a noved cryoloop container-less technique. Fertil Steril, 72(6): 1073 - 1078.

Leipner J, Fracheboud Y, Stamp P, et al. 1999. Effect of growing season on the photosynthetic apparatus and leaf antioxidative defenses in two maize genotypes of different chilling tolerance. Environ Exp Bio, 42(2): 129 - 139.

Lenzi A, Gandini L, Lombardo F, et al. 2002. Polyunsaturated fatty acids of germ cell membranes, glutathione and glutathione-dependent enzyme-PH GPX: from basic to clinic. Contraception, 65(4): 301 - 304.

Lewis LW, Lane MW, Vajta G. 1999. Pregnancy rates following transfer of in vitro produced bovine embryos vitrified by the open pulled straw (OPS) method. Theriogenology, 51(1): 168.

Li J, Li Y, Zhao XX, et al. 1994. Sperm cells as vectors for introducing foreign DNA into eggs of Tilapoa. Biotechnology, 4(3): 20 – 22.

Linhart O, Cosson J, Mims SD, et al. 2003. Effects of ions on the motility of fresh and demembranate spermatozoa of common carp (Cyprinus carpio) and paddlefish (Polyodon spathula). Fish Physiology and Biochemistry, 28: 203 – 205.

Linhart O, Mims AD, Shelton WL. 1995. Motility of spermatozoa from shovelnose sturgeon (Scaphirrhynchus platorynchus Rafinesque 1820), and paddlefish(Polyodon spathula Walbaum, 1792). J. Fish Biol, 47: 902 – 909.

Linhart O, Rodina M, Cosson J. 2000. Cryopreservation of sperm in common carp Cyprinus carpio sperm motility and hatching success of embryos. Cryobiology, 41(3): 241 – 250.

Linhart O, WalfordJ, Sivaloganathan B, et al. 1999. Effects of osmolality and ions in the motility of stripped and testicular sperm of freshwater and seawater-acclimated tilapia Oreochromis mossambicus. J. Fish. Biol,55: 1344 – 1358.

Liu QH, Li J, Zhang SC, et al. 2007. Flow cytomety and ultrastructure of cryopreserved red seabream(Pagrus major) sperm. Theriogenology, 67(6): 1168 – 1174.

Liu XH, Zhang T, Rawson DM. 1998. Feasibility of vitrification of zebrefish embryos using methanol. Cryoletters, 19(5): 309 – 318.

Liu XZ, Zhang SC, Zhang YZ, et al. 2006. Cryopreservation of the sperm of spotted halibut Verasper variegates(Pleuronectiformes Pleuronectidae). Ind. J. Mar. Sci,35(1): 24 – 28.

Lovelock JE. 1957. The denaturation of lipidprotein complexes as a cause of damage by freezing. Proc. Roy. Soc. Ser. B, 147(929): 427 – 433.

Lugovoi VI, Volovel EL, Grek AM. 1982. Effect of freezing-thawing on the activity of lactate dehydrogenase isoenzymes. Ukrainskii Biokhimichnii Zhurnal, 54(3): 274 – 279.

Macfarlane DR. 1986. Devitrification in glass-forming aqueous solutions. Cryobiology, 23(3): 230 – 244.

Marta K, Gabriela K, Jorg A, et al. 2005. Activity of glutathione peroxidase, superoxide dismutase and catalase and lipid peroxidation intensity in stallion semen during storage at 5℃. Theriogenology, 63(5): 1354 – 1365.

Martino A, Songsasan N, Leibio SP. 1996. Development into blastocysts of bovine oocytes cryopreserved by ultra-rapid cooling. Biol Reprod, 54(5): 1059 – 1069.

Massip A, Van P, Ectors F. 1987. Recent progress in cryopreservation of cattle embryos. Theriogenology, 27(1): 69 – 79.

Massip A, Zwalmen P, Scheffen B, et al. 1989. Some significant steps in the cryopreservation of mammalian embryos with a note on a vitrification procedure. Anim Reprod Sci, 19(1): 117 – 129.

Mazur P. 1963. Kinetics of water loss from cells at subzero temperatures and the likelihood of intracellular freezing. J. Gen. Physiol, 47(2): 347 – 369.

Mazur P. 1977. The role of intracellular freezing in the death of cells cooled at supraoptimal rates. Cryobiology, 14(3): 251 – 272.

Mazur P. 1984. Freezing of living cells: Mechanism and implications. Am. J. Physiol, 247(3): 125 - 142.

Mazur P, Leibo SP, Chu EH. 1972. A two factor hypothesis of freezing injury evidence from Chinese hamster tissue culture cells. Exp Cell Res, 71(2): 345 - 355.

Mazzilli F, Rossi T, Sabatini L, et al. 1995. Human sperm cryopreservation and reactive oxygen species (ROS) production. Acta Eur. Fertil, 26(4): 145 - 148.

Meryman HT. 1968. Modified model for the mechanism of freezing injury in erythrocytes. Nature, 218(5139): 313 - 336.

Mikhailov VS, Gauze GG. 1974. Activation of mitochondrial DNA synthesis during loach embryo genesis. Ontogenez, 5(5): 501 - 504.

Miyake T, Kassi M, Zhe SE, et al. 1993. Vitrification of mouse oocytes and embryos at various stage of development in ethylene glycol-based solution by a simple method. Theriogenology, 40 (1): 121 - 134.

Morisawa M. 1983. Effects of osmolality and postassium on motility of spermatozoa from freshwater cyprinid fishs. J Exp Biol, 107: 95 - 103.

Morisawa M, Morisawa S, Santis RD. 1984. Initiation of sperm motility in *Ciona intestinalis* by calcium and cyclic AMP. Zool Sci, 1: 237 - 244.

Morisawa M, Suzuki K, Morisawa S. 1983. Effect of potassium and osmolality on spermatozoa motility of salmonid fishes. J Exp Biol, 107: 105 - 113.

Morris GJ. 1981. Liposome as a model system for investigating freezing injury. In: Morris G J, Clarke A, eds., Effects of Low Temperatures on Biological Membranes, Academi Press Londen, 241 - 262.

Mounib MS. 1978. Cryogenic Preservation of Fish and Mammalian Spermatozoa. J. Rept-od. Fert, 53(1): 13 - 18.

Musa MA, Krishen JR, Brendan JM. 1995. Effect of cryoprotectants on activity of selected enzymes in fish embryos. Cryobiology, 32(1): 92 - 104.

Neil OL, Paynter SJ, Fuller B J, et al. 1998. Vitrification of mature mouse oocytes in a 6 M Me$_2$SO solution supplemented with antifreeze glycoproteins, the effect of temperature. Cryobiology, 37(1): 59 - 66.

Newton SS, Subramoniam T. 1996. Cryoprotectant toxicity in penaeid prawn embryos. Cryobiology, 33(1): 172 - 177.

Oberstein NO, Donovan MK, Bruemmer JE, et al. 2001. Cryopreservation of equine embryos by open pulled straw cryoloop or conventional slow cooling methods. Theriogenology, 55(2): 607 - 613.

Oda S, Morisawa M. 1993. Rises of intracellular Ca^{2+} and pH mediate the initiation of sperm motility by hyperosmolality in marine teleosts. Cell Motil Cytoskel, 25: 171 - 178.

Oehninger S, Dutu NK, Morshedi M, et al. 2000. Assessment of sperm cryodamage and strategies to improve outcome. Molecular and Cellular Endocrinology, 196(1 - 2): 3 - 9.

Ohkawa H, Ohishi N, Yagi K. 1979. Assay for lipid peroxides in animals and tissues by thiobarbituric acid reaction. Analytical Biochemistry, 95(2): 351 - 358.

Pace F, Harns RR, Jaccarini V. 1976. The embryonic development of the Mediterranean freshwater crab, *Potamon edulus*. J. Zool, 180(1): 93 - 106.

Palmer PJ, Black AW, Garrett RN. 1993. Successful fertility experiments with cryopreserved spermatozoa of Baramundi Late calcarifer (Bloch) using dimethyl sulfoxide and glycerol as cryoprotectants. Reprod. Fertil. Dev, 5(3): 285 - 293.

Pan JL, Ding SY, Ge JC, et al. 2008. Development of cryopreservation for maintaining yellow catfish *Pelteobagrus fulvidraco* sperm. Aquaculture, 279(1): 173 - 176.

Paniagua-Chavez CG, Buchanan JT, Tiersch TR, 1998. Effect of extender solutions and dilution on motility and fertilizing ability of Easternoyster sperm. J. Shellfish Res, 17(1): 231 - 237.

Philippe R. 1991. Cooling and freezing tolerances in embryos of the pacific oyster, *Crassostrea gigas*: methanol and sucrose effects. Aquaculture, 92(1): 43 - 57.

Piasecka M, Wenda-Rozewicka L, Ogonski T. 2001. Computerized aic studies as methods to evaluate the function of the mitochondrial sheath in rat spermatozoa. Andrologia, 33(1): 1 - 12.

Pirronen J. 1987. Factors affecting fertilization rate with sperm of whitefish. Aquaculture, 66: 347 - 357.

Polge C, Smith AU, Parkes AS. 1949. Revival of spermatozoa after vitrification and dehydration at low temperature. Nature, 164(4172): 666.

Potts WT, Eddy FB. 1973. The permeability to water of eggs of certain marine Teleost. Journal of Comparative Physiology, 82(3): 305 - 315.

Prescott DM. 1955. Effect of activation on the water permeability of salmon eggs. Journal of Cell Comparative Physiology, 45(1): 1 - 12.

Preston NP, Coman FE. 1998. The effects of cryoprotectants, chilling and freezing on *Penaeus esculentus* embryos and nauplii. In: Flegel TW(ed) Advances in shrimp biotechnology, National Center for Genetic Engineering and Biotechnology, Bangkok, 37 - 43.

Qing HL, Jun L, Zhi ZX, et al. 2007. Use of computer-assisted sperm analysis (CASA) to evaluate the quality of cryopreserved sperm in red seabream (*Pagrus major*). Aquaculture, 263 (1): 20 - 25.

Rall WF. 1987. Factors affecting the survival of mouse embryos cryopreserved by vitrification. Cryobiology, 24(5): 387 - 402.

Rall WF, Fahy GM. 1985. Ice-free cryopreservation of mouse embryos at −196℃ by vitrification. Nature, 313: 573 - 575.

Rao MV, Sharma PS. 2001. Protective effect of vitamin E against mercuric chloride reproductive toxicity in male mice. Reprod Toxicol, 15(6): 705 - 712.

Ravinder K, Nasaruddin K, Majumdar KC, et al. 1997. Computerized analysis of motility, motility pauerns and motility parameters of sperm atozoa of carp following short-term storage of semen. J Fish Biol, 50(6): 1309 - 1328.

Renard P, Cochard J. 1989. Effect of various cryoprotectants on Pacific oyster *Crassostrea gigas* Manila clam *Ruditupes philippinarum* Reeve and King scallop *Pectin maximus* (L) embryos: influence of the biochemical and osmatic effect. Cryoletters, 10(3): 169 - 180.

Richardson GF, Wilson CE, Crim LW, et al. 1999. Cryopreservation of yellowtail flounder (*Pleuronectes platessa*) semen large straws. Aquaculture, 174(1-2): 89-94.

Richter C. 1995. Oxidative damage to mitochondrial DNA and its relationship to ageing. Int. J. Biochem. Cell. Biol, 27(7): 647-653.

Richter C, Park JW, Ames BN. 1988. Normal oxidative damage to mitochondrial and nuclear DNA is extensive. Proc. Natl. Acad. Sci. USA, 85(17): 6465-6467.

Rieger D, Bruyas JF, Lagneaux D, et al. 1991. The effect of cryopreservation on the metabolic activity of day -6.5 horse embryos. Journal of reproduction and fertility, 44(1): 411-417.

Robertson SM, Lawrence AL. 1988. Toxicity of the cryoprotectants glycerol, ethylene glycol, methanol, sucrose and sea salt solutions to the embryos of red drum. The Proy Fish-culturist, 50(50): 148-154.

Robles V, Cabrita E, Paz PD, et al. 2004. Effect of a vitrification protocol on the lactate dehydrogenase and glucose - 6 - phosphate dehydrogenase activities and the hatching rates of Zebrafish (*Danio rerio*) and Turbot (*Scophthalmus maximus*) embryos. Theriogenology, 61(7): 1367-1379.

Rodriguez SM, Carmona OC, Olvera MA. 2000. Fecundity, egg development and growth of juvenile crayfish Procambarus (Austrocambarus) llamasi (Villalobos 1955) under laboratory conditions. Aquaculture Research, 31(2): 173-179.

Rubinsky B, Arav A, Devnes A. 1992. Cryoprotective effect of antifreeze glyoopeptides from antarctic fishes. Cryobiology, 29(1): 69-79.

Rurangwa E, Volckaert FA, Huyskens G, et al. 2001. Quality control of refrigerated and cryopreserved semen using computer-assisted sperm analysis (CASA), viable staining and standardized fertilization in African catfish (*Clarias gariepinus*). Theriogenology, 55(1): 751-769.

Samuel NS, Subramoniam T. 1996. Cryoprotectant toxicity penaeid prawn embryos. Cryobiology, 33(1): 172-177.

Sandra P, Martin B. 2006. Structure of mammalian spermatozoa in respect to viability, fertility and cryopreservation. Micron, 37(7): 597-612.

Sawyer DE, Houten B. 1999. Repair of DNA damage in mitochondria. Mut. Res, 434(3): 161-176.

Scheuring L. 1925. Biologische and physiologische untersuchungen am Forellensperma. Arch Hydrobiol, 4: 187-318.

Schulz RW, Miura T. 2002. Spermatogenesis and its endocrine regulation. Fish Physiology and Biochemistry, 26(1): 43-56.

Seraydrarian MW, Abbot B C. 1976. The role of the creatine phosphokinase system in muscle. Mol. Cell. Cardiol, 8(10): 741-746.

Shadel GS, Clayton DA. 1997. Mitochondrial DNA maintenance in vertebrates. Annu. Rev. Biochem, 66: 409-435.

Shanghai Environmental Protection Bureau. 1996. Comprehensive water environment renovation of huang Pu River. Shanghai: Shanghai Environmental Protection Buleau.

Silvestre MA, Saeed AM, Escriba MJ, et al. 2002. Vitrification and rapid freezing of rabbit fetal tissues and skin samples from rabbits and pigs. Theriogenology, 58(1): 69 - 76.

Silvia LC, Gerard M. 1999. Cryopreservation of carp (*Cyprjnus carpio*) blastomeres. Aquat Living Resour, 12(1): 71 - 78.

Simon C, Dumont P, Cuende FX, et al. 1994. Determination of suitable freezing media for cryopreservation of Penaeus indicus embryos. Cryobiology, 31(3): 245 - 253.

Sohn IP, Ahn HJ, Park DW, et al. 2002. Amelioration of mitochondrial dysfunction and apoptosis of two-cell mouse embryos after freezing and thawing by the high frequency liquid nitrogen infusion. Mol. Cells, 13(2): 272 - 280.

Songsasen N, Leibo SP. 1997. Cryopreservation of mouse spermatozoa II. Relationship between survival after cryopreservation and osmotic tolerance of spermatozoa from three strains of mice. Cryobiology, 35(3): 255 - 269.

Sreejith J, Nair AS, Brar CS. 2006. A comparative study on lipid peroxidation, activities of antioxidant enzymes and viability of cattle and buffalo bull spermatozoa during storage at refrigeration temperature. Animal Reproduction Science, 96(1 - 2): 21 - 29.

Steele EK, Meclure N, Lewis SE. 2000. Comparison of the effects of the two method cryopreservation on testicular sperm DNA. Fertil Steril, 74(3): 450 - 45.

Steyn GJ, Vuren JH. 1987. The fertilizing capacity of cryopreseved Sharptooth Catfish (*Clarias gariepinas*) Sperm. Aquaculture, 63(1): 187 - 193.

Stoss J, Donaldson EM. 1983. Studies on cryopreservation of eggs from rainbow trout (*Salmo gairdneri*) and coho salmon(*Oncorhynchus kisutch*). Aquaculture, 31(1): 51 - 61.

Stoss J, Holts W. 1981a. Cryopreservation of rainbow trout (*Salmo gairdneri*) Sperm II. Effect of pH and presence of a buffer in the diluent. Aquaculture, 25(2 - 3): 217 - 222.

Stoss J, Holts W. 1981b. Cryopreservation of Rainbow Trout (*Salmo gairdneri*) Sperm I. Effect of thawing solution, sperm density and interval between thawing and insemination. Aquaculture, 22: 97 - 104.

Stoss J, Holtz W. 1983. Cryopreservation of Rainbow Trout sperm IV. The effect of DMSO concentration and equilibration time on sperm survival, sucrose and KCl as extenders components and the osmolality of the thawing solution. Aquaculture, 32(3 - 4): 321 - 330.

Stranbini GB, Gabellieri E. 1996. Proteins in frozen solutions: evidence of ice-induced partial unfolding. Biophysical Journal, 70(2): 971 - 976.

Suzuki T, Komada H, Takai R, et al. 1995. Relation between toxicity of cryoprotectant Me2SO and its concentration in several fish embryos. Fisheries Development, 114(3): 675 - 680.

Tachikawa S, Otoi T, Kondo S, et al. 1993. Successful vitrification of bovine blastocysts, derived by in vitro maturation and fertilization. Mol Repred Dev, 34(3): 266 - 271.

Tamiya T, Okahashi N, Sakuma R, et al. 1985. Freeze denaturation of enzymes and its prevention with additives. Cryobiology, 22(5): 446 - 456.

Tanaka M, Ozawa T. 1994. Strand asymmetry in human mitochondrial DNA mutations. Genomics, 22(2): 327 - 335.

Tanimoto S, Morisawa M. 1988. Roles for potassium and calcium channels in the initiation of

257

sperm motility in rainbow trout. Dev Growth Difer, 30(2) : 117 – 124.

Tetsunori MD, Sanae BS, Tatsuhiro MD, et al. 2001. Successful birth after transfer of vitrified human blastocysts with use of a cryoloop container technique. Fertility and Sterility, 76(3) : 618 – 620.

Thurston LM, Watson PF, Holt WV. 2002. Semen cryopreservation: a genetic explanation for species and individual variation. Cryoletters, 23(4) : 255 – 262.

Tian YS, Chen SL, Ji XS, et al. 2008. Cryopreservation of spotted haibut (*Verasper variegatus*) sperm. Aquaculture, 284(1) : 268 – 271.

Tian YS, Chen SL, Yan AS. et al. 2003. Cryopreservation of the sea perch (*Lateolabrax japonicus*) embryos by vitrification. Acta Zool Sin, 49(6) : 843 – 850.

Tiersch T, Yang H, Jenkins JA, et al. 2007. Sperm cryopreservation in fish and shellfish. Soc Reprod Fertil Suppl, 65(sup) : 493 – 508.

Trukshin IS. 2000. Effect of cooling rates on the motility and fertility of two sturgeon species sperm after cryopreservation. Proc. 6th Intern. Symp. Reprod. Physiol. Fish, 417.

Tsvetkova LL, Cosson J, Linhart O, et al. 1996. Motility and fertilizing capacity of fresh and frozen-thawed spermatozoa in sturgeons *Acipenser baeri* and *A. ruthenus*. Journal of Applied Ichthyology, 12(1) : 107 – 112.

Tsvetkova LL, Karanova MV. 1994. The effect of antifreeze glyeo-proteins on the quality of frozen semen of fish. Tsitologiya, 36(11) : 1157 – 1163.

Urbanyi B, Baranyai B, Magyary I, et al. 1997. Toxicity of methanol, DMSO and glycerol on carp (*Cyprinus carpio*) embryos in different developmental stages. Theriogenology, 47 (1) : 408 – 416.

Vajta G. 1997. Vitrification of porcine embryos using the open pulled straw(OPS) method. Acta Vet Scane, 38(4) : 349 – 352.

Vajta G, Murphy C, Machaty Z, et al. 1999. In-straw dilution of in vitro produced bovine blastocysts after vitrification with the open pulled straw (OPS) method. Vet Rec, 144: 180 – 181.

Verapong V, Boonprasert P, Subuntith N. 2005. Effects of cryoprotectant toxicity and temperature sensitivity on the embryos of black tiger shrimp (*Penaeus monodon*). Aquaculture, 246(1 – 4) : 275 – 284.

Vuthiphandchai V, Nimrat S, Kotcharat S, et al. 2007. Development of a cryopreservation protocol for long-term storage of black tiger shrimp (*Penaeus monodon*) spermatophores. Theriogenology, 68(8) : 1192 – 1199.

Wang G, Yan S. 1992. Mitochondrial DNA content and mitochondrial gene transcriptional activities in the early development of loach and goldfish. Int. J. Dev. Biol, 36(4) : 477 – 482.

Wang QY, Misamore M, Jiang CQ, et al. 1995. Egg water induced reaction and biostain assay of sperm from marine shrimp *Penaeus vannamer*: dietary effects on sperm quality. Journal of the World Aquaculture Society, 26: 261 – 271.

Wang QY, Misamore M, Jiang CQ, et al. 2010. Egg water induced reaction and biostain assay of spermfrom marine shrimp *Penaeus vannamer* dietary effects on sperm quality. Journal of the

World Aquaculture Society, 26(3): 261 – 271.

Wang X, Chen HF, Yin H, et al. 2002. Fertility after intact ovary transplantation. Nature, 415: 385.

Warnecke D, Pluta HJ. 2003. Motility and fertilizing capacity of frozen/thawed common carp (*Cyprinus carpio* L.) sperm using dimethyl-acetamide as the main cryopretectant. Aquaculture, 215(1 – 4): 167 – 185.

Watson PF. 2000. The causes of reduced fertility with cryopreserver semen. Anim Reprod Sci, 60 – 61: 481 – 492.

Wayman WR. 2003. From gamete collection to database development: development of a model cryopreserved germplasm repository for aquatic species with emphasis on sturgeon. Louisiana: Louisiana State University.

Whittingham DG. 1971. Survival of mouse embryos after freezing and thawing. Nature (lond), 233: 125 – 126.

Whittingham DG. 1972. Survival of mouse embryos frozen to −196℃ and −269℃. Science, 178: 41 – 414.

Xiao ZZ, Zhang LL, Xu XZ, et al. 2008. Effect of cryoprotectants on hatching rate of red seabream (*Pagrus major*) embryos. Theriogenology, 70(7): 1086 – 1092.

Yao Z, Crim LW, Richardson GF, et al. 2000. Motility, fertility and ultrastractural changes of oceanpout (*Macrozoarces americanus* L.) sperm after cryopreservation. Aquaculture, 181(3): 361 – 375.

Yan SY. 1998. Cloning in fish-nucleocytoplasmic hybrids. Hong Kong: Educational and Cultural Press Ltd, 65 – 78.

Zhang T, Rawson DM. 1995. Studies on chilling sensitivity of zebrafish (*Brachydanio rerio*) embryos. Cryobiology, 32(3): 239 – 246.

Zhang TT, Rawson DM. 1996. Feasibility studies on vitrification of intact zebrafish (*Brachydanio rerio*) embryos. Cryobiology, 33(1): 1 – 13.

Zhang T, Rawson DM, Morris GJ. 1993. Cryopreservation of pre-hath embryos of zebrafish (*Brachydanio rerio*). Aquat Living Resour, 6(2): 145 – 153.

Zhang XS, Zhao L, Hua TC, et al. 1989. A study on the cryopreservation of common carp *Cyprinus carpio* embryos. Cryoletters, 10: 271 – 278.

Zhang YZ, Zhang SC, Liu XZ, et al. 2003. Cryopreservation of flounder (*Paralichthys olivaceus*) sperm with a practical methodology. Theriogenology, 60(5): 989 – 996.

Zhang YZ, Zhang SC, Liu XZ, et al. 2005. Toxicity and protective efficiency of cryoprotectants to flounder (*Paralichthys olivaceus*) embryos. Theriogenology, 2005, 63(3): 763 – 773.

Zilli L, Schiavone R, Zonno V, et al. 2003. Evalution of DNA damage in *Dicentrarchus labrax* sperm following cryopreservation. Cryobiology, 47(3): 227 – 235.

附录：缩略词一览表

PG	1,2-丙二醇
MeOH	甲醇
DMSO	二甲亚砜
DMF	二甲基甲酰胺
EG	乙二醇
Gly	甘油
PVP	聚乙烯吡咯烷酮
Alb	白蛋白
Dex	葡聚糖
HES	羟乙基淀粉
SCGE	单细胞凝胶电泳
ATP	三磷酸腺苷
ADP	二磷酸腺苷
CK	肌酸激酶
SDH	琥珀酸脱氢酶
LDH	乳酸脱氢酶
SOD	超氧化物歧化酶
G-6-PDH	葡萄糖-6-磷酸脱氢酶
MDA	丙二醛
CAT	过氧化氢酶
GSH-PX	谷胱甘肽过氧化物酶
GR	谷胱甘肽还原酶
PEG	聚乙二醇

PVP	聚乙烯醇
Fic	聚蔗糖
AFPs	抗冻蛋白
Suc	蔗糖
Gal	半乳糖
Lac	乳糖
Fru	果糖
Glu	葡萄糖
Tre	海藻糖
Ringer's	任氏液
Hank's	Hank's 平衡盐溶液
LHRH $-$ A$_2$	促黄体素释放激素
PT	垂体
HCG	绒毛膜促性腺激素
DMA	乙烯乙二醇
EM	乙二醇甲醚